冶金过程污染控制与资源化丛书

冶金过程废水处理与利用

钱小青　葛丽英　赵由才　主编

北　京
冶　金　工　业　出　版　社
2008

图书在版编目(CIP)数据

冶金过程废水处理与利用/钱小青，葛丽英，赵由才主编. —北京：冶金工业出版社，2008.1

(冶金过程污染控制与资源化丛书)

ISBN 978-7-5024-4398-6

Ⅰ. 冶…　Ⅱ. ①钱…　②葛…　③赵…　Ⅲ. 冶金工业废物-工业废水-废水处理　Ⅳ. X756.03

中国版本图书馆 CIP 数据核字(2007)第 172397 号

出 版 人　曹胜利

地　　址　北京北河沿大街嵩祝院北巷 39 号，邮编 100009

电　　话　(010)64027926　电子信箱　postmaster@cnmip.com.cn

责任编辑　程志宏　刘　源　美术编辑　李　心　版式设计　张　青

责任校对　符燕蓉　李文彦　责任印制　丁小晶

ISBN 978-7-5024-4398-6

北京鑫正大印刷有限公司印刷；冶金工业出版社发行；各地新华书店经销

2008 年 1 月第 1 版；2008 年 1 月第 1 次印刷

850mm×1168mm　1/32；9.75 印张；260 千字；295 页；3000 册

30.00 元

冶金工业出版社发行部　电话：(010)64044283　传真：(010)64027893

冶金书店　地址：北京东四西大街 46 号(100711)　电话：(010)65289081

冶金过程污染控制与资源化丛书

编　委　会

丛书前言

冶金工业是一门既古老又现代的工业门类。黑色金属（钢铁）、有色金属（包括铜、锌、铅、铬、镍等）、稀有金属（包括钨、钼、钽、铌等）、贵金属（包括金、银、铂、钯等）、放射性金属（铀、钋等）、稀土金属等的各种形态物质的生产、加工等均属于冶金工业的范畴。

冶金工业是我国国民经济的支柱产业之一，为社会的发展做出了重要贡献。然而，冶金企业造成的环境污染与资源浪费也是相当严重的。每生产1t钢的总耗水量为100～300t。虽然水的循环使用率已大大提高，但每吨钢需要处理的废水一般仍达50t左右。废水中带有大量有害的悬浮泥渣及溶解物质，而且温度较高（30～60℃），直接外排会造成热污染。钢铁工业造成的大气污染尤为严重，每生产1t钢要产生废气10000m^3，粉尘100kg，废气中含有一氧化碳、二氧化硫及氧化铁等有害物质。此外，生产1t钢还要产生近0.5t钢铁废渣。由于冶金工业产生的污染物数量大、毒性强、品种多，造成的环境问题极为严重，因此对冶金工业污染的处理处置及资源化有着巨大的环境价值、经济价值和社会价值。多年来，我国各级政府、相关企业对冶金污染控制与资源化做了大量研究开发和整治工作，取得了明显的成效，积累了大量的经验教训。然而，国内外相关资料比较分散，部分冶金学术著作中对其污染控制与资源化虽有所描述，但并不全面和系统，读者难以系统深入了解和掌握，故实用性较差。

本丛书全面系统地描述了国内外冶金污染控制与资源化

的原理、技术、应用工艺、管理、法律和法规等内容，包括冶金过程固体废物处理与资源化、冶金过程大气污染控制与资源化、冶金过程废水处理与利用、矿山固体废物处理与资源化、冶金企业废弃生产设备设施处理与利用、冶金企业受污染土壤和地下水整治与修复、绿色冶金与清洁生产等。

这套丛书适合于大、中专院校教学使用，也可供从事环境保护的工程技术人员、国家和地方政府的工业管理部门以及科技管理部门的相关人员阅读和参考。

本丛书中所引用的国内外文献资料均在参考文献或文中列出，但由于参考文献来源广泛，如编者在归纳、整理中出现遗漏，请有关资料作者谅解。

赵由才

2007 年 1 月

于同济大学明净楼

前　言

人类自公元前3000年左右（青铜器时代）就会炼铜，公元前2000年（铁器时代）开始炼铁，因此，冶金工业是人类历史上最古老的工业之一。在生产力欠发达时期，由于冶金生产规模不大，在很长的历史时期里造成的环境污染一直未超过人类所能“忍耐”的限度。18世纪产业革命后，钢铁工业迅速发展，造成严重的烟尘污染，有色金属冶炼工业随之而兴起，又产生了重金属和二氧化硫的污染问题。可是，发达国家此时正热衷于工业生产，并未对冶金工业造成的环境问题引起足够的重视。进入20世纪以来，全球经济和工业的发展使冶金生产规模迅速增长，冶金行业也成为对地球生态环境最严重的工业污染源之一。仅钢的冶炼部门每年消耗的水就达4亿m^3，排放废水接近72兆m^3，排放的废水中含有大量的悬浮物、重金属、石油产品等污染物。由于冶金工业产生的废水数量大、毒性重、品种多，造成的环境问题极为严重，故对冶金工业废水进行处理处置及资源化有着巨大的环境价值、经济价值和社会价值。

本书系统详细地描述了冶金过程废水处理的基本方法和原理及冶金工业中各种典型废水的处理方法。根据冶金行业的分类，分别介绍了矿山废水、钢铁冶金行业废水、有色金属冶金和稀有金属冶金行业废水以及铀矿山废水的处理和资源化利用技术。

参加本书编写的人员有：葛丽英、季俊杰、王丽（第1章、第2章、第3章、第4章第1～3节）；陆建兵、钱小青

（第 4 章第 4、5 节、第 6 章）；钱小青、赵由才（第 5 章）。全书由钱小青、葛丽英、赵由才任主编，陆建兵任副主编。

由于编者水平有限，缺点和不足之处敬请广大同行、专家和读者批评指正。

编 者

2007 年 4 月

于同济大学污染控制与资源化国家重点实验室

目　录

1 冶金过程废水污染源

1.1 冶金废水污染源

1.1.1 冶金概述

1.1.1.1 冶金的概念

冶金是一门研究如何经济地从矿石、精矿以及其他材料中提取金属，并对其进行加工处理，使之适用于人类应用的科学。冶金从广义上说包括矿石的开采、选矿、冶炼和金属加工，随着科学技术的进步和工业的发展，选矿、冶炼和金属加工都已形成独立的学科，所以目前所说的冶金大部分是指对矿石或精矿的冶炼。冶金工业包括黑色（钢铁）冶金和有色（金属）冶金两大类。

有色金属种类很多，在已知的107种元素中，有色金属占一半以上，达64种之多。其中铜、铝、铅、锌、镍、锡、锑、汞、镁、钛是最常用的10种有色金属。有色金属工业产品品种多，涉及范围广，除上述提及的64种元素外，还包括硫、碲、硒、砷、硅5种非金属元素和以这些金属为主要成分的合金及各种压力加工型材，另外还有在生产这些金属过程中产出的或综合回收的化合物制品。有色金属根据其密度又分为轻有色金属和重有色金属。

1997年年底，我国有色金属采选冶炼的年综合生产能力（自产原料）达462万t，其中采选411万t，冶炼637万t。2004年，我国10种有色金属产量1430.00万t，钢铁产量达81256万t（见表1-1）。

1.1.1.2 冶金方法分类

由于原料条件的不同和金属性质的差异，冶金方法是多种多样的。根据冶炼方法的不同，冶金大致可以分为两种基本过程。

表 1-1 2004 年我国钢铁产量 万 t

产品名称	2003 年	2004 年
生铁	21366.68	25185.05
粗钢	22233.60	27279.79
钢材	24108.01	29723.12
#重轨	122.46	167.50
大型型钢	539.83	638.33
中小型型钢	2775.27	3377.99
棒材	1867.43	2237.81
钢筋	4005.44	4705.52
盘条（线材）	4070.41	4940.78
特厚板	166.85	

A 火法冶金

火法冶金是在高温条件下，使矿石或精矿中的有用部分或全部在高温下进行一系列的物理化学反应，达到提取、提纯金属和脉石及与其他杂质分离的目的。高温可以通过燃料燃烧取得，个别也可以利用自身的反应生成热。钢铁、铜、铅等生产中以该法为主。

B 湿法冶金

湿法冶金是在低温下（一般低于 100℃，现代湿法冶金的高温过程，温度一般可达 200～300℃）用某种溶剂来处理矿石或精矿，并通过在低温溶液中进行一系列的物理化学反应，达到提取、提纯金属和脉石以及分离其他杂质的目的。该方法在稀有金属、贵金属以及铝、镍和钴的提取、富集和分离中占主导地位。

1.1.1.3 冶金过程

冶金过程是极其复杂、多相和多物质的反应，含有气—液—固三态的物质，其中液态或固态物质，经常以两个或更多的相出现。气态物质包括 O_2、N_2、H_2、Cl_2、H_2O、CO、CO_2、SO_2、

SO_3、HCl、H_2SO_4、碳氢化合物气体、各种金属或其化合物的蒸汽以及混合气体；液态物质包括金属液、熔渣、熔盐、熔锍（冰铜、冰镍、冰钴及黄渣等）、水溶液及有机溶液等；固态物质包括矿石（烧结块、球团或精矿粉）、熔剂、固体燃料、耐火材料、固体金属合金及其化合物等。这些多相物质相互结合，形成了错综复杂的冶金过程。冶金过程有物理过程，如属于物理性质的蒸发、升华、凝聚、熔化、凝固、溶解、结晶、蒸馏、过滤、吸附、萃取等过程和属于传输现象中的物质扩散、热量传递、流体输运等过程。选矿过程中的破碎、细磨、筛分、重力分选、浮选、磁选、电场分离等也可称为属于物理性质的冶金过程。冶金过程也有化学过程，属于化学性质的冶金过程有：燃烧、熔解（煅烧）、焙烧、烧结、氯化、造渣熔炼、造渣、还原冶炼、氧化吹炼、氧化精炼、浸取、溶液净化、离子交换、沉淀、电沉积、电解等。而炼钢所说的"四脱二去"，即脱硫、脱磷、脱碳及脱氧的化学过程及去气、去非金属夹杂物的物理过程。可见，冶金的物理过程主要是由于物质的相的转变，物质的转移或分离而造成。冶金的化学过程都伴有化学反应发生，因此它们也可称为冶金的化学反应过程。

1.1.2 冶金污染源

金属经过一系列的工艺步骤，从未开发的矿石转变成为我们使用的金属制品，在这个过程中或多或少地会产生废水。废水根据来源、所生产产品和加工对象不同，可分为采矿废水、选矿废水、冶炼废水及加工区废水。在有色金属工业从采矿、选矿到冶炼以至成品加工的整个生产过程中，几乎所有工序都要用水，也都有废水排放。冶炼废水可分为重有色金属冶炼废水、轻有色金属冶炼废水和稀有有色金属冶炼废水。按废水中所含污染物主要成分，有色金属冶炼废水可分为酸性废水、碱性废水、重金属废水、含氰废水、含氟废水、含油类废水和含放射性废水等。

有色金属工业废水造成的污染主要有无机固体悬浮物污染、有机耗氧物质污染、重金属污染、石油类污染、醇污染、碱污染、热污染等。冶金工业是用水大户，1997 年，我国钢铁工业废水排放总量为 $30.7\times10^8 m^3$，占全国工业废水排放总量的 10.5%；有色金属工业废水的年排污量为 $6.1\times10^8 m^3$，占全国废水总排放量的 2.35%。冶金工业产生的污染物的数量大、毒性强、品种多，造成的环境问题极为严重，与化工、轻工等并列被称为环境污染大户。

1.1.2.1 采矿过程中的废水污染源

采矿是冶金工业的主要生产环节之一，人们把矿物从自然环境中开采出来并运送到选矿场或使用地点的全部作业称之为“采矿”。普遍采用的开采方法有露天开采和地下开采，还有溶解开采法、水力开采法、挖掘船开采法等。开采矿石必须剥离围岩，而有些矿石的金属品位较低，开采过程中必然会排放大量的废石。以铜为例，用含铜 1%的铜矿生产 1t 金属铜所需要的矿石量约为 200t，排放废石量多达 400t。废石中含有少量的金属与非金属有害元素，这些废石露天堆放，其中的溶解性重金属离子及砷、氟等有毒有害物质会被雨水淋溶随径流进入地表水体或渗入地下而造成水体污染。若采用溶解开采法，则可能产生大量的泥浆。泥浆排放会污染周围环境，造成水体污染。采矿的矿井水除了含有重金属外，还含有硫、氟、砷、悬浮物等有害物质，水质多呈酸性，是采矿过程中的一个重要的污染源。可见，在采矿过程中，或多或少都会引起水体污染，其中以水力开采而导致的水污染最为突出。固体废物中的重金属也有可能会污染地下水和地表水，任意排放将严重破坏生态环境。

1.1.2.2 选矿过程中的废水污染源

为了保证金属的质量，将矿石中含有的一些有害的或不需要的杂质进行分选除去的过程便是选矿。较常用的选矿方法有重力选矿法、浮选法、磁选法。在这些选矿方法中常用水作为选矿的介质，这样往往产生大量的废水，废水中可能含有重金属、有机溶剂等；尾矿及废水中可能含有重金属和浮选剂。这些废水最好能循环利用，提高水的利用率，减少污染。对那些不能循环利用的废水，应当进行适当的处理后再进行排放，减轻环境负荷量。

选矿废水排放量很大，都含有多种金属离子和非金属有害元素，有的还含有有毒的选矿药剂。尾矿颗粒很细，尾矿浆容易流散或被雨水冲走污染水体和土壤。废水中重金属离子主要有铜、锌、铅、镍、钡、镉以及砷和稀有元素等。在选矿过程中加入的浮选药剂有如下几类：（1）捕集剂，如黄药（RocssMe）、黑药[$(RO)_2PSSMe$]、白药[$CS(NHC_6H_5)_2$]；（2）抑制剂，如氰盐（KCN，NaCN）、水玻璃（Na_2SiO_3）；（3）起泡剂，如松节油、甲酚（$C_6H_4CH_3OH$）；（4）活性剂，如硫酸铜（$CuSO_4$）、重金属盐类；（5）硫化剂，如硫化钠；（6）矿浆调节剂，如硫酸、石灰等。

1.1.2.3 冶炼过程中的废水污染源

黑色金属冶炼和有色金属的冶炼过程不同，产生的废水性质也不同。在烧结、焦化、炼铁、炼钢、轧钢各冶炼过程及有色金属冶炼中，都产生一定的废水。主要有设备冷却水（直接冷却水比间接冷却水的污染要严重得多）、湿式除尘器水、冲洗水、炼焦煤带入的废水、回收及精制产品排出的废水、高炉煤气的洗涤废水、炉渣粒化过程中的废水、酸洗废水以及在这些生产过程中由于凝结、分离或溢出而产生的废水等。由于水用途的不同，产生废水的性质也有很大的差异，这些水都应该循环利用，如需外排必须预先进行处理。

有色金属冶炼过程中，除用矿石或精矿外，还要加入一些辅助材料溶剂（或熔剂）和化学药品，使本身就很复杂的矿石成分在冶炼过程中成为很多有毒性和危害性很大的污染源。冶炼工艺过程中排出的废水都含有一定数量的重金属离子和其他的有害物质，这些废水不仅会造成大量金属的流失，也严重污染了水源和水资源，威胁着人的身体健康。

1.2　冶金过程废水污染源分类及数量

冶金工业包括黑色冶金工业（钢铁工业）和有色冶金工业两大类。冶金废水的主要特点是水量大、种类多、水质复杂多变。按冶炼金属的不同，可以分为钢铁工业废水和有色金属废水。按废水来源和特点分类，主要有冷却水、酸洗废水、洗涤废水（除尘、煤气或烟气）、冲渣废水、炼焦废水以及由生产中凝结、分离或溢出的废水等。

1.2.1　按冶炼金属的不同对废水分类

1.2.1.1　钢铁废水

钢铁工业涉及到采矿、选矿、烧结、焦化、炼铁、炼钢、轧钢等多个生产环节，每个环节都因其原料、工艺等的不同而产生不同的污染物。钢铁工业用水量很大，每炼1t钢，约用水200～500m^3。每年钢铁工业排放的废水量约占全国工业废水排放总量的10.5%。废水中主要含有酸、碱、酚、氰化物、石油类及重金属等一些有害物质，这些废水若在不经处理或处理不彻底、废水性质达不到国家废水排放标准情况下外排，将会加重环境污染负荷，导致环境的恶化。

A　矿山废水污染源

硫化矿床在氧气和水的作用下，其中的S、Fe等元素会生成硫酸和金属硫酸盐，溶于水形成矿山酸性废水。即发生了如下反应：

$$FeS_2 + 2H_2O + 7O_2 \rightarrow 2FeSO_4 + 2H_2SO_4$$

废水呈酸性是矿山废水的典型特点，其水量水质与矿床的形成及埋藏条件、矿物的组成、矿山开采方法、水文地质条件、气象条件等因素有关。

B　选矿厂废水污染源

选矿是将矿山开采出来的矿石进行初步分离，得到精矿的过程。选矿厂的主要工艺过程一般包括破碎、筛分、磨矿、分级、选别、脱水等，选矿厂的主要废水是选矿工艺排水、设备水封排水、设备冷却排水、通风除尘排水和地面冲洗排水。

表 1-2 部分洗矿设备用水量

设备名称	原矿用水定额 $/m^3 \cdot t^{-1}$	设备名称	原矿用水定额 $/m^3 \cdot t^{-1}$
浮选泡沫溜槽	0.8	圆筒洗矿机	3～10
圆筒擦洗机	3.0	槽式擦洗机	4～6
固定筛	1.0	振动筛	1～2
水力洗矿床	0.8	双层筛湿式筛分	1～2.5
四室水力分级机	0.5～1.5	跳汰机粗级别	4.0
跳汰机中级别	3.0	跳汰机细级别	2.6～3.0

C 烧结厂废水污染源

烧结的生产过程是把矿粉、燃料和溶剂按一定比例配料，混匀，然后在高温下点火燃烧，利用其中燃料燃烧时产生的高温，使混合料局部熔化，将散料颗粒粘结成块状烧结矿，作为炼铁原料，在燃烧过程中，同时去除硫、砷、锌、铅等有害杂质。烧结矿经冷却、破碎、筛分成 5～50mm 粒状料送入高炉冶炼。

烧结厂排水主要来自湿式除尘水、冲洗地坪水、冲洗输送皮带排水和设备冷却排水。其中湿式除尘水、冲洗地坪水、冲洗输送皮带排水构成了烧结厂的生产废水。

设备冷却水水质并未受到污物的污染，仅受到热污染使水温升高，经冷却处理后，可重复利用。湿式除尘排水含有大量的悬浮物，需经处理后方可串级使用或循环使用，如果排放，必须处理到满足排放标准；冲洗地坪水为间断性排水，悬浮物含量高且含大颗粒物料，经净化后可以循环使用；所以，烧结厂的废水污染主要是指含有高悬浮物的废水，如果未经处理直接排放会造成较大危害，而且会浪费水资源和废水中含有大量可回收的有用物质。

烧结厂的废水沉渣中含有 40%～50%的铁，14%～40%的焦粉、石灰等物质。烧结厂废水悬浮物含量达 1000mg/L，但各厂不尽相同，在很大程度上与各厂工艺原料的组成有直接关系。烧结厂废水经沉淀浓缩后，污泥含铁量较高，有较好的回收价值。

烧结厂除尘废水水量要根据所选用的除尘设备而定。冲洗地坪水可按洒水龙头的实际工作数目求定排水量，废水量一般等于用水量。

表 1-3 烧结厂冲洗和清扫地坪用水要求

用水要求	水力冲洗	洒水清扫地坪
龙头间距/m	15～20	15～30
胶管长度/m	≤15	≤20
同时作用系数	0.3～0.4	0.25
一个龙头用水量/$m^3 \cdot h^{-1}$	3.6	1.5
龙头直径/mm	25	15
用水压力/MPa	0.2～0.4	0.2
一次使用时间/min	20～30	10～20
每班使用次数/次	1～3	1～2

D 焦化厂废水污染源

焦化厂生产排水的类型较多，按排水水质分地坑排水、生产净废水和受工艺介质污染的工艺废水。废水按生产源头分，有炼焦煤带入的水分、化产品回收及精制过程中使用蒸汽转入的水、工艺介质洗涤熔盐等加入的水、添加化学药剂带入的水、工艺管道设备清洗时加入的水、浊循环水系统的排污水、煤气水封水、冲洗地坪水、清洗油品槽车排水等；按排出方式分，有从荒煤气冷凝液中分离出来的剩余氨水、化产品回收及精制过程中工艺介质中分离水以及其他一些污水。每生产 1t 焦炭，约产生 0.25～0.50m^3 废水。焦化废水中含有大量的酚类、苯类及吡啶类等有机污染物，其中以酚类含量最大。同时也含有氰酸盐、硫代硫酸盐、硫氰酸盐及氨氮等无机化合物。生产排水量可利用水量平衡图及焦化工艺提供的排废水量资料来统计，并应根据其排水水质和排水去向来确定是否要进行厂内水处理。

E 炼铁厂废水污染源

炼铁厂生产用水量很大，按产品计，每吨生铁需水100～130m^3，用水量主要为冷却用水、高炉煤气洗涤水、高炉炉渣粒化用水。

F 炼钢厂废水污染源

炼钢是将生铁、废钢和造渣原料按一定比例混合，高温下通入空气或氧气以除去铁中杂质（碳、硫、磷等）的过程。炼钢厂排出的污水主要是炉子冷却水和净化烟气的废水。炉子冷却水是间接冷却水，冷却后可以循环使用。烟气冷却水是直接冷却水，特点是悬浮物高，污染物成分变化大。各厂采用的炼钢工艺不同，炼钢的钢种、炉料成分、烟气净化方法不同，因而水质差别大。烟气净化污水是转炉炼钢的主要污水源。燃烧法烟气净化的污水含有烟气中的SO_2、CO_2等酸性物质，污水pH值较低。未燃法的污水由于烟气中CO难溶于水，对污水pH值影响较小，而往往由于冶炼过程中加入过量的粉料石灰而使污水呈碱性。

G 轧钢厂废水污染源

轧钢厂废水污染源主要有轧钢直接冷却水、轧钢机轧辊和辊道冷却水、金属铸锭冷却水等，因与产品接触，使用后不仅水温升高，水中还含有油、氧化铁皮和其他物质，如果外排，会对水体造成淤积和热污染，浮油会危害水生生物。

轧钢等金属加工厂还会产生酸洗废水，包括废酸和工件冲洗水。酸洗每吨钢材要排出1～2m^{3}废水，其中含有游离酸和金属离子等，如钢铁酸洗废水含大量铁离子和少量锌、铬、铅等金属离子。

1.2.1.2 有色金属工业废水

有色冶金工业排出的废水中含多种重金属，为水体金属主要来源。冶炼过程产生的熔渣、浸出渣和矿山产出的尾矿，经雨水淋溶，将各种重金属带入地表水和地下水中。

有色金属冶炼包括除铁、铬、锰以外的冶炼。有色金属种类很多，有色金属工业产品品种亦很多，涉及范围广。有色金属生产的采、选、冶、成品加工的整个过程中几乎所有工序都要用到水，都有废水的排放。按冶炼金属性质的不同，冶炼废水可分为重有色金属冶炼废水、轻有色金属冶炼废水和稀有有色金属冶炼废水。根据废水中所含污染物质的主要成分，有色金属冶炼废水可分为酸性废水、碱性废水、重金属废水、含氟废水、含氰废水、含油类废水和含放射性废水等。根据废水来源、产品和加工对象的不同，冶金废水又可分为采矿废水、选矿废水、冶炼废水以及加工废水。

有色金属工业废水造成的污染主要有无机固体悬浮物污染、有机好氧物污染、重金属污染物石油类污染、碱污染、热污染、醇污染等。由于有色金属种类繁多，矿石原料品位贫富有别，冶金技术先进落后并存，生产规模大小不同，所以生产单位产品的排污水量及排水水质的差别很大。有色金属工业是对水环境造成污染最严重的行业之一。

铜、铅、锌等重金属冶炼厂，有含重金属离子的废水，主要来自洗涤冶炼烟气、湿法冶炼和冲洗设备等。由于矿石中除了要提炼的主金属外，还伴有多种有色金属，因此，有色金属冶炼厂的废水常常同时含有多种金属离子和有害物质。

1.2.2 按水的用途对废水分类

1.2.2.1 冷却水

冷却水在冶金废水中所占的比例最大。钢铁厂的冷却水约占全部废水的70%。冷却水分间接冷却水和直接冷却水。间接冷却水，如高炉炉体、热风炉、热风阀、炼钢平炉、转炉和其他冶金炉炉套的冷却水，使用后水温升高，未受其他污染，冷却后，可循环使用。若采用汽化冷却工艺，则用水量可显著减少，部分热能可回收利用。直接冷却水中含有被冷却物料的成分，受污染程度高。

1.2.2.2 酸洗废水

在酸洗过程中，由于酸洗液中的硫酸与铁及铁的氧化物作用，生成硫酸亚铁，致使硫酸的浓度不断降低、相应的硫酸亚铁的浓度不断提高。随着酸洗钢材量的不断增加，硫酸亚铁含量愈来愈多，而硫酸的浓度愈来愈低。因此，必须更新酸洗液，这就形成了硫酸酸洗废液，经过酸洗的钢材，有的需要用热水清洗，以去除钢材表面沾染的游离酸和硫酸亚铁。这些清洗和冲洗水形成了酸洗间的清洗废水。这部分清洗废水中也含有硫酸及硫酸亚铁。由于其浓度较低（一般含硫酸 0.2%、含硫酸亚铁 0.3%），没有回收价值，一般经中和处理后外排或过滤后回用。

1.2.2.3 洗涤水

冶金工厂的除尘废水和煤气、烟气洗涤水，主要是高炉煤气洗涤水、平炉和转炉烟气洗涤水、烧结和炼焦工艺中的除尘废水、有色冶金炉烟气洗涤水等。这类废水的共同特点是：含有大量悬浮物，水质变化大，水温较高。每生产 1t 铁水要排出 2～4m^3 高炉煤气洗涤废水，水温一般在 30℃以上，悬浮物含量为 600～3000mg/L，主要是铁矿石、焦炭粉和一些氧化物。废水中还含有剧毒的氰化物以及硫化物、酚、无机盐和锌、镉等金属离子。氰化物含量因炼生铁和锰铁而不同，分别为 0.1～2mg/L 和 20～40mg/L。炼钢的平炉、转炉都产生烟气洗涤废水，每炼 1t 钢要排出 2～6m^3 废水，水质由于炼钢工艺不同，或同一炉钢处于冶炼过程的不同时间，差别很大，通常 pH 值为 6～12，水温 40～60℃，悬浮物 2000～10000mg/L，还含有氟化物、硝酸盐等。去除这些悬浮物，除了用通常的沉淀方法外，还可用磁性圆盘和高梯度磁过滤的方法处理，磁性圆盘和磁过滤在处理系统中可单独使用，也可组合使用。

1.2.2.4 冲渣水

冶金工厂的冲渣水，水温高，水中含有很多悬浮物和少量金属离子，应过滤、冷却后循环使用。

1.2.3　按生产和加工对象对废水分类

1.2.3.1　矿山和选矿废水

采矿是冶金工业的主要环节之一。人们把矿物从自然环境中开采出来并运输能够到选矿场或使用点的全部作业过程称为“采矿”。从找矿、勘探、开采、采掘到产品运销，构成开发矿山资源的主要过程。普遍的采矿方法有露天开采法、地下开采法、溶解开采法、水力开采法和挖掘船开采法等。在采矿的过程中，会产生大量的矿山废水，其中包括矿坑水、选矿废水以及尾坝废水等。矿山废水的排放量大，持续性强，而且其中含有大量的重金属离子、酸、碱、悬浮物和各种选矿药剂，甚至含有放射性物质等，对环境的危害严重，控制污染的难度很大。其中以水力开采对水的污染最为显著。

1.2.3.2　烧结厂废水

烧结是把精矿粉、细焦粒或无烟煤和石灰粉烧结成块，使之有足够的强度和块度，送到高炉冶炼。烧结厂中废水的排放系数（吨产品）约为0.8～1.0t，悬浮物浓度约为10～30g/L。主要来源于气体除尘和冲洗地面和设备用水。废水中含有大量的悬浮物，经处理后可循环或外排。

1.2.3.3　焦化厂废水

焦化污水主要分为两类：一类是来自化工产品的回收、焦油等车间，主要是蒸馏氨水、煤气水封溢流水和冷凝水、冲洗设备和地面用水以及焦油车间排水等，就是通常所说的含酚废水。这部分水中含有大量的酚和悬浮物、氨及其化合物、氰化物、硫氰化物、油类等多种有毒物质，必须经过处置方可外排。另外就是熄焦污水，主要含有大量的悬浮物，经沉淀处理后可循环使用，也可用于地面抑尘。

据统计，焦化厂排出的含酚废水总量每吨干煤约为0.28～0.3t。以生产1t焦炭计算，约产生0.25～0.30t的含酚废水。焦化厂的含酚废水中，含有各种有机物和无机物，多达70多种有害物质，对人、水源、鱼类、水生物和农作物都有害，不能直接外排，必须经过治理后才能排放。

表 1-4 焦化工序污染物的排放系数（吨产品）

废水成分	废水量 /m³	含挥发酚 /mg·L⁻¹	不挥发酚 /mg·L⁻¹	氰化物 /mg·L⁻¹	焦油 /mg·L⁻¹
含量	1.0～1.5	1600～3200	300～500	20～40	0.3～2

1.2.3.4 炼铁厂废水

炼铁是将原料（矿石和熔剂）及燃料（焦炭）送入高炉，并通入热风，使原料在高温下熔炼成铁水。炼铁厂在钢铁联合企业中是用水量比较多的部门，主要是高炉冷却水。由于高炉炉体温度很高，为了延长高炉寿命，防止内衬和炉壳被烧坏，采用水冷却或汽化冷却。热风炉、鼓风机等温度很高，也需水冷却。这些水都是间接冷却水，用后的废水经过冷却后可循环使用。此外，还有原料运输用水，破碎、除尘用水和高炉煤气洗涤用水等。高炉煤气洗涤水、高炉炉渣粒化废水和铸铁机废水都含有污染物质。高炉煤气洗涤废水是在对高炉煤气冷却洗涤时产生的，是炼铁厂产生废水的主要污染源。直接冷却水含有大量的悬浮物以及酚、氰、硫酸盐等，经处理后可循环使用。间接冷却水在冷却后可循环使用，也可以与其他设备串级使用。

炼铁厂的用水量很大，按产品计，每生产 1t 的生铁要用水 100～300t。

1.2.3.5 炼钢厂废水

炼钢厂废水主要有除尘污水、冷却水、煤气管道含酚水封污水排水。除尘污水含有大量悬浮物氧气转炉湿法烟气净化的污水特性（水质、水温、含尘量、烟尘粒度、烟尘密度、沉降特性等）与烟气净化方式（未燃法、燃烧法）有关。同时，在整个冶炼过程中，随不同冶炼期的炉气变化而变化。烟气净化系统中各净化设备（一文、二文、喷淋塔等）的污水特性也有较大差异，“一文”的污水含尘量及水温最高。污水经混凝等方法可以除去悬浮物。

1.2.3.6 轧钢厂废水

轧钢一般是将钢坯送入两个反向转动的轧辊中进行所需的碾压，采用不同的轧辊可以轧制出各种形状的钢材。按轧钢温度的不同，轧钢工艺可以分为冷轧和热轧两类。热轧是将钢锭或钢坯加热到一定温度（1150～1250℃）后，在轧机上轧制成成品或半成品的过程。热轧板材一般经过酸洗成为冷轧的原料，冷轧过程中要采用乳化油或棕榈油作为润滑剂和冷却剂，因而产生大量的废酸、酸性污水和含油污水。在热轧过程中，有关设备和某些部件要直接冷却，产生大量的冷却污水，污水中含有大量粒度大小不一的氧化铁皮及泄露的润滑油等。

1.3 冶金过程废水对环境的危害及其特点

冶金工业产生的废水不仅量大而且毒性很大，对环境的影响非常大。冶金工业废水中含有的化学成分主要有酚及其化合物、氰化物、酸碱、悬浮物以及如铁、锰、铅、铬、锌、汞等重金属离子，其中毒性较大的是汞、铅、铬、锌。下面我们来介绍几种主要污染物的毒性及其对环境的危害。

1.3.1 酚及其化合物

冶金工业中含酚的废水主要来自焦化厂、煤气发生站以及高炉煤气的洗涤水。含酚废水污染的范围广、危害性大，对人体、水体、鱼类以及农作物等都带来严重的危害，酚污染主要是挥发酚，对水生生物（鱼类、贝类及海带等）有较大毒性。

1.3.1.1 对人体的危害

酚类化合物是原型质毒物，它可以使蛋白质发生化学反应，低浓度的酚可以通过与人的皮肤、黏膜等组织发生化学反应，生成不溶性的蛋白质，从而使细胞失去原有的活力，因此对一切生物都有毒害作用；而高浓度的酚还会使蛋白质凝固，引起剧烈的腹痛、腹泻、呕吐、血便等症状，酚还会向组织内部渗透，引起组织内部损伤、坏死，直到全身中毒。长期饮用被酚污染的废水会引起头晕、贫血以及各种神经系统的病症。若将浓度超过0.002mg/L的水体作为饮用水源，加氯消毒时，氯与酚结合成氯酚，产生臭味。

1.3.1.2 对水体以及水生物的危害

水体受到含酚污水污染后会产生不良后果。由于含酚废水的耗氧量很高，水体中氧的平衡将受到破坏，导致水中溶解氧浓度降低。酚的污染会严重影响水产品的产量和质量，导致贝类减产、海带腐烂、养殖的砂贝和牡蛎等逐渐死亡。水体中含酚浓度不高时，会影响鱼类的洄游繁殖。当水体含挥发酚浓度达到1.0～2.0mg/L时，会使鱼类中毒；浓度为0.1～0.2mg/L时，鱼肉有酚味，不宜食用；浓度高的时候会引起鱼类大量死亡。酚类物质对鱼类的极限浓度一般在4～5mg/L，苯二酚的极限浓度为0.2mg/L。《渔业水体中有害物质的最高容许浓度》规定，挥发酚的最高容许浓度为0.005mg/L。

1.3.1.3 对农作物的危害

低浓度的酚对农作物的直接影响并不是很大，但酚可在粮食中富集。若用酚浓度超过5mg/L的水体灌溉农田，会导致作物减产至其枯死。

1.3.2 氰化物

1.3.2.1 主要危害

冶金工业中的含氰化物的废水主要来自选矿废水、氰化物浸金废液、高炉煤气洗涤废水、焦化厂的含氰废水及电镀废水等。氰化物有氰、氢氰酸、氰化钠、氰化钾、氰化铵和腈类物质。氰化物侵入人体或人体接触它们（特别是通过皮肤伤口），均能引起中毒。其症状表现为：轻者头痛、眩晕、呼吸困难；重者头昏、痉挛、血压下降，甚至在2～3min内无预兆地突然昏倒而致死亡。氰化物主要以氢氰酸形态存在于水中，很容易挥发。氢氰酸、氰化钠、氰化钾对人的致死量分别为0.06g、0.1g、

0.12g。氰化物对鱼的毒害较大，当水中 CN^- 含量为 0.04～0.1mg/L 时，即可使鱼致死。此外，氰化物对细菌也有毒害作用，能影响废水的生化处理过程，其含量在 1mg/L 时就会干扰活性污泥法的使用。

1.3.3 酸碱废水

冶金工业既产生酸性废水又产生碱性废水，但酸性废水产生的量大，而且其危害要比碱性废水要大得多。冶金工业中产生的酸性废水主要来自矿山的矿坑和堆石场、轧钢酸洗过程中的冲洗水。采矿中的酸为硫酸、盐酸、硝酸和氢氟酸或者是它们的混合酸。

酸性污水在不经过处理后直接排放到水体中产生的危害性较大。酸、碱污染可能使水体的 pH 值发生变化，会给水生生物的生长带来不利影响，微生物生长受到抑制，水体的自净能力受到影响。酸还具有腐蚀性，能腐蚀金属和混凝土构筑物，如堤坝、港口设施、桥梁和其他的一些水中构筑物。渔业水体的 pH 值规定不得低于 6 或高于 9.2，超过此限值时，鱼类的生殖率下降甚至死亡。农业灌溉用水的 pH 值为 5.5～8.5。

水体中往往都存在着一定数量的，由分子状态的碳酸（包括溶解的 CO_2 和未离解的 H_2CO_3 分子）、重碳酸根 HCO_3^- 和碳酸根 CO_3^{2-} 组成的碳酸系碱度，对外加的酸、碱具有一定的缓冲能力，以维持水体 pH 值的稳定。但是这种缓冲能力是有限度的，缓冲能力的大小用缓冲容量表示。碳酸系缓冲容量用韦勃-斯吐姆（weber - stumm）公式计算：

$$\beta=2.3\left\{\frac{\alpha([alk]-[OH^-]+[H^+])([H^+]+4K_2+K_1K_2/[H^+])}{K_1(1+2K_2/[H^+])}+[H^+]+[OH^-]\right\}$$

式中 β——水体的缓冲容量，mol/(pH. L)；

$[alk]$——水体的碱度，mol/L；

$[OH^-]$——水体的羟离子浓度，mol/L；

$[H^+]$——水体的氢离子浓度，mol/L；

K_1，K_2——分别为碳酸的第1，第2级电离常数。

碳酸的两级电离式为：

$$\alpha=\frac{K_1}{K_1+[H^+]+K_1K_2/[H^+]}$$

水中的碳酸离解平衡：

$$H_2CO_3 \rightleftharpoons H^+ + HCO_3^- \rightleftharpoons 2H^+ + CO_3^{2-}$$

第一级电离常数：

$$K_1=\frac{[H^+][HCO_3]}{[H_2CO_3]}$$

第二级电离常数：

$$K_2=\frac{[H^+][CO_3^{2-}]}{[HCO_3^-]}$$

常温条件下 $K_1=4.45\times10^{-7}$，$K_2=4.69\times10^{-11}$

如果水温为 T℃，则 K_1、K_2 值用下式进行温度修正：

$$\lg\left(\frac{1}{K_{1T}}\right)=\frac{17052}{273+T}+215.21\,[\lg(273+T)]$$
$$-0.12675(273+T)-545.56$$

$$\lg\left(\frac{1}{K_{2T}}\right)=\frac{2902.39}{273+T}+0.02379(273+T)-6.498$$

式中　T——水温，℃；

273——绝对温度，K；

K_{1T}、K_{2T}——分别为水温 T℃时的第1，第2级电离常数。

如果水体的缓冲容量已知，外加的酸或碱浓度，即 H^+ 或 OH^- 离子浓度也已知，则可用下式计算出水体 pH 值的变化值：

$$\Delta pH=\frac{\Delta C}{\beta}$$

式中　ΔC——外加的 H^+ 或 OH^- 离子浓度，mol/L；

ΔpH——水体 pH 值的增、减量。

1.3.4 悬浮物

水中含有较多的悬浮物质，会影响阳光穿透水体的深度，妨碍水中藻类的光合作用，影响水生植物的正常生长。悬浮物会堵塞鱼鳃，引起鱼类死亡。悬浮物若发生氧化还原作用，会消耗水体中的氧，同时分解产生有害气体，散发出难闻的气味。大量的悬浮物沉积于河底，会造成河流淤塞，又可能对航运带来不利影响。

1.3.5 重金属离子

重金属是典型的无机有毒物质，重金属污染系指各种金属元素及其化合物对水体的污染。重金属污染的典型特点是：饮用水中只要含微量重金属，即可对人体产生毒性效应，水体中重金属离子浓度在 0.01～10mg/L 之间，即可产生毒性效应；重金属离子无法被生物降解去除，只能以不同形态进行迁移，而且可在微生物的作用下，转化为有机化合物，使毒性猛增；水生生物从水体中摄取重金属并在体内大量积累，经过食物链富集进入人体，甚至通过遗传或母乳传给婴儿；重金属进入人体后，能与体内的蛋白质及酶等发生化学反应而使其失去活性，并可能在体内某些器官中积累，造成慢性中毒，这种积累的危害，有时需 10～30 年才显露出来。影响重金属在水体中浓度变化的理化反应主要有：沉淀和溶解、吸附与解吸、氧化与还原以及络合作用等。重金属可因生成硫化物、磷酸盐、碳酸盐等难溶沉淀而大量聚积在排污口附近的底泥中，成为长期的次生污染源；重金属能被水中大量存在的各种黏土矿物、腐殖酸等无机和有机胶体吸附随水迁移或随悬浮物沉降；此外，不同价态的重金属其毒性也不相同，而重金属的价态是随水环境条件而变化的，因此，重金属污染一旦形成，就很难消除。为有效地防治重金属污染，有人主张实行“零排放”，就是针对重金属污染特性而提出的。

其中最受关注的是汞、镉、铅、铬等重金属以及化学性质与金属相似的砷。

1.3.5.1 汞（Hg）污染

汞对人体有较严重的毒害作用。可分为无机金属汞与有机汞两类。

无机金属汞可从液态、固态升华为汞蒸气，能被淀粉类果实、块根吸收并积累，经食物链、呼吸系统或皮肤摄入人体，在血液中循环，积累在肝、肾及脑中，酶蛋白的硫基与汞离子结合后，活性受抑制，细胞的正常代谢作用发生障碍。有机汞主要来自有机汞农药及由无机汞转化。摄入人体的无机汞及水体底泥中的无机汞，在厌氧的条件下，由于微生物的作用，可转化为有机汞，如甲基汞（CH_3Hg）。水体中的有机汞可被贝类摄入并富集，经食物链进入人体，在肝、肾、脑组织中积累，侵入中枢神经，毒性大大超过无机汞，并极难用药物排除。积累到一定浓度即引发“水俣”病。《地面水环境质量标准》规定，总汞小于0.00005～0.001mg/L（取决于水域功能分类），《渔业水域水质标准》规定不得超过0.0005mg/L（取决于水域功能分类），《农田灌溉水质标准》规定不得超过0.001mg/L（取决于水域功能分类）。

表1-5 水生生物对常见重金属的平均富集倍数

重金属	淡水生物			海水生物		
	淡水藻	无脊椎动物	鱼类	海水藻	无脊椎动物	鱼类
汞	1000	105	1000	1000	105	1700
镉	1000	4000	300	1000	250000	3000
铬	4000	2000	200	2000	2000	400
砷	330	330	330	330	330	230
钴	1000	1500	5000	1000	1000	500
铜	1000	1000	200	1000	1700	670
锌	4000	40000	1000	1000	105	2000
镍	1000	100	40	250	250	100

1.3.5.2 镉（Cd）污染

镉是典型的富集型毒物。进入人体的镉主要分布于胃、肝、胰腺和甲状腺内，其次是胆囊、睾丸和骨骼中。镉在人体内可留存3～9年，口服镉盐后产毒潜伏期极短，经10～20min即发生恶心、呕吐、腹痛、腹泻等症状，严重者伴有眩晕、大汗、虚脱、上肢感觉迟钝、麻木，甚至可能休克。口服硫酸镉的致死剂量约30mg。骨骼中的钙被镉取代而疏松，造成自然骨折，疼痛难忍，即“骨痛病”。这种病的潜伏期可达10～30年，发病后难以治疗。

《地面水环境质量标准》规定，总镉小于0.001～0.01mg/L，《渔业水域水质标准》及《农田灌溉水质标准》都规定不得超过0.005mg/L。

1.3.5.3 铅（Pb）污染

铅也是一种富集型毒物，成年人每日摄入量少于0.32mg时，可被排出体外不积累；摄入量为0.5～0.6mg时，会有少量积累，但不危及健康；摄入量超过1.0mg时，有明显积累。铅离子能与多种酶络合，干扰机体的生理功能，危及神经系统、肾与脑，儿童比成人更容易受铅污染，造成永久性的脑受损。《地面水环境质量标准》规定总铅小于0.01～0.1mg/L，《渔业水域水质标准》与《农田灌溉水质标准》都规定不得超过0.1mg/L。

1.3.5.4 铬（Cr）污染

铬在水体中以六价铬和三价铬的形态存在，前者毒性大于后者，人体摄入后，会引起神经系统中毒。《地面水环境质量标准》规定六价铬小于0.01～0.1mg/L，《渔业水域水质标准》与《农田灌溉水质标准》都规定不得超过0.1mg/L。

1.3.5.5 溶解性固体物质污染

水体受溶解固体污染后，使溶解性无机盐浓度增加，如作为给水水源，水味涩口，甚至引起腹泻，危害人体健康，故饮用水的溶解固体含量应小于500mg/L；工业锅炉用水要求更加严格；农田灌溉用水要求不宜超过1000mg/L，否则会引起土壤板结。

1.4 冶金过程废水治理和利用的现状

水的重复使用是减少冶金废水污染的一项重要技术措施。通过重复使用可以最大限度地提高原料和产品的回收和有效利用，减少污染物的排放，减轻环境污染。据报道，国内有些工艺先进的冶金企业生产用水的重复使用率达到95%以上。对于必须排放的废水须经处理后排放。

目前我国达标排放率最高的冶金行业是黑色金属冶炼及压延加工业，而有色金属冶炼及压延加工业废水达标排放率较低。2003～2005年我国冶金行业废水排放及处理总情况如表1-6～表1-8。总体上，黑色冶金废水处理达标率高于有色冶金废水的处理达标率。近年来冶金废水处理达标率在逐年提高，黑色金属冶炼及压延加工业废水处理达标率达到95%以上（2004年）。

表1-6 工业按行业分废水排放及处理情况（2003年）

行业	汇总工业企业数/个	工业废水排放总量/万t	工业废水排放达标量/万t	废水治理设施数/套	达标排放率/%
行业总计	4936	245103	223106	6134	91.03
黑色金属矿采选业	512	13031	11438	853	87.75
有色金属矿采选业	1074	22855	19182	1535	83.93
黑色金属冶炼及压延加工业	1884	177456	167125	2816	94.18
有色金属冶炼及压延加工业	1466	31761	25361	1560	79.85

表1-7 工业按行业分废水排放及处理情况（2004年）

行业	汇总工业企业数/个	工业废水排放总量/万t	工业废水排放达标量/万t	废水治理设施数/套	达标排放率/%
行业总计	5493	264581	242516	7647	92.66
黑色金属矿采选业	615	14322	12777	1134	89.21
有色金属矿采选业	1114	27806	21290	1459	76.57
黑色金属冶炼及压延加工业	2156	186888	179143	3333	95.86
有色金属冶炼及压延加工业	1608	35565	29306	1721	82.40

表 1-8　工业按行业分废水排放及处理情况（2005 年）

行　业	汇总工业企业数/个	工业废水排放总量/万 t	工业废水排放达标量/万 t	废水治理设施数/套	达标排放率/%
行业总计	5772	249043	233944	9548	93.94
黑色金属矿采选业	744	14239	12829	2305	90.09
有色金属矿采选业	1123	31136	28027	1565	90.01
黑色金属冶炼及压延加工业	2213	169934	163928	3807	96.47
有色金属冶炼及压延加工业	1692	33734	29160	1871	86.44

冶金废水治理发展的趋向是：

（1）发展和采用不用水或少用水及无污染或少污染的新工艺、新技术，如用干法熄焦，炼焦煤预热，直接从焦炉煤气脱硫脱氰等。

（2）发展综合利用，从废水废气中回收有用物质和热能，减少物料燃料流失。

（3）企业内各种用水根据不同的水质要求，综合平衡，串流使用，同时改进水质稳定措施，不断提高水的循环利用率。

（4）发展适合冶金废水特点的新的处理工艺和技术，如用磁法处理钢铁废水，具有效率高、占地少、操作管理简便等优点。

2 冶金过程废水的管理及法规

2.1 冶金过程废水处理的主要原则与策略

2.1.1 冶金过程废水处理的主要原则

在一些工业过程中，特别是选矿和冶金过程中，存在着程度不同的操作效率问题，从而导致最终产品的回收率的降低。这不仅降低了利润，而且更存在将一些含有溶解金属或其他化学物质排放到环境的问题。这类废液的排放对环境的影响可以从有关水质的物理化学参数的变化和生物多样化状态的降低来反映，最终将影响到人类自身。针对冶金废水污染程度、污染物含量、污染物的性质各不相同，废水处理的原则和方法也存在着差异。

（1）在原水集流上遵循清污分流，分片治理的原则。将不同水质不同工艺过程的废水进行分别收集分别处理。冶金废水按照污染程度的不同，一般可分为3类：

1）无污染或轻度污染的废水。如冷却水、冷凝水等，水质清洁，可重复利用不外排，实现一水多用、节约资源的目的。

2）中度污染的废水。如炉渣水淬水、冲渣水、冲洗设备和地面水，洗渣和滤渣洗涤水。这类废水含有较多的渣泥和一定数量的重金属离子。

3）严重污染的废水。如湿法冶金废液、各种湿法除尘设备的洗涤废水，电解精炼过程的废水等。这类废水含有较多的重金属离子和尘泥，具有很强的酸碱性。

有些地方将采矿、选矿、冶炼废水一起进行处理，这样增加了处理难度。采矿废水金属含量不高或成分较为单一，用简单的方法即可除去大部分的重金属离子，但中和法对含有选矿药剂和放射性元素的废水的处理效果并不佳。所以一般不应将选矿废水与其他的废水混合，使废水总量增加，并使处理回收复杂化，更不能直接向外排放。几种不能混合的废水应当在各厂或各车间分别处理。废水成分单一又可以互相处理的，比如高温废水和低温废水、酸性废水和碱性废水、含铬废水和含氰废水等，应进行合并处理，以废治废，减少处理成本，增加效益。这种合并可以在厂内合并，也可以与外厂联合处理。

(2) 在处理方法选择上，遵循生产经济效益和环境效益统一考虑，坚持一切通过试验的原则。

冶金废水成分比较复杂，数量又很大，废水处理要认真贯彻国家制定的环境保护法规和方针政策。在废水处理规划设计中，必须把认真做好小型、中型实验，通过系统检测、分析综合，寻求比较先进且经济合理的处理方案，加强技术经济管理，抓好综合利用示范工程，做到成熟一个，开发利用一个，在投入产出上取得最佳效益。

(3) 处理后的出水遵循循环利用、就地消化的原则。

冶金废水的处理原则是改革工艺，并考虑综合回收废水中的有价元素，尽可能减少外排水量。加强废水管理工作，要研究行之有效的处理矿冶废水的方法，通过管理减少废水量，降低废水中有害元素的含量，采用最有效最简便最经济的处理方法，使处理后的液体能够返回流程使用，而金属得到回收。对于轻污染或无污染的间接冷却水，要循环使用不外排；中等污染的直接冷却水（炉渣水淬水、冲渣水）、冲洗设备和地面水，洗渣和滤渣洗涤水经沉淀除渣后可循环使用。在进行废水处理时，必须紧密结合本厂的主题生产流程，考虑废水循环利用多次或多次重复利用，尽可能提高循环利用率，减少外排水量，形成封闭循环系统。在国外，水的循环利用率有的可达98%以上。这不仅能减轻环境污染，而且还能大大减少新水的补充用量，减少成本，对于缓和水资源日益紧张的问题有很大的积极作用。对严重污染的废水，要最大化地进行综合利用，尽可能回收废水中的有价成分；处理后的液体返回流程、就地消化，提高水的循环利用率，对必须外排的少量废水要进行集中处理，达标排放。

(4) 改革生产工艺，尽量采用无毒药剂、溶剂等辅助原材料完成选矿冶炼的工艺过程，这是从根本上减少冶金废水对环境危害的方法。

(5) 加强科学管理，改善管理机构及制度，建立经济责任制和技术档案；加强对废水处理设施的运行、操作、维护的管理；对于人为的浪费和资源利用不合理的部分，要通过科学管理，提高资源的利用率，消除浪费，这也是提高经济效益、环境效益极为重要的方面。科学管理应从行政、法律、经济、技术等方面，结合近期和长远的环境目标，加以有机结合运用。

世界各国水污染防治的历史经验与教训证明，由于技术经济等种种条件的限制，单从技术上采取人工处理废水的做法，不能从根本上解决水污染问题。解决水污染的最终途径是综合防治。即运用各种措施防治水体污染。对于任何一个冶金企业来说，都应当做到：

1）全面规划，合理布局。在此前提下，认真执行环境影响评价制度，为做好水污染防治规划提供依据；

2）企业本身水污染防治规划在技术经济上的合理性；

3）企业本身的水污染防治规划，应当和它所从属的环境（或流域）相联系，既要科学利用环境容量与自净能力，又要达到保护环境的目的。

2.1.2 策略

节省水资源，保护水环境，是废水治理所要达到的主要目标，也是采取废水治理措施的主要依据。

重复用水，是指串接用水、循环用水等。对于企业来说，重复用水是节约用水的主要措施。重复用水的前提条件是不改变水的用途，而只改变水的来源。由于水处理技术的进步，如今任何水源都可通过处理来达到所需的水质要求。所以水源的选择，主要取决于经济因素。如果实现废水重复利用所需的代价低于取用新鲜水，那么废水就可作为水源。循环用水只是重复用水的特定方式，它能够最有效地利用废水。循环用水的实质是把废水转化为资源，实现再利用，把污染消除在工艺过程中。所以重复用水既是节水的良策，又是保护环境的积极措施。

2.2 冶金过程废水回用与废水最小化

对于冶金企业来说，各生产过程对水质的要求和用水情况不同，因此废水受污染的程度也不同。在现代化企业里，为了实现循环用水，废水要按质分流。也就是说，生产过程中产生的污染性质与程度不同的废水，可以分别经过适当的处理后又全部回到原来的生产过程中使用，即循环用水。串接用水，是指废水不回到原来的生产过程中，而是转送到可以接受的生产过程或系统中使用。设计如能统筹安排、合理组合，可使企业所需的新鲜水量降到最小限度。比如现代炼铁厂高炉的有效容积往往都在1000m³ 以上，其冷却设备对冷却水的供水水质水量要求很高。如武钢 3 号高炉，有效容积为 3200m³；采用纯水密闭循环系统，其高炉、热风炉的密闭循环水量平均为 6546m³/h，最大为7286m³/h。由于在高炉、高炉工程的给排水设计中，高炉、热风炉供水系统的排水，可以作为高炉煤气洗涤水系统循环水的补充水。如果高炉为干式除尘或有别的原因不能排至煤气洗涤系统，也排至高炉炉渣粒化（水渣或干渣）的水系统。所以说，高炉、热风炉系统没有外排污水，这一工艺过程利用了水的循环和串接使用。转炉烟气洗涤废水进行循环利用和串级使用，可使水的重复利用率达到 90%以上。同时，推行清洁生产工艺实现无废生产是使污染最小化的基本途径。

2.2.1 钢铁工业废水最小化

钢铁行业中水的闭路循环是组织钢铁无废生产的重要一环。水的闭路循环是指在单个生产过程中或生产过程与生成过程之间实现水的闭路循环和重复利用。生产中的酸洗废水、酸洗废液、含悬浮物废水、含油废水等，按相应的流程处理后，返回到生产中使用。

在钢铁工业的各个环节采用废水排放量少的新工艺也可以有效地减少污染。主要可以从以下几个方面实现：

（1）无焦炼铁。无焦炼铁工艺是用氢气或天然气直接从铁精矿制铁，不用焦炭，不用高炉，从传统中革除烧结、炼焦和高炉熔炼三大工序。用水量减少到1/3，基本无废渣、无废气。

（2）干法熄焦。过去采用喷淋水熄灭的方法使炽热的红焦由1000℃骤降至100℃左右，大量热量散失未被利用，焦炭的质量（如机械强度、筛分组成、反应性水分变化等）也因湿熄焦的急剧冷却而下降，同时还会生成大量含酚废水和带有毒气的水蒸气，造成环境污染。

干法熄焦是用循环使用的氮气冷却红焦，不但消除了含酚废水的污染，减少用水量，提高焦炭产品的质量，还可以回收大量的余热用于供热和发电。这种技术生产的焦炭含水少，粒度均匀，强度较高，作为冶金焦使用可降低焦耗约2%。

（3）污水处理。对已经产生的污水也需要进行综合利用，在焦化生产中，不断完善和改进焦化生产工艺，加强综合利用，提高水的重复利用率，积极治理酚氰废水控制技术，减少酚氰废水的外排量。对各工段、车间排放的酚氰废水量和水质实行考核，同时将特殊排放点的废水（如含油量大的洗罐站排水、极难生化的酸碱度较高的废水）单独处理后再送酚氰废水处理站。而生物处理产生的污泥和混凝处理产生的废渣可混入生化尾水一起去熄焦，浓缩处理后的泥饼送煤场掺入煤中进行炼焦。经生物处理后的废水应尽量用于熄焦，减少外排量。

（4）干法净化烟气。容量为13～15t的转炉每座应单独设置一套煤气净化回收系统。

大于20 t的氧气转炉应设置二次烟气捕集系统，采用干法净化。大于50 t的氧气转炉应设密闭式转炉挡围结构及活动炉前门。

2.2.2　有色金属工业废水最小化

有色金属工业产生的废气、废水、废渣对环境的污染相当严重，应采用清洁生产新技术来减少废水的产生。有色冶金选矿中产生大量的尾矿和废水，尾矿颗粒很细，被风吹散，被雨水冲走，造成对环境的污染。选矿废水的排放量很大，其中含有多种金属和非金属离子如铜、铅、铬、镍、砷、锑、汞、锗、硒、锌等；另外还含有如黄原酸盐、高分子酸、脂肪酸等选矿药剂。

冶炼过程主要排放的有火法冶炼的矿渣、湿法冶炼的浸出渣以及冶炼废水。冶炼废水的污染成分随所加工的矿石成分、加工方法、工艺流程和产品种类的不同而不同，如镍冶炼厂废水含镍、铜、铁和盐类。有色金属矿大多为高含硫量的硫化矿，因此在冶炼过程中还排出高浓度二氧化硫废气。金属冶炼所产生的二氧化硫气体及含有重金属化合物的烟尘，电解铝产生的氟化氢气体和重金属冶炼、轻金属冶炼及稀有金属冶炼所产生的氯气是废气中污染大气的主要物质。

冶金工业是能源与资源的消耗大户，也是环境污染大户，实现清洁生产，主动研究与开发从源头减少或消除污染的绿色工艺技术，从环保、经济和社会持续发展的角度来看，具有十分重要的意义。

2.3　冶金过程废水的管理体系

我国早在20世纪60年代初就十分注重工业污水的治理工作，40余年来先后修建了数万套工业污水处理设施，尤其是电镀、焦化、炼油、化工、印染、冶金等行业的污水治理工作更受关注。尽管如此，但其治理能力的增长速度还赶不上工业污水带来的污染的增长速度，工业污水的污染仍有蔓延的趋势，我们应该高度重视这种现象。

据对全国多个冶金企业的实际考察，统计出各厂已建装置的年处理量与平均设计量仍有很大的差距，造成这种现象的原因有以下几个方面：

（1）在技术方面，由于设计和技术上的问题，导致处理设施的运行率低，甚至停止运行或是报废。其主要原因是缺少可供遵循的工业污水处理设施设计规范，没有严格的设计审计制度，对设计单位没有履行严格的资格审查手续。另外，在设计中选用的处理工艺上有一定的盲目性，对生产过程的适应能力较差，使得处理设施的净化效率降低或无法继续使用。这些问题，造成了运行和维修上的困难。

（2）在管理方面，突出的问题在于污水治理的管理水平落后，使已修建的治理设施未能充分发挥环境效益。具体表现有：1）主管部门对工业污水的治理设施状况缺乏全面深入的了解；2）较多的企业污水处理设施未纳入正常的企业管理计划之内；3）基层环保人员在业务能力和设施运行管理水平上有待进一步提高。这些在一定程度上影响了污水处理设施的有效运行。

（3）在治理设备方面，目前我国尚缺少研制污水处理设备的大型企业，许多生产环保设备的工厂的技术力量和生产能力相当薄弱，生产的产品没有国家的审核验收程序。已投产的处理设备维护困难，特别是一些比较复杂的设备，用户无维修能力、厂家无维修责任、社会无维修服务，一旦设备运行出现失灵，只有放置。

（4）在污泥的处理和处置方面，目前我国工业污水处理设施只有10%左右有确切的污泥处理或处理数据记录。绝大多数的设施中连污泥的处理装置也没有建立起来。对于产生的污泥一般采取简单的填埋方式，有的露天堆放或施于农田，有的竟投入下游水域，这样的处置对含有重金属的污泥来说，往往要造成二次污染。

以上情况，只是目前我国工业污水治理调查的部分结果，但反映出了这项工作的艰巨性和复杂性。因此对工业污水的治理不仅在技术上而且要在管理上有很多的问题，要求我们加倍努力去解决。环境保护是我国的一项基本国策，我国的环境保护实行的是“防治结合，以防为主，综合治理”的方针。对于冶金企业所产生的废水，要针对冶金行业的特征和冶金废水的性质，形成科学的管理体系，从而减少冶金废水行业对周围环境的破坏。

工业企业的环境管理是企业管理的一个重要组成部分，也是国家环境管理的主要内容之一，因此企业的环境保护是一项同发展生产同样重要的工作。一方面是企业作为管理的主体对企业内部自身进行管理；另一方面是企业作为管理的对象而被其他管理主体如政府职能部门所管理。只有做到了前一方面的要求，才可能符合后一方面的要求；只有明确后一种要求，才能对前一方面的工作加以推动。

工业企业环境管理的核心内容是把环境保护融于企业经营管理的全过程之中，使环境保护成为工业企业的重要决策因素；就是要重视研究本企业的环境对策，采用新技术、新工艺，减少有害废弃物的排放，对废旧产品进行回收处理及循环利用，变普通产品为“绿色”产品，努力通过环境认证，积极参与社区环境整治，推动对员工和公众的环保宣传和引导，树立“绿色企业”的良好形象等。

工业企业环境管理体制，就是在企业内部建立全套从领导、职能科室到基层单位，在污染预防与治理，资源节约与再生，环境设计与改进以及遵守政府的有关法律法规等方面的各种规定、标准、制度甚至操作规程等，并有相应的监督检查制度，以保证在企业生产经营的各个环节中得到执行。

2.3.1　企业环境管理体制的特点

2.3.1.1　企业生产的领导者同时也必须是环境保护的责任者

世界上许多国家早已明确规定：企业的厂长（经理）是公害防治的法定责任者。工业企业既是生产单位，又应是工业污染的防治单位，这是同一过程的两个方面。厂长（经理）不仅对企业生产发展负领导责任，同时也必须对企业的环境保护负领导责任，对提高企业的环境质量负领导责任。近年来，国务院的一些工业部门所颁布的环境保护条例中都明确规定厂长、经理在环境保护方面对国家应负法律责任。企业的最高管理者在阐明企业的环境价值观、宣传对环境方针的承诺以及树立企业环境意识、对员工进行激励方面具有关键性的作用。

2.3.1.2 企业环境管理要同企业生产经营管理紧密结合

环境管理具有突出的综合性、全过程性及专业性等特点，因此它只有渗透到企业各项管理之中，企业环境管理才能得到真正的实现。

2.3.1.3 企业环境管理的基础在基层

工业企业管理的基础在基层，企业环境管理应与其相一致。这就要求把企业环境管理落实到车间与岗位，建立厂部、车间及班组的企业环境管理网络，明确相应的管理人员及职责，使企业环境管理在厂长、经理的领导下，通过企业自上而下的分级管理，得到有力、有效的保证。

2.3.2 企业环境管理机构的职能与职责

（1）基本职能是组织编制环境计划与规划、组织环境保护工作的协调和实施企业环境监测。

（2）主要工作职责（具体职责）是：督促、检查本企业执行国家环境保护方针、政策、法规；按照国家和地区的规定制订本企业污染物排放指标和环境管理办法；组织污染源调查和环境监测，检查企业环境质量状况及发展趋势，监督全厂环境保护设施的运行与污染物排放；负责企业清洁生产的筹划、组织与推动；会同有关单位做好环境预测，负责本企业污染事故的调查与处理，制定企业环境保护长远规划和年度计划，并督促实施；会同有关部门组织和开展企业环境科研以及环境保护技术情报的交流以推广国内外先进的防治技术和经验；开展环境教育活动，普及环境科学知识，提高企业员工环境意识。

2.3.3　企业环境管理体系的基本模式——企业环境管理国际标准（ISO 14000 系列）

ISO 14000 系列标准是由国际标准化组织（ISO）制定的，它的初衷是通过规范全球工业、商业、政府、非盈利组织和其他用户的环境行为，改善人类环境，促进世界贸易和经济的持续发展。ISO 14000 系统主要包括环境管理体系及环境审核、环境标志、生命周期评价三大部分。ISO 14000 系列标准的提出和实施为环境管理体系的认证提供了合适的规范，使企业环境管理更加规范有序，同时也为企业国际交往提供了共同语言。

目前已发布的环境管理国际标准包括：

（1）ISO 14001，《环境管理体系　规范与使用指南》，我国已等同采用并转化为国标 GB/T24001—1996。

（2）ISO 14004，《环境管理体系　原则、体系和支持技术通用指南》，我国已等同采用并转化为国标 GB/T 24004—1996。

（3）ISO 14010，《环境审核指南　通用原则》，我国已等同采用并转化为国标 GB/T 24010—1996。

（4）ISO 14011，《环境审核指南　审核程序　环境管理体系审核》，我国已等同采用并转化为国标 GB/T 24011—1996。

（5）ISO 14012，《环境审核指南　环境审核员资格要求》，我国已等同采用并转化为国标 GB/T 24012—1996。

在 ISO 已有的 10300 多个标准中，ISO 14000 系列和 ISO 9000 系列将是世界上被采用最多的两类标准之一。由于贯彻 ISO 14000 系列是时代潮流，是企业自身发展的需要，遵守 ISO 14000 系列的规定并适时取得其认证，将成为企业产品进入国际市场的“绿色通行证”，将有利于提高企业在国际贸易市场上的竞争能力。

2.3.4　参照 ISO 14000 系列标准，建立和实施企业内部环境管理体系

环境管理体系是整个管理体系的一个组成部分，包括为制

定、实施、实现评审和保持环境方针所需要的组织结构、策划活动、职责、惯例、程序、过程和资源（ISO 14001《环境管理体系 规范与使用指南》)。ISO 14001 不仅可以用作认证的规范，也可以直接用于指导一个组织或企业建立、实施和完善有效的环境管理体系。“一个组织可以通过展示对本标准的成功实施，使相关方面确信它已建立了妥善的环境管理体系”。

ISO 14001 标准规定的环境管理体系的五大要素及要求如下所示。

2.3.4.1 环境方针

阐述组织的环境工作宗旨和原则，为制定环境目标、指标和措施提供依据。

2.3.4.2 规划（策划）

为实施环境方针而确定环境目标、指标、工作重点、行动步骤、资源、措施和时间安排。

2.3.4.3 实施和运行

执行环境计划，使环境管理体系正常运行。

2.3.4.4 检查和纠正措施

检查运行中出现的问题并加以纠正。

2.3.4.5 管理评审

依据对环境管理系统审核的结果以及不断变化的形势，提出方针、目标和程序变动的要求，以求不断完善及保持环境管理体系的持续适应性。

运行模式：持续改进的螺旋型上升模式，即：最高管理者的承诺→确定方针目标→提供人、财、物确保体系运行→程序化和文件的全过程控制→检验、纠正、审核、评审→持续改进。

强调预防为主、全面管理和持续改进；重视污染预防和生命周期分析；突出企业最高管理者的承诺和责任；强调全员环境意识及参与；结构化、系统化、程序化的系统工程管理方法；明确环境管理体系是企业大系统的一个子系统，要和其他子系统协同运作。

由环境方针、规划（策划）、实施和运行、检查和纠正措施及管理评审等五个一级要素组成体系建立后，应通过有计划的评审和持续改进的循环，保持环境管理体系的完善和提高。在环境管理组织健全、体系完善的基础上，全面推行“清洁生产”工艺，将整体预防的环境战略持续应用于生产过程和产品。从根本上解决资源浪费和环境污染，是达到国际环境管理认证体系 ISO 14000 系列要求的关键。由于清洁生产是一项系统工程，涉及到管理、技术、生产等各方面；加之清洁生产又具有相对性，是个渐进过程。因此，为保证清洁生产在企业中的持续推行，必须在企业内部建立一个长期性的清洁生产审计组织。

2.3.5　防治生产过程中排出的污染物与废弃物

企业环境保护应坚持预防为主、防治结合、综合治理的方针，减少能源与原材料消耗，采用清洁生产工艺，促进资源回收与循环利用。在合理利用环境自净能力的前提下，企业对产生的污染物进行厂内治理，将其所产生的外部不经济性内部化，以达到国家或地方规定的有关排放标准及总量控制要求，是企业环境管理的具体内容之一。

工业废水的处理要协调好厂内处理和污水集中处理的关系。对于一些特殊污染物，如难降解有机物和重金属应以厂内处理为主。对大多数能降解和易集中处理的污染物，应尽可能考虑集中处理，以取得规模效应和区域大环境的改善。同时合理利用江、河、海洋的自净能力和水环境容量，将工业废水经过适当处理达到规定的有关排放标准后排放。

目前焦化厂废水处理有多种方式，首要方式应将焦化废水处理综合考虑。如建厂时选择厂址就应论证废水处理方案，充分考虑厂址的上、下游及周围的情况，不要设在给水水源附近和有特殊要求的地方；能否将经处理后的水送附近洗煤厂、钢铁厂的综合废水处理厂、城市污水处理厂，使废水处理方案更趋合理也是必须考虑的问题。

其次是废水处理不能单一考虑，而应与煤气净化工艺等统一考虑设计方案。从产生废水的装置开始处理，每道工序均按要求设计，减轻最终废水处理装置的负担。如上海宝钢三期工程将蒸氨工段与废水处理合并为一个车间，使其真正能实现达标排放。将处理后的废水尽量在厂内利用，如送作熄焦补充水、除尘补充水、煤场洒水等，从而减少外排水量，同时采取措施，防止对环境及设备产生不良影响。

2.4 冶金过程废水的主要污染物的排放标准

污染物排放标准是根据环境质量标准，并考虑技术经济的可能性和环境特点，对排入环境的污染物或有害因素的数量或浓度所做的限量规定。国家污染物排放标准分综合标准和部门、行业标准两种。前者详见《污水综合排放标准》（GB 8978—1996），钢铁工业执行《钢铁工业水污染物排放标准》（GB 13456—1992）。

《污水综合排放标准》（GB 8978—1996）由国家技术监督局1996年10月4日发布，1998年1月1日实施。标准分为三级：

（1）排入GB3838中Ⅲ类水域（划定的保护区和游泳区除外）和排入GB3097中二类海域的污水执行一级标准；

（2）排入GB3838中Ⅳ、Ⅴ类水域和排入GB3097中三类海域的污水执行二级标准；

（3）排入设置二级污水处理厂的城镇排水系统的污水执行三级标准。

标准按年限规定了第一类污染物和第二类污染物最高允许排放浓度及部分行业最高允许排水量。1997年12月31日之前建设（包括改扩建）的单位水污染物的排放必须同时执行表2-1、表2-2及表2-3的规定。

表2-1 第一类污染物最高允许排放浓度 mg/L

序号	污染物	最高允许排放浓度
1	总汞	0.05

续表 2-1

序号	污染物	最高允许排放浓度
2	烷基汞	不得检出
3	总 镉	0.1
4	总 铬	1.5
5	六价铬	0.5
6	总 砷	0.5
7	总 铅	1.0
8	总 镍	1.0
9	苯并［a］芘	0.00003
10	总 铍	0.005
11	总 银	0.5
12	总α放射性	1 Bq/L
13	总β放射性	10 Bq/L

表 2-2　第二类污染物最高允许排放浓度

（1997 年 12 月 31 日之前建设的单位）　mg/L

序号	污染物	适用范围	一级标准	二级标准	三级标准
1	pH 值	一切排污单位	6～9	6～9	6～9
2	色度(稀释倍数)	染料工业	50	180	
		其他排污单位	50	80	
3	悬浮物(SS)	采矿、选矿、选煤工业	100	300	
		脉金选矿	100	500	
		边远地区砂金选矿	100	800	
		城镇二级污水处理厂	20	30	
		其他排污单位	70	200	400
4	五日生化需氧量 BOD_5	甘蔗制糖、苎麻脱胶、湿法纤维板工业	30	100	600
		甜菜制糖、酒精、味精、皮革、化纤浆、粕工业	30	150	600
		城镇二级污水处理厂	20	30	
		其他排污单位	30	60	300

续表 2-2

序号	污染物	适用范围	一级标准	二级标准	三级标准
5	化学需氧量 COD	甜菜制糖焦化合成脂肪酸湿法纤维板染料洗毛有机磷农药工业	100	200	1000
		味精酒精医药原料药生物制药苎麻脱胶皮革化纤浆粕工业	100	300	1000
		石油化工工业、包括石油炼制	100	150	500
		城镇二级污水处理厂	60	120	
		其他排污单位	100	150	500
6	石油类	一切排污单位	10	10	30
7	动植物油	一切排污单位	20	20	100
8	挥发酚	一切排污单位	0.5	0.5	2.0
9	总氰化合物	电影洗片（铁氰化合物）	0.5	5.0	5.0
		其他排污单位	0.5	0.5	1.0
10	硫化物	一切排污单位	1.0	1.0	2.0
11	氨　氮	医药原料药、染料、石油化工工业	15	50	
		其他排污单位	15	25	
12	氟化物	黄磷工业	10	20	20
		低氟地区、水体含氟量小于0.5mg/L	10	20	30
		其他排污单位	10	10	20
13	磷酸盐以P计	一切排污单位	0.5	1.0	
14	甲　醛	一切排污单位	1.0	2.0	5.0
15	苯胺类	一切排污单位	1.0	2.0	5.0
16	硝基苯类	一切排污单位	2.0	3.0	5.0
17	阴离子表面活性剂 LAS	合成洗涤剂工业	5.0	15	20
		其他排污单位	5.0	10	20

续表 2-2

序号	污染物	适用范围	一级标准	二级标准	三级标准
18	总 铜	一切排污单位	0.5	1.0	20
19	总 锌	一切排污单位	2.0	5.0	5.0
20	总 锰	合成脂肪酸工业	2.0	5.0	5.0
		其他排污单位	2.0	2.0	5.0
21	彩色显影剂	电影洗片	2.0	3.0	5.0
22	显影剂及氧化物总量	电影洗片	3.0	6.0	6.0
23	元素磷	一切排污单位	0.1	0.3	0.3
24	有机磷农药以P计	一切排污单位	不得检出	0.5	0.5
25	粪大肠菌群数	医院②、兽医院及医疗机构含病原体污水	500个/L	1000个/L	5000个/L
		传染病、结核病医院污水	100个/L	500个/L	1000个/L
26	总余氯（采用氯化消毒的医院污水）	医院②、兽医院及医疗机构含病原体污水	＜0.5①	＞3（接触时间1h）	＞2（接触时间1h）
		传染病、结核病医院污水	＜0.5①	＞6.5（接触时间1.5h）	＞5（接触时间1.5h）

① 加氯消毒后须进行脱氯处理达到本标准；② 指50个床位以上的医院。

表 2-3 1997年12月31日之前建设的冶金单位最高允许排水量

序号	行业类别			最高允许排水量或最低允许水重复利用率
1	矿山工业	有色金属系统选矿		水重复利用率75%
		其他矿山工业采矿、选矿、选煤等		水重复利用率90%（选煤）
		脉金选矿	重选	16.0m³/t（矿石）
			浮选	9.0m³/t（矿石）
			氰化	8.0m³/t（矿石）
			碳浆	8.0m³/t（矿石）

续表 2-3

序号	行 业 类 别	最高允许排水量或最低允许水重复利用率
2	焦化企业（煤气厂）	1.2m^3/t（焦炭）
3	有色金属冶炼及金属加工	水重复利用率 80%

1998 年 1 月 1 日起建设（包括改扩建）的单位水污染物的排放必须同时执行表 2-1、表 2-4、表 2-5 的规定。

表 2-4　1998 年 1 月 1 日后建设的冶金单位第二类污染物最高允许排放浓度　mg/L

序号	污染物	适用范围	一级标准	二级标准	三级标准
1	pH 值	一切排污单位	6～9	6～9	6～9
2	色度(稀释倍数)	一切排污单位	50	80	
3	悬浮物 SS	采矿、选矿、选煤工业	70	300	
		脉金选矿	70	400	
		边远地区砂金选矿	70	800	
		城镇二级污水处理厂	20	30	
		其他排污单位	70	150	400
4	五日生化需氧量 BOD_5	甘蔗制糖、湿法纤维板、苎麻脱胶、染料、洗毛工业	20	60	600
		甜菜制糖、酒精、味精、皮革、化纤浆粕工业	20	100	600
		城镇二级污水处理厂	20	30	
		其他排污单位	20	30	300
5	化学需氧量(COD)	甜菜制糖、合成脂肪酸、湿法纤维板、染料、选毛、有机磷农药工业	100	200	1000
		味精、酒精、医药原料药、生物化工、苎麻脱胶、皮革、化纤浆粕工业	100	300	1000
		石油化工工业(包括石油炼制)	60	120	500
		城镇二级污水处理厂	60	120	
		其他排污单位	100	150	500

续表 2-4

序号	污染物	适用范围	一级标准	二级标准	三级标准
6	石油类	一切排污单位	5	10	20
7	动植物油	一切排污单位	10	15	100
8	挥发酚	一切排污单位	0.5	0.5	2.0
9	总氰化合物	一切排污单位	0.5	0.5	1.0
10	硫化物	一切排污单位	1.0	1.0	1.0
11	氨　氮	医药原料药工业、染料、石油化工	15	50	
		其他排污单位	15	25	
12	氟化物	黄磷工业	10	15	20
		低氟地区（水体含氟量小于0.5mg/L）	10	20	30
		其他排污单位	10	10	20
13	磷酸盐（以P计）	一切排污单位	0.5	1.0	
14	甲醛	一切排污单位	1.0	2.0	5.0
15	苯胺类	一切排污单位	1.0	2.0	5.0
16	硝基苯类	一切排污单位	2.0	3.0	5.0
17	阴离子表面活性剂(LAS)	一切排污单位	5.0	10	20
18	总　铜	一切排污单位	0.5	1.0	2.0
19	总　锌	一切排污单位	2.0	5.0	5.0
20	总　锰	合成脂肪酸工业	2.0	5.0	5.0
		其他排污单位	2.0	2.0	5.0
21	彩色显影剂	电影洗片	1.0	2.0	3.0
22	显影剂及氧化物总量	电影洗片	3.0	3.0	6.0

续表 2-4

序号	污染物	适用范围	一级标准	二级标准	三级标准
23	元素磷	一切排污单位	0.1	0.1	0.3
24	有机磷农药以P计	一切排污单位	不得检出	0.5	0.5
25	乐果	一切排污单位	不得检出	1.0	2.0
26	对硫磷	一切排污单位	不得检出	1.0	2.0
27	甲基对硫磷	一切排污单位	不得检出	1.0	2.0
28	马拉硫磷	一切排污单位	不得检出	5.0	10
29	五氯酚及五氯酚钠以五氯酚计	一切排污单位	5.0	8.0	10
30	可吸附有机卤化物(AOX)(以Cl计)	一切排污单位	1.0	5.0	8.0
31	三氯甲烷	一切排污单位	0.3	0.6	1.0
32	四氯化碳	一切排污单位	0.03	0.06	0.5
33	三氯乙烯	一切排污单位	0.3	0.6	1.0
34	四氯乙烯	一切排污单位	0.1	0.2	0.5
35	苯	一切排污单位	0.1	0.2	0.5
36	甲苯	一切排污单位	0.1	0.2	0.5
37	乙苯	一切排污单位	0.4	0.6	1.0
38	邻-二甲苯	一切排污单位	0.4	0.6	1.0
39	对-二甲苯	一切排污单位	0.4	0.6	1.0

续表 2-4

序号	污染物	适用范围	一级标准	二级标准	三级标准
40	间-二甲苯	一切排污单位	0.4	0.6	1.0
41	氯苯	一切排污单位	0.2	0.4	1.0
42	邻二氯苯	一切排污单位	0.4	0.6	1.0
43	对二氯苯	一切排污单位	0.4	0.6	1.0
44	对硝基氯苯	一切排污单位	0.5	1.0	5.0
45	2，4-二硝基氯苯	一切排污单位	0.5	1.0	5.0
46	苯酚	一切排污单位	0.3	0.4	1.0
47	间-甲酚	一切排污单位	0.1	0.2	0.5
48	2，4-二氯酚	一切排污单位	0.6	0.8	1.0
49	2，4，6-三氯酚	一切排污单位	0.6	0.8	1.0
50	邻苯二甲酸二丁酯	一切排污单位	0.2	0.4	2.0
51	邻苯二甲酸二辛酯	一切排污单位	0.3	0.6	2.0
52	丙烯腈	一切排污单位	2.0	5.0	5.0
53	总硒	一切排污单位	0.1	0.2	0.5
54	粪大肠菌群数	医院①、兽医院及医疗机构含病原体污水	500个/L	1000个/L	5000个/L
		传染病、结核病医院污水	100个/L	500个/L	1000个/L
55	总余氯（采用氯化消毒的医院污水）	医院①、兽医院及医疗机构含病原体污水	0.5②	3（接触时间1h）	2（接触时间1h）
		传染病、结核病医院污水	0.5②	6.5（接触时间1.5h）	5（接触时间1.5h）

续表 2-4

序号	污染物	适用范围	一级标准	二级标准	三级标准
56	总有机碳(TOC)	合成脂肪酸工业	20	40	
		苎麻脱胶工业	20	60	
		其他排污单位	20	30	

注：1. 其他排污单位指除在该控制项目中所列行业以外的一切排污单位。

①指 50 个床位以上的医院；② 加氯消毒后须进行脱氯处理达到本标准。

表 2-5　1998 年 1 月 1 日之前建设的冶金单位最高允许排水量

序号	行业类别			最高允许排水量或最低允许水重复利用率
1	矿山工业	有色金属系统选矿		水重复利用率 75%
		其他矿山工业采矿、选矿、选煤等		水重复利用率 90%（选煤）
		脉金选矿	重　选	16.0m^3/t（矿石）
			浮　选	9.0m^3/t（矿石）
			氰　化	8.0m^3/t（矿石）
			碳　浆	8.0m^3/t（矿石）
2	焦化企业（煤气厂）			1.2m^3/t（焦炭）
3	有色金属冶炼及金属加工			水重复利用率 80%

《钢铁工业水污染物排放标准》（GB 13456—92），标准分三级：排入 GB 3838 中Ⅲ类水域（水体保护区除外），GB 3097 中二类海域的废水，执行一级标准；排入 GB 3838 中Ⅳ、Ⅴ类水域，GB 3097 中三类海域的废水，执行二级标准；排入设置二级污水处理厂的城镇下水道的废水，执行三级标准。1989 年 1 月 1 日之前立项的钢铁建设项目及其建成后投产的企业按表 2-6 执行。1989 年 1 月 1 日至 1992 年 6 月 30 日之间立项的钢铁建设项目及其建成后投产的企业按表 2-7 执行。1992 年起立项的钢铁建设项目及建成后投产的企业按表 2-8 执行。

表 2-6 1989 年 1 月 1 日之前立项的钢铁建设项目及其建成后投产的企业污水排放标准

行业类别	分级	最低允许水循环利用率/%	污染物最高允许排放浓度/$mg \cdot L^{-1}$							
			pH 值	悬浮物	挥发酚	氰化物	化学需氧量（COD_{Cr}）	油 类	六价铬	总硝基化合物
冶金系统选矿	一级	大、中（75） 小（60）	6～9	150	1.0	0.5	150	15		
	二级			400	1.0	0.5	200	20		3.0
	三级				2.0	1.0	500	30		5.0
钢铁、铁合金、钢铁联合企业（不包括选矿厂）①	一级	缺水区②（85） 丰水区②（60）	6～9	150	1.0	0.5	150	15	0.5	
	二级			300	1.0	0.5	200	20	0.5	
	三级			400	2.0	1.0	500	30		

① 包括以单独工艺生产并设有单独外排口的企业；② 丰水区：水源取自长江、黄河、珠江、湘江、松花江等大江大河为丰水区；缺水区：水源取自水库、地下水及国家水资源行政主管管理部门确定为缺水的地区为缺水区。

表 2-7 1989 年 1 月 1 日至 1992 年 6 月 30 日之间立项的钢铁建设项目及其建成后投产的企业污水排放标准

行业类别	分级	最低允许水循环利用率/%	污染物最高允许排放浓度/mg·L^{-1}								
			pH值	悬浮物	挥发酚	氰化物	化学需氧量（COD_{Cr}）	油类	六价铬	锌	氨氮②
黑色冶金系统选矿	一级	90	6～9	70	0.5	0.5	100	10		2.0	
	二级			300	0.5	0.5	150	10		4.0	
	三级			400	2.0	1.0	500	30		5.0	
钢铁各工艺、铁合金、钢铁联合企业（不包括选矿厂）①	一级	缺水区③（90） 丰水区③（80）	6～9	70	0.5	0.5	100	10	0.5	2.0	15.0
	二级			200	0.5	0.5	150	10	0.5	4.0	40.0
	三级			400	2.0	1.0	500	30		5.0	150

① 包括以单独工艺生产并设有单独外排口的企业；② 焦化的氨氮指标 1994 年 1 月 1 日执行；③ 丰水区：水源取自长江、黄河、珠江、湘江、松花江等大江大河为丰水区；

缺水区：水源取自水库、地下水及国家水资源行政主管管理部门确定为缺水的地区为缺水区。

表 2-8 1992 年起立项的钢铁建设项目及建成后投产的企业污水排放标准

生产工艺	分类	分级	排水量[1]（m^3/t 产品）[2]		pH 值	悬浮物/$mg \cdot L^{-1}$	挥发酚/$mg \cdot L^{-1}$	氰化物/$mg \cdot L^{-1}$	化学需氧量（COD_{Cr}）/$mg \cdot L^{-1}$	油类/$mg \cdot L^{-1}$	六价铬/$mg \cdot L^{-1}$	氨氮/$mg \cdot L^{-1}$	锌/$mg \cdot L^{-1}$
			缺水区[3]	丰水区[4]									
选矿	重、磁选	一级	0.7	0.7	6～9	70							
		二级				300							
		三级				400							
烧结	烧结	一级	0.01	0.01	6～9	70							
		二级				150							
		三级				400							
	球团	一级	0.005	0.005	6～9	70							
		二级				150							
		三级				400							
焦化	焦化	一级	0.005	0.005	6～9	70	0.5	0.5	100	8		15	
		二级				150	0.5	0.5	150	10		25	
		三级				400	2.0	1.0	500	30		40	
炼铁		一级	3	10	6～9	70							2.0
		二级				150							4.0
		三级				400							10.0

续表 2-8

生产工艺	分类	分级	排水量[1]（m^3/t 产品）[2]		pH 值	悬浮物/mg·L^{-1}	挥发酚/mg·L^{-1}	氰化物/mg·L^{-1}	化学需氧量（COD_{Cr}）/mg·L^{-1}	油类/mg·L^{-1}	六价铬/mg·L^{-1}	氨氮/mg·L^{-1}	锌/mg·L^{-1}
			缺水区[3]	丰水区[4]									
炼钢	转炉	一级	1.5	5.0	6～9	70							
		二级				300							
		三级				400							
	电炉	一级	1.2	5.0	6～9	70							
		二级				150							
		三级				400							
连铸	连铸	一级	1.0	2.0	6～9	70							
		二级				150							
		三级				400							
轧钢	钢坯	一级	1.5	3.0	6～9	70				8			
		二级				150				10			
		三级				400				30			
	型钢	一级	3.0	6.0	6～9	70				8			
		二级				150				10			
		三级				400				30			

续表 2-8

生产工艺	分类	分级	排水量①（m^3/t产品）②		pH值	悬浮物/$mg \cdot L^{-1}$	挥发酚/$mg \cdot L^{-1}$	氰化物/$mg \cdot L^{-1}$	化学需氧量（COD_{Cr}）/$mg \cdot L^{-1}$	油类/$mg \cdot L^{-1}$	六价铬/$mg \cdot L^{-1}$	氨氮/$mg \cdot L^{-1}$	锌/$mg \cdot L^{-1}$
			缺水区③	丰水区④									
轧钢	线材	一级	2.5	4.5	6～9	70				8			
		二级				150				10			
		三级				400				30			
	热轧板带	一级	4.0	8.0	6～9	70				8			
		二级				150				10			
		三级				400				30			
	钢管	一级	4.0	10.0	6～9	70				8			
		二级				150				10			
		三级				400				30			
	冷轧板带	一级	3.0	6.8	6～9	70				8	0.5		
		二级				150				10	0.5		
		三级				400				30	1.0		
联合企业	钢铁联合企业	一级	10	20	6～9	70	0.5	0.5	100	8	0.5	10	2.0
		二级				150	0.5	0.5	150	10	0.5	25	4.0
		三级				400	2.0	1.0	500	30	1.0	40	5.0

① 由于农业灌溉的需要，允许多排放的水量，不计算在执法的指标内。
② 选矿为原矿，烧结为烧结矿，焦化为焦炭，炼铁为生铁，炼钢为粗钢，连铸为钢坯，轧钢为钢材，钢铁联合企业为粗钢。
③ 丰水区：水源取自长江、黄河、珠江、湘江、松花江等大江大河为丰水区；
缺水区：水源取自水库、地下水及国家水资源行政主管管理部门确定为缺水的地区为缺水区。
④ 使用地下水作为冷却介质，排水指标均为 $7m^3$/t 产品（不采用冷冻水），焦化的氨氮指标 1994 年 1 月 1 日执行。

2.5　冶金过程废水的环境监测

由于分析监测对象和要求的不同，取样的复杂程度差别很大。为了合理布设采样点，确定采样时间、采样频度和采样量，必须根据分析监测的目的和对象等预先对所要监测的区域环境进行调查研究，其内容包括了解污染源的分布、有关企业的性质、规模及生产情况，"三废"排放量及其中所含有害废物的类别；了解监测地区的自然地理、水文、气象状况，诸如地形、地貌、水资源分布、降雨量及主导风向等；了解人口分布及附近可能污染源的情况。样品采集前应实现确定采样的方法、方式以及取样所用的器件。对于有条件作现场测定的项目或有些特别容易随时间发生变化的项目必须在现场进行即时的分析和测定。对于一些容易随时间等因素而变化的项目，应采取相应的物理、化学或生物法的样品保存措施，并限时送入实验室进行分析。其他受测项目也应尽力缩短运输时间尽快分析。

常用的存放样品的容器如袋子和瓶子等的材质应该根据测定对象和项目加以选择，使用前要洗净、干燥，以免内壁沾染而影响分析结果。

采样后应做好记录和登记。在样品容器上贴好标签，标明样品号码以及采样日期。同时记录。由于废物排放过程中废物的浓度和数量不断发生变化，因此，为了保证监测样品具有代表性，有时需要多次取样，加以平均，以提高分析结果的可信性和重现性。因此，确定适当的采样时间和频度是一项重要的指标。

2.5.1　样品的采集

2.5.1.1　采样点的布设

在调查了解用水水质、生产工艺、排污种类和排污去向等现状的基础上，按下列原则布设采样点：(1) 在车间废水出口处布点作一类污染的采样，一类污染物系指能在环境中或者在动物体内蓄积，对人体健康可能产生长远不良影响者。包括总汞、总铬、总砷、总铅、总镍和苯并［a］芘等；（2）在废水总排放口布点作二类污染物采样。二类污染物系指悬浮物、硫化物、挥发酚类、石油烃类等不良的长远影响小于一类污染物者。排放口应设置废水水量计量装置和永久性标志。

2.5.1.2　采样时间、频度和数量

采样频率应按生产周期确定检测频率，生产周期在8h以内的，每2h采集一次；生产周期大于8h的，每4h采集一次。废水污染物最高允许排放浓度按日均值计算。

监测性取样，每年采样2～4次，取样时间尽可能定在开工生产、设备运转且在无异常的情况下。单项分析取样的量为500～1000mL，全分析水样不少于3000mL。

2.5.1.3　采样方法

采样大体可以分为三种方法。对于水质组成较为稳定的情况下用瞬时采样法。将采集得到的是随机分散样品。对于组成不稳定，排放流量比较恒定的可以采用平均混合采样法，即每间隔相同时间，在同一采样点上作多次瞬时采样，将采得样品等量混合后，待分析。

2.5.1.4　采样器械和装置

采用污水样品通常可以用一般的容器（如瓶、桶等）直接采集或用长柄勺采集后，转入盛水样容器。

2.5.1.5　样品保存

除某些必要或者有可能在现场测定的水质项目，大多数测定项目需在取样后经过运输转到实验室再作分析，在这一段间隔时间内，为防止水样变质，需要采取保存措施。

在保存水样的各项措施中，首先要考虑盛放水样容器的材质选择问题。常用样品瓶有硬质（硼硅）玻璃瓶和耐压聚乙烯瓶。前者有较多优点，如价格低廉、无色透明（便于观察水样及其变化），还可以加热灭菌。缺点是易破碎，不便运输，玻璃成分中硅、钠、钾、硼等易被水样溶出。聚乙烯瓶较轻便又耐冲击力，对碱和氟化物的高稳定性是玻璃容器所不及的。但不耐高温，可能吸附磷酸根和有机物，还容易受有机溶剂（如卤代烃）侵蚀，也不如玻璃瓶容易清洗和校验容积。

在实际工作中可按表 2-9 选取，对多数测定来说，玻璃瓶和塑料容器皆可取。对于一些特殊的水质测定项目来说要用一些特殊的适宜仪器。例如，对于有一定温度、压力的废水水样要盛放在特制的不锈钢容器内，对某些含生物体水样要使用不透明的非活性玻璃容器等。

表 2-9　国内部分分析项目的水样保存方法

测定项目	要求体积/mL	贮存容器		保存温度/℃	保存剂	可保存时间	备注
		塑料	玻璃				
酸度	100	+	+	4		24h	
碱度	100	+	+	4		24h	
pH 值	50	+	+	4		6h	最好现场测定
温度	1000	+	+				现场测定
电导率	100	+	+	4		24h	最好现场测定
浊度	100	+	+	4		7d	
色度	50	+	+	4		24h	
嗅	200		+	4		24h	
BOD_5	1000	+	+	4		6h	
COD	50	+	+		加 H_2SO_4 至 pH 值小于 2	7d	
TOC	25	+	+			24h	
悬浮物	100	+	+	4		7d	
残渣	100	+	+	4		7d	
硬度	100	+	+	4		7d	
溶解氧（电极法）	300		+				现场测定
溶解氧（碘量法）	300		+		加 1mL 硫酸锰和 2mL 碱性碘化钾	4～8h	现场测定

续表 2-9

测定项目	要求体积/mL	贮存容器		保存温度/℃	保存剂	可保存时间	备　注
		塑料	玻璃				
正磷酸盐（总溶解性磷）	50	+	+	4		24h	长时间保存时，加 $HgCl_2$ 40mg/L
氟化物	300	+	+	4			
氯化物	50	+	+				
溴化物	100	+	+	4			
碘化物	100	+	+	4			
氰化物	500	+	+	4	加 NaOH 至 pH 值为 13		现场测定
氨　氮	400	+	+	4	加 H_2SO_4 至 pH 值小于 2		
硝酸盐	100	+	+	4	加 H_2SO_4 至 pH 值小于 2		
亚硝酸盐	50	+	+	4			
硫酸盐	50	+	+	4			
硫化物	250	+	+		2mL 醋酸锌溶液		现场测定
亚硫酸盐	50	+	+	4			
砷	100	+	+		加 HNO_3 至 pH 值小于 2		
硒	50	+	+		加 HNO_3 至 pH 值小于 2		
硅	50	+		4			

续表 2-9

测定项目	要求体积/mL	贮存容器		保存温度/℃	保存剂	可保存时间	备注
		塑料	玻璃				
汞（总量）	100	+			加 HNO_3 至 pH 值小于 2		
汞（溶解性）	100	+			过滤加 HNO_3 至 pH 值小于 2		
六价铬			+		加 NaOH 至 pH 值为 8～9		用新硬质玻璃
总铬			+		加 HNO_3 至 pH 值小于 2		
酚类	500		+	4	加 H_3PO_4、$CuSO_4$ 至 pH 值小于 2 或加 NaOH 至 pH 值为 12		
油和脂	1000		+	4	加 H_2SO_4 至 pH 值小于 2		

注：+表示可用。

样品容器经选定之后，应由分析实验室洗净、烘干后备用。样品容器的洗涤方法也需要有所选择，应根据待测项目而定。如测定金属类水样容器要先后用洗涤剂清洗，自来水清洗，再用10%HNO_3 或 HCl 溶液浸泡，自来水再洗净，最后用蒸馏水淋洗干净。测定有机物类的水样容器则应先后用洗涤剂、自来水和蒸馏水洗涤干净。对于测定铬、总汞、油类、细菌等项目来说，另外有一些特定的容器洗涤要求。

经洗涤后的大批盛样容器还应通过随机抽查，以确认洗涤质量合格后方能使用。质量检查方法是在每批洗涤过的样品容器中随机抽取数个，分别装入二级纯水（混合床离子交换处理水，比电阻大于 10MΩ · cm），并模拟水样保存方法，分别加入适宜的保存剂，经 48h 后取样分析。用于样品测定相同的方法进行分析时，最终结果不应检出任一待测物，否则应查明原因，如起因系容器洗涤不良，则整批容器应重洗涤或增加酸洗时间。

引起水样发生量变和质变的主要原因有：物理因素，有挥发和吸附作用等。如水样中 CO_2 挥发可引起 pH 值、总硬度、酸（碱）度发生变化。水样中某些组分可被水样容器壁或悬浮颗粒物表面吸附而损失；化学因素，有化合、络合、聚合、水解、氧化还原等。这些作用将会导致水样组成发生变化；生物因素，由于细菌等微生物的新陈代谢活动使水样中有机物浓度和溶解氧浓度降低。

针对上述水样发生变化的原因，常用的水样保存方法有：冷藏法。将水样在 4℃左右保存（最好放在暗处保存）。如此可抑制细菌的生化活动，减缓化学反应速度和组分的挥发损失。这种保存方法无碍于此后的分析测定；控制水样的 pH 值。在加入酸保存剂后，可防止水样中金属离子发生水解、沉淀或者被容器壁吸附。在含有机物水样中加入硫酸保存剂可抑制细菌作用，以消除 COD、TOC、油脂等项目测定的影响。加入硫酸还可与水样中 NH_3 生成铵盐，减少 NH_3 因挥发造成的损失。为防止水样中氰、酚、有机酸等挥发损失，常在水样中加碱保存；加入特定化学试剂以抑制氧化还原反应和生化作用。如测汞的水样中加入苯、甲苯、氯仿等可防止水样编制，在水样中加入 $HgCl_2$ 可阻止生物作用等。

对用作某些分析项目（如可溶性金属、可溶性磷酸盐）的水样，在采集后应立即用 0.45μm 的滤膜过滤，将滤液装瓶，同时加入相应保存剂以待分析。对含悬浮固体物水样也应作同样处理。应注意过滤用具要洗净，在操作过程中不受玷污。为防止水样中 CO_2 挥发，一般宜采用加压过滤而不用抽吸过滤。

2.5.1.6 取样过程品质保证注意事项

取样只是分析监测中的一个环节，与后续的分析测定步骤相比，采用工具的精确程度远比不上分析仪器。而且分析误差随着技术改进进一步降低，而取样技术在很长一段时间内都没有长足进展。因此，分析测定结果的总误差常常会主要来自取样过程。正确选择取样方法和器件、执行采样操作规程、改进采样技术，对于提高分析监测的可信程度是非常重要的。而如果取样过程失误，会造成后续工作分析过程丧失意义，甚至产生巨大浪费。由此看来，水和废水取样的质量保证是一项十分重要的工作。为此，在实际样品采集的同时，进行多种质控样品的采集，以控制样品质量是必要的。经常采用的质控样品有以下四种。

A 室内空白样

室内空白样是指在实验室内，以纯水代替样品，按被测项目的要求装入已经洗净的采样容器，加入规定的保存剂后，由实验人员作出分析测定。根据室内空白样分析结果，能反映出容器洁净程度及样品保存剂质量等条件引起的空白变化。

进行室内空白样分析时，应注意：用于室内空白样的纯水必须符合不同监测项目的分析方法要求。通常可使用该方法中配置标准溶液的用水；用于室内空白样的容器和保存剂应与送现场采样的属于同一批，其使用手法等应与现场采样保持一致；室内空白样制备和分析应绝对杜绝任何可能造成样品玷污的污染源存在；在纯水质量、保存剂质量、容器洁净程度、操作环境未发生变化时，对每批样品可进行一对或一对以上室内空白平行双样测定；上列任一因素变更时，应酌情增多受测样品数。

B 现场空白样

现场空白样是指采样现场纯水作为样品，按被测定项目的要求，与实际样品相同条件下装瓶、保存、运输和送交实验室分析。以此作为对照室内空白样，掌握采样过程中操作步骤和环境条件对实际样品质量影响的状况。

对现场空白样所用纯水、保存剂、容器的要求大体与室内空白样相同，现场空白样的样品本量每批不得少于 2 个。

C 现场平行样

现场平行样是指在完全相同条件下，在采样现场采集平行双样，送实验室分析。当实验室精度受控时，现场平行样分析结果（双样间偏差）能反映采样过程的精密度变化状况，在衡量双样精度时，要客观地考虑到悬浮物、油类等污染物分布的不均匀性，若有此等情况，要想获得良好的双样测定精度是困难的。

现场平行样的样本量应占实际样品总量的10%以上，一般每批样品至少采集2对平行样。

D 现场加标样或质控样

现场加标样是指取一对现场平行样。其中之一加入实验室配置的标样，另一份不加标，然后按照实际样品一起送实验室分析。所得分析结果与实验室加标样对比，以掌握采样、运输过程中某些因素对于最终分析结果准确度的影响。现场加标样由采集到分析全过程应与实验室内加标样的操作完全一致，且由同一个技术熟练的分析人员操作。

现场质控样指将标准样或含有与样品基体组成相近的标准控制样送到采样现场，按实际样品采样要求处理，然后与实际样品一起送实验室分析，使用质控样的目的与现场加标样目的相同。至于现场加标样或质控样的采样数量，一般可控制在样品总量的10%左右，但不应少于2个。

2.5.2 分析样品的前处理

2.5.2.1 概述

大多数环境样品的基体和组成非常复杂，分析前必须进行前处理。而样品的前处理是一项非常费时、费力的工作。但样品经过前处理后才能成为可以直接分析的试样，所以样品的前处理也是试样制备过程。

前处理的主要目的在于溶解、分解样品、浓集待测组分等。对于一些物理形态复杂且组成不均匀的样品（如污泥、固体废物等），常需要多量采样，经均化缩分后，再加试剂溶解成为单相的溶液形态。同时，某些样品中含有复杂的化学形态，要将其转化为易于测定的简单化学形态，因此需要分解，同时去除某些干扰物。此外，还有一些浓度非常低的分析对象需要在样品前处理阶段进行浓集，以使其含量水平达到分析方法的测定限以上。通常样品中还含有大量干扰组分，需要通过前处理将其干扰屏蔽，或者防止其对仪器等造成污染。

从以上的这些作用可以看出，样品前处理过程非常重要。但样品的前处理方法通常由于样品的性质复杂、分析手段不同、没有一定的标准方法，在处理过程中可能会有很多问题，可能引起分析的偏差。主要原因在于前处理过程通常具有局限性。挥发、吸附等因素会引起非定量性，而且如用离子交换法浓集被测对象时，样品中呈颗粒态的部分会随流出液流失。所以，对任何一种前处理过程都要求对其回收率进行校正。经过处理后，被测物形态可能发生意外变化。如用某些酸碱等进行消解的过程中可能同时存在氧化还原、络合等作用，使得原物质发生了形态变化。此外，前处理过程中，还可能在将被测物浓集的同时，干扰组分也可能得到浓集。综上所述，前处理过程费时、费力，同时还存在诸多的不利因素。但也不能避而不用，所以，在具体制定特定样品的分析前处理方案的时候，也要经过筛选和分析，要适当选取。

样品前处理的主要方法有溶解样品常用溶解、熔融、烧结等；为分解样品常用的方法有灰化；为浓集被测组分和分去干扰组分常使用基于两相平衡的物理化学法，如气提、蒸馏、萃取、吸附、离子交换、共沉淀等方法。

前处理方案的选择主要考虑以下几个指标：回收率、预浓集系数和分离因数，此外，还有简单性和经济性等。蒸馏、萃取等大多数常用处理方法是基于相平衡原理建立起来的方法。对于基于此原理建立起的方法，回收率 R_T 可以定义为：

$$R_T = Q_T^C / Q_T^O \tag{2-1}$$

式中，Q_T^O 和 Q_T^C 分别为处理前初始相 O 中和处理后浓集相 C 中对象物 T 的量。回收率一般小于 100%，因为在操作过程中可能会由于挥发、分解、分离不完全、容器吸附因素等引起对象物 T 的损失。在大多数环境样品的前处理过程中要求回收率大于 95%或至少大于 90%。分析结果可用回收率校正。

样品的预浓集系数 F 定义为：

$$F=\frac{Q_T^C/Q_M^C}{Q_T^O/Q_M^O} \tag{2-2}$$

式中，Q_M^O 和 Q_M^C 分别为处理前初始相O中和处理后浓集相C中基体 M 的量。预浓集系数 F 实际上代表了试样中痕量物质在浓集后和浓集前于两相中的浓度比。在大多数环境样品前处理中，F 值应为 $10^2 \sim 10^4$ 左右。

以前处理方法为萃取法为例，可定义分配比 D_T 为：

$$D_T=\Sigma[C_T]_{org}/\Sigma[C_T]_{aq} \tag{2-3}$$

式中，$\Sigma[C_T]_{org}$、$\Sigma[C_T]_{aq}$ 分别为达到萃取平衡时对象物T在有机相和水相中的总浓度（即所有赋存形态的浓度和）。

对于对象物T和干扰物I间的分离因数被定义为：

$$\alpha_{T,I}=D_T/D_I \tag{2-4}$$

即分离因数是在两相平衡条件下，T和I两种物质在同一分离体系内分配比的比值。值越大，分离选择性越好。

2.5.2.2　灰化法

冶金过程，特别是目前逐步广泛使用的湿法冶金过程中常含有复杂的有机成分，通常要将有机物分解，同时还有一些物质也转化为有机形态，要将其转化为无机形态，然后测定。例如水样中悬浮颗粒可能存在金属有机化合物，需经灰化分解为游离态金属离子，才便于用分光光度法或原子吸收法予以测定。在另外一些场合，样品中存在某些非被测组分的有机物，会影响分光光度分析法萃取显色，或影响原子吸收分析法中试样进入原子化器后的喷雾状态，则需将样品中存在的有机物彻底消解成为 CO_2 和 H_2O 除去。上述的前处理方法叫做灰化。适合于水、固体等样品的前处理。灰化分为湿式灰化、干式灰化和低温灰化法。

湿式灰化法是将样品与酸、氧化剂、催化剂等共置于回流装置中，加热分解或破坏有机物的方法。湿式灰化方法有特殊的装置。

干式灰化方法是将水样用红外灯烘干，再转移到温度为450～550℃的电炉中，灰化，然后用适量的（1+1）HCl溶解后得到试样。由于使用了高温电炉，若试样中含有易形成低沸点化合物的元素（Hg、As、Zn、Sn、Pb、Cd、Sb等），则容易引起挥发损失，必要时可以加入HNO_3、H_2SO_4、$Mg(NO_3)_2$等灰助剂以减少挥发损失。

为防止干法灰化过程中样品被测元素挥发损失，还可用氧瓶燃烧吊法在密闭条件下灰化。该法是将固态样品（如生物毛发）包在无灰滤纸上，然后将滤纸包钩在链接于磨口塞的铂丝上。氧瓶中预先充有氧气和吸收液，以自动点火器引燃滤纸后，即燃烧灰化，摇动瓶子，令燃烧物溶于吸收液中，即得到供分析试样。

为提高样品前处理回收率，尽量减少挥发损失，人们开始关注低温灰化法。它是采用高频激发产生的氧等离子体，于密封装置中，使样品在150～200℃低温下，进行灰化分解。但有人指出，200℃下，样品中含的Hg、As、Zn、Sn等元素仍有可能挥发。

因此，有人研究了新的内部电极型等离子体灰化装置，在不锈钢材质的样品框中装入样品舟，以金属屏蔽电场，从而使样品同放点区隔离开来，保证了样品可在基本没有损失的条件下灰化。

2.5.2.3 顶空、气提、蒸馏法

对于含易挥发被测物的水样，主要的前处理方法有顶空、气提、蒸馏法。顶空法多用于挥发性有机和无机物水样的前处理，可达到浓集挥发性被测组分和分离干扰物质的作用。可以在顶空后取样进行气相色谱分析，也可以将顶空装置同气象色谱仪连成一体进行分析，称为HS-GC分析法。一般水样中浓度范围在0.01～100mg/L，挥发性大，溶解度小的组分，沸点低于150℃者适宜用本方法进行前处理，例如无机硫化物水样等。

用气提法处理样品的过程是，用N_2气体将水样中易挥发被测物从水中吹出，然后经一装载吸附剂的柱子，将被测物吸附浓集于此柱中。需作后续分析时，使用加热吹气或者熔剂解吸等方法，将被测物转入分析仪器。按操作方式的不同，可将气提法分

为吹气捕集法和闭路气提法。吹气气提法特点在于用于吹气的 N_2 在系统内不断引入和排出。而闭路气提法的主要特点是再用循环泵使空气在系统中不断循环。与顶空法相比，气提法适用于被测组分沸点较高和水溶性较大的水样。

蒸馏法与顶空法和气提法等一样可用于浓集水样中易挥发组分。将水样置于蒸馏烧瓶中加热至沸腾，水样中易挥发组分被蒸气带出，通过冷凝管转入冷凝液。在水样分析中，氟化物、氰化物等测定项目都采用预蒸馏的方法。

蒸馏方法有多种，常用的主要有直接蒸馏和水蒸气蒸馏两种方法。直接蒸馏法效率高，但温度不易控制，蒸馏时容易发生暴沸，而且水样中干扰组分液较容易进入冷凝液。水蒸气蒸馏法避免了直接蒸馏法的缺点，但蒸馏速度较慢。

2.5.2.4 萃取法

此外，对于溶液中待测组分的分离方法还有萃取法。萃取法主要有三种。溶剂萃取法、固相萃取法、超临界流萃取法。

液一液萃取法是在水样中加入与水互不相容的有机溶剂或含有萃取剂的有机溶剂，通过传质过程使原水样中的被测组分进入有机相，而别的组分仍留在水相，从而达到分离浓集的目的。被萃取于有机相的被测组分往往可以直接用分光光度法、原子吸收法或气相色谱法等予以测定。应用溶剂萃取法进行水样前处理具有设备简单、操作快速易行、选择性好、回收率高等优点。实验室中一般用分液漏斗进行萃取，按其外形可分为球形、梨形、筒形三种，有一种球形分液漏斗容积可达 5L。在手头不具备分液漏斗的情况下，也可以用容量瓶甚至样品瓶代替。为对水样作微体积的溶剂萃取处理，还有一种特殊形式的离心管萃取器。萃取富集的萃取液浓度有时还不能满足分析一起测定的定量要求，还必须进行浓缩。通常采用 KD 浓缩器进行浓缩。

溶剂萃取法也存在若干缺点，比如耗用的溶剂，用后需进行处理后回收。萃取分配比或预浓集系数一般不够大，萃取一次通常不能满足要求，还需进行后续处理。此外，上述方法只适用于液态水样的前处理。因此，人们也采用固相萃取法进行前处理。固相萃取法的工作基本原理在于根据水样中被测组分与其他干扰组分在固定相填料上作用力强弱的不同使它们彼此分离，以达到浓集和分离的目的。固相萃取剂有两种，即柱型的和膜片型的。使用固相萃取技术可以在取样现场进行操作，可以避免大量水样的运输，而且被测物吸附在固相介质上比存放在水箱内更稳定。

此外，还有一种超临界流体萃取法。是利用超临界流体作萃取剂，从组成复杂的固体样品中将所含待测组分选择性分离出来的一种样品处理方法。由于处理快速、高效，后处理简单，所以是一种很理想的现代样品处理技术。它特别适合于含烃类及非极性脂溶化合物的样品。由于湿法冶金过程中产生的样品此类较少，这里不作详细介绍。

2.5.2.5 吸附、沉淀等其他方法

吸附法是呈离子和分子状态的吸附质在吸附剂边界层浓集的过程。一般吸附剂是固体，吸附质所在的介质为气体或液体。按照过程发生的机理，可以分为物理吸附、化学吸附，物理吸附的吸附质一般是中性分子，吸附力是范得华力，被吸附分子悬浮在靠近吸附质的空间中，因此，物理吸附通常不具有选择性，是可逆过程。吸附一解吸全过程中分子的化学形态不发生变化。在吸附过程中发生化学反应的是化学吸附，化学吸附过程中放出很大的吸附热。通常在生成化学键的时候只能形成单个分子吸附层，且吸附质分子在吸附剂表面的位置固定。通常化学吸附不可逆。但条件破坏也可能发生解吸。交换吸附是由呈离子状态的吸附质与带不同电荷的吸附剂表面发生经典引力而引起的。

简单的吸附操作可以用振荡器进行。用吸附法对样品进行前处理很大程度上避免了外来杂质的玷污，同时装置简单，实际好用药剂量少。但对于某些特定对象物，吸附和解吸都不能定量，影响回收率。另外，化学吸附后的物质分子可能已经不能回复原先的化学形态。

离子交换法是利用离子交换剂与样品中离子之间发生交换反

应而进行分离浓集样品的，适用于水样中超微量组分的分离和浓集。缺点是操作不便，工作周期较长。

在水样中加入某种物质，当在一定条件下使该物质形成沉淀并携带部分被测组分同时沉淀，从而达到分离富集的目的，就是共沉淀过程。通常形成沉淀的形态有：氢氧化物、硫化物、氧化物、磷酸盐、铬酸盐和有机螯合物等。按照机理不同，可以将共沉淀分为体积分配共沉淀和表面分配共沉淀。

2.5.3 污染物成分分析方法

化学分析方法是以化学反应为其工作原理的一类分析方法，可以分为定性分析方法和定量分析法。通常是手工操作的方法。

其中的定性分析法又可以分为无机定性分析和有机定性分析。无机化合物原子间结合多数是离子键或强极性键，溶于水中呈离子状态。所以一般包括阴离子和阳离子的鉴别。所用的方法一般是化学方法。有机化合物中原子间的结合多是共价键或弱极性键，在水或适当溶剂中常以分子相态存在，所以有机定性分析的主要工作就是确定元素和官能团。在进行元素分析的时候，通常需要将试样中有机物灰化分解，使其中的组成元素氮、磷、硫、卤素等分别转化成 NO_3^-、PO_4^{3-}、SO_4^{2-}、X^- 等。然后用碱液吸收，再按无机定性法确定各个离子。对于官能团的确定，现多使用仪器分析方法，如红外吸收光谱、紫外吸收光谱、质谱等。有时还需通过元素定性分析和某些物理常数测定以及溶解度实验等，作为确定官能团的辅助手段。

根据试样物理形态，可以将定性分析分为干式分析法和湿式分析法。干法是在无水状态下进行反应，通过观察反应中发生的现象，通常依靠颜色等来确定试样中未知组分。例如焰色反应、熔珠实验等。但大多数的定性分析方法都是采用湿法分析。湿法分析的一般过程是：在待分析样品中加入适当试剂，并在一定反应条件下，使产生容易辨认的化学变化效应，就可以检出试样中是否含有某些离子。这里所说的外观效应一般有几种。例如：沉淀的生成或溶解、溶液的颜色改变、气体的释放等。

根据试样含量的大小又可以分为常量、半微量、微量和超微量几种分析。各种分析方法用量列于表 2-10。

表 2-10 各种分析方法试样用量

方 法	试样用量 /mg	试液体积 /mL	方 法	试样用量 /mg	试液体积 /mL
常量分析	>0.1	>10	微量分析	0.1~10	0.01~1
半微量分析	0.01~0.1	1~10	超微量分析	<0.1	<0.01

表 2-10 中所指的试样用量是试样的绝对量，并不是指试样中被测物的百分含量。通常根据被测组分的百分含量又可分为常量（大于 1%），微量（0.01%~0.1%）和痕量（小于 0.01%）成分分析，常量分析可用作严密的系统分析，微量分析常使用滴定分析，需要使用灵敏度高的分析检测试剂。半微量分析具备上述两种方法的优点，得到更广泛的应用。超微量分析法提供了对极少量物质进行分析的可能。

根据分析组分的情况和分析的目的要求，可以采用系统分析方法和独立分析两种分析方案。独立分析是从分析试样中分取几份，分别采取不同方法检测其可能存在的单个组分。各分析方法之间没有明显先后顺序。而系统分析方法则要求将数量较多的单份试样按预先确定的分析方案顺序，分离各组分并分别鉴定经分离后的各组分。值得指出的是，独立分析并不是完全没有先后顺序。应优先选择检出不受其他组分干扰，又可能影响其他组分测定的组分。对于含多种阳离子试样通常采用系统分析方法。在较简单的阳离子体系分析中可采用独立分析方法。

定性分析方法的评述，需要从两个方面来考虑。首先反应要灵敏，试液中含极少量的被检出物质就可观察到反应的外观效应。另外，干扰物质要少。试剂只和被检出对象物反应，即反应的选择性要好。分析反应的速度当然也是重要的。但定性分析的反应主要是离子间反应，通常只要选择好反应条件，反应的速度会比较快的。

以上介绍了定性的分析方法。通常确定试样中所含待测样品的质量或浓度的信息也是非常重要的，因此也有多种的定量分析方法。首先介绍一下滴定分析法，滴定分析法也称容量法，是化学定量分析方法中的一大类。

按照所利用的化学反应种类，可将滴定分析法分为四类：酸碱（中和）滴定法、氧化还原滴定法、络合滴定法、沉淀滴定法。滴定分析的特点是具有很高的准确度和精密度。只要方法成熟，操作技术过硬，通常分析误差可不大于0.1%。具体的方法选择等这里不赘述，可以查阅有关分析化学和环境污染物分析方面书籍。

此外，还有基于光学原理的分析方法，如分光光度法，基于光谱学原理的原子吸收方法、分子发射光谱方法以及气液相色谱法等。

2.5.4 污染物形态分析方法简介

与一般的元素分析相比，形态分析有很大难度。因为环境体系极其复杂，样品中待测污染物具有很低浓度和形态易变的特点，形态分析需要的周期较长，此外，分析过程中对样品的任何一个处理过程或分析步骤都难免会导致体系的化学平衡移动，使原来的形态的分布状况发生变化，以致最后结果不能真实反应体系的原先状况。但形态分析又十分重要，因为污染物质存在形态与其性质密切相关，同样的元素以不同形态存在，对于环境危害性会差别非常大。要研究污染物无害环境的处理方法以及再生利用技术都需要确切知道污染物存在的形态。所以，污染物的形态分析技术是目前环境样品分析领域内一个非常棘手的问题。

目前存在的主要方法有：理论计算法、直接测定法、分离测定法、综合法。理论计算法是利用被研究体系现有的热力学数据进行计算的方法。直接测定法是使用具有专一性的化学方法或物理化学方法，以及仪器分析方法对样品中各个形态分别进行分析的方法。例如，对离子态金属可以用离子选择性电极法作专一测定。用X衍射、电子探针等方法。分离法是将试样中不同形态待测组分用物理或物理化学方法进行分离，然后测定。综合法是直接法、分离法等组合起来的方法。

2.5.4.1 理论计算法

理论计算法主要适用于水样，应用的前提为：已知试样中待研究元素的总浓度以及其他共存离子和配位体的浓度；假定被研究体系是封闭的，其中所有组分处于热力学平衡且具备所有必须的热力学数据，包括各组分间发生的全部化学反应的平衡常数和物理化学过程的各项参数，以及介质的温度、压力、pH值、氧化还原电位和离子强度等；实际水样的组成通常非常复杂，需要适当的简化，理论计算过程和结果的复杂程度取决于简化的程度。

理论计算所得结果通常用直观的图形表示。其中待测组分存在的形态以及数量分布与组分浓度、配位体浓度、pH值、电极电位值等因素有关。在某些情况下，还可以用理论计算同实际测定相结合的方法。理论计算方法是一种经济的方法，通常不需要安排实验或仅需要很少的辅助性实验工作，但这种方法也有很多局限性。例如，样品组成复杂，很难获得足够的可靠的热力学数据。实际环境样品的形态大多易变，但模拟过程中很难模拟这种不确定性的情况。在某些情况下，还需要化学和生物化学方面的动力学数据，但这类数据很难找到或者准确性不足。因此，通过理论计算得到的结果通常只是大致反应了系统的变化趋势等。

2.5.4.2 直接测定法

主要的直接测定法有离子选择性电极法，它是一种测定水样中各自由离子的理想方法。检测限约在（10^{-5}～10^{-7}）mol/L之间。此外，阳极溶出伏安法适合于测定水样中金属形态。另外，根据国家指定的标准分析方法，可以对样品中铬（Ⅵ）和总铬、可溶性磷酸盐和总磷等进行测定。

2.5.4.3　分离测定与综合测定法

分离测定方法可以分为物理分离法、化学分离法、物理化学分离法等。

综合法主要可以分为仪器联用法和方法组合法两类。仪器联用法一般是气相色谱仪和液相色谱仪同其他仪器，如质谱仪、原子吸收分光光度计等联用，特别是气相色谱仪与质谱仪联用，在形态分析中发挥的作用最大。具体来说，一方面气相色谱－质谱联用法能调查和鉴定环境样品中很多有机物，并具有相当高的灵敏度，其他方法不能与之媲美。另外，通过质量碎片一类专用技术，能以极大的可靠性和灵敏度对样品中某些微量未知化合物作定性和定量分析。仪器联用中气相色谱－原子吸收分光光度法联用技术对各类环境样品中金属有机化合物作形态分析等。

方法组合是指直接法和分离法组合运用的方法。如金属离子在水样中可分为溶解态和颗粒态，还有不稳定态和稳定态、或离子态与非离子态，有机化合物态和无机化合物态等。若同时运用膜滤法、阳极溶出伏安法、螯合树脂吸附法合光化学氧化等方法，可区分水样中不同形态金属组分。这四种方法的操作功能分别为：用滤膜进行过滤，可以区分颗粒态金属和溶解态金属；然后以阳极溶出伏安法区分不稳定态和稳定态金属；用离子交换法区分离子态金属和呈胶体的结合态金属；然后，将水样中有机态金属氧化成无机形态，随即对水样中样品测定金属总量。将所得结果与不作光氧化分解处理水样的分析结果比较，就可获知原水样中有机态金属和无机态金属的含量。

2.5.4.4　仪器测定法

对于沉积物样品中的颗粒物或某些生物样品常可以采用非破坏性的方法进行形态分析。实际常用的方法有 X 射线衍射法、电子探针法。前者适用于大量样品，后者可用于单个颗粒物的分析。

X 射线衍射法是测定晶体形态物质的一种非破坏性测定方法，一般粉末状样品因为都含无定形的组分，其测定的灵敏度较低。X 射线衍射分析可以用于分析大气颗粒物、土壤样品中某些组分化学形态的鉴定。

电子探针技术适用于几何尺寸很小甚至单个尘粒的样品。电子探针实际是电子显微镜和 X 射线光谱仪二者的组合，利用的主要是电子显微镜的电子光学系统将电子聚焦为直径 0.1～1μm 的高速电子束，轰击样品离子，使之产生一次 X 射线，并根据其特征 X 射线光谱进行定性和定量的分析。电子显微镜的另一个功能是可以定性观察样品组成物质结构，如粒子形态、大小、表面凹凸性等。此外，也可运用扫描电子束的方法来适应较大几何尺寸的试样的分析，利用电子束被试样散射或吸收的图像作试样组分的形态分析。

以上介绍了各种物质形态分析方法。在实际的样品分析中，由于通常试样组成较为复杂，往往采用几种方法组合，以达到全面分析某一样品中所有物质形态的目的。

2.5.5 排水量

排水量应包括生产排水量和间接冷却水量。

吨产品废水允许排水量按月均值计算。

2.5.6 统计

企业原材料使用量、产品产量等。以法定月报表或年报表为准。

2.5.7 测定项目

(1) 矿山：废水流量、pH 值、悬浮物、氰、酚、硫化物、镉、汞、铅、砷、铜、锌。

(2) 冶炼：废水流量、pH 值、悬浮物、酚、硫化物、氟、氰、油类、六价铬、镉、汞、铅、砷、铜、锌、铍。

(3) 加工厂：废水流量、pH 值、悬浮物、酚、氟、油类、六价铬。

2.5.8 测定方法

钢铁行业采用测定方法参照表2-11执行。

表2-11 测定方法（1）

序号	项 目	测定方法	方法标准号
1	挥发酚	蒸馏后用4-氨基安替比林分光光度法 蒸馏后用溴化容量法	GB 7490 GB 7491
2	氰化物	异烟酸-吡唑啉酮比色法	GB 7487
3	化学需氧量	重铬酸盐法	GB 11914
4	六价铬	二苯碳酰二肼分光光度法	GB 7467
5	氨氮（NH_3-N）	蒸馏和滴定法 纳氏试剂比色法 水杨酸分光光度法	GB 7478 GB 7479 GB 7481
6	pH值	玻璃电极法	GB 6920
7	悬浮物	重量法	GB 11901
8	锌	原子吸收分光光度法 双硫腙分光光度法	GB 7475 GB 7472
9	总硝基化合物	分光光度法 气相色谱法	GB 4918 GB 1919

其他行业采用测定方法参照表2-12执行。

表2-12 测定方法（2）

序号	项 目	测定方法	方法来源
1	总 汞	冷原子吸收光度法	GB 7468—87
2	烷基汞	气相色谱法	GB/T 14204—93
3	总 镉	原子吸收分光光度法	GB 7475—87
4	总 铬	高锰酸钾氧化-二苯碳酰二肼分光光度法	GB 7466—87
5	六价铬	二苯碳酰二肼分光光度法	GB 7467—87
6	总 砷	二乙基二硫代氨基甲酸银分光光度法	GB 7485—87

续表 2-12

序号	项　目	测定方法	方法来源
7	总　铅	原子吸收分光光度法	GB 7485—87
8	总　镍	火焰原子吸收分光光度法	GB 11912—89
		丁二酮肟分光光度法	GB 19910—89
9	苯并[a]芘	纸层析-荧光分光光度法	GB 5750—85
		乙酰化滤纸层析荧光分光光度法	GB 11895—89
10	总　铍	活性炭吸附一铬天菁 S 光度法	①
11	总　银	火焰原子吸收分光光度法	GB 11907—89
12	总　α	物理法	②
13	总　β	物理法	②
14	pH 值	玻璃电极法	GB 6920—86
15	色　度	稀释倍数法	GB 11903—89
16	悬浮物	重量法	GB 11901—89
17	生化需氧量(BOD_5)	稀释与接种法	GB 7488—87
		重铬酸钾紫外光度法	待颁布
18	化学需氧量(COD)	重铬酸钾法	GB 11914—89
19	石油类	红外光度法	GB/T 16488—1996
20	动植物油	红外光度法	GB/T 16488—1996
21	挥发酚	蒸馏后用 4-氨基安替比林分光光度法	GB 7490—87
22	总氰化物	硝酸银滴定法	GB 7486—87
23	硫化物	亚甲基蓝分光光度法	GB/T 16489—1996
24	氨　氮	蒸馏和滴定法	GB 7478—87
25	氟化物	离子选择电极法	GB 7484—87
26	磷酸盐	钼蓝比色法	①
27	甲　醛	乙酰丙酮分光光度法	GB 13197—91
28	苯胺类	N-1-萘基乙二胺偶氮分光光度法	GB 11889—89

续表 2-12

序号	项　目	测定方法	方法来源
29	硝基苯类	还原-偶氮比色法或分光光度法	①
30	阴离子表面活性剂	亚甲蓝分光光度法	GB 7494—87
31	总　铜	原子吸收分光光度法	GB 7475—87
		二乙基二硫化氨基甲酸钠分光光度法	GB 7474—87
32	总　锌	原子吸收分光光度法	GB 7475—87
		双硫腙分光光度法	GB 7472—87
33	总　锰	火焰原子吸收分光光度法	GB 11911—89
		高碘酸钾分光光度法	GB 11906—89
34	彩色显影剂	169 成色剂法	③
35	显影剂及氧化物总量	碘-淀粉比色法	③
36	元素磷	磷钼蓝比色法	③
37	有机磷农药以 P 计	有机磷农药的测定	GB 13192—91
38	乐　果	气相色谱法	GB 13192—91
39	对硫磷	气相色谱法	GB 13192—91
40	甲基对硫磷	气相色谱法	GB 13192—91
41	马拉硫磷	气相色谱法	GB 13192—91
42	五氯酚及五氯酚钠以五氯酚计	气相色谱法	GB 8972—88
		藏红 T 分光光度法	GB 9803—88
43	可吸附有机卤化物 AOX 以 Cl 计	微库仑法	GB/T 15959—95
			待颁布
44	三氯甲烷	气相色谱法	待颁布
45	四氯化碳	气相色谱法	待颁布
46	三氯乙烯	气相色谱法	待颁布
47	四氯乙烯	气相色谱法	GB 11890—89
48	苯	气相色谱法	GB 11890—89
49	甲　苯	气相色谱法	GB 11890—89

续表 2-12

序号	项　目	测定方法	方法来源
50	乙　苯	气相色谱法	GB 11890—89
51	邻-二甲苯	气相色谱法	GB 11890—89
52	对-二甲苯	气相色谱法	GB 11890—89
53	间-二甲苯	气相色谱法	待颁布
54	氯　苯	气相色谱法	待颁布
55	邻二氯苯	气相色谱法	待颁布
56	对二氯苯	气相色谱法	GB 13194—91
57	对硝基氯苯	气相色谱法	GB 13194—91
58	2，4-二硝基氯苯	气相色谱法	待颁布
59	苯　酚	气相色谱法	待颁布
60	间-甲酚	气相色谱法	待颁布
61	2，4-二氯酚	气相色谱法	待颁布
62	2，4，6-三氯酚	气相色谱法	待颁布
63	邻苯二甲酸二丁酯	气相液相色谱法	待颁布
64	邻苯二甲酸二辛酯	气相液相色谱法	待颁布
65	丙烯腈	气相色谱法	GB 11902—89
66	总　硒	2，3-二氨基萘荧光法	①
67	粪大肠菌群数	多管发酵法	GB 11898—89
68	余氯量	N，N-二乙基-1，4-苯二胺分光光法	GB 11897—89
		N，N-二乙基-1，4-苯二胺滴定法	待制定
69	总有机碳(TOC)	非色散红外吸收法	待制定
		直接紫外荧光法	

① 暂采用下列方法待国家方法标准发布后执行国家标准；

②《水和废水监测分析方法(第三版)》中国环境科学出版社，1989 年；

③《环境监测技术规范(放射性部分)》国家环境保护局。

3 废水处理及利用的基本方法

3.1 废水处理及利用的基本原理

废水根据来源可分为生活污水和工业废水两大类。前者是人类生活活动过程中产生的废水，后者是工业生产活动中产生的废水。此外，由城镇排出的废水称作城市污水，既包括生活污水也包括工业废水，就我国目前的城市管网来讲，其中还包括初期的雨水。

工业废水是在工业企业区内产生的生产生活废水的总称。在工业生产或产品的加工过程中，都不可避免地产生大量的废水。工业废水由于生产过程、原料和产品的不同，而具有不同的性质和成分，一种废水往往含有多种成分。按照污水中物质的性质，又可将污水分为无机废水、有机废水、混合废水和放射性废水。

生活污水来自城市、医院、工厂生活区和福利区，主要的污染成分为生活废料和人的排泄物，一般不含有毒物质，但含有大量的细菌和病原体。

污水处理与利用的基本方法就是采用各种技术与手段，将污水中所含的污染物质分离去除、回收利用，或将其转化为无害物质，使水得到净化的过程。现代污水处理技术按原理可分为物理处理法、化学处理法、物理化学处理方法和生物处理法四类。

3.1.1 物理处理法

污水的物理处理法是依靠重力、离心力、机械拦截等作用去除水中杂质或按废水中污染物的沸点和结晶点的差异特性净化废水的方法。物理处理法是最常用的一类净化治理工业污水的技术，经常作为污水处理的一级处理或预处理。它既可以作为单独的治理方法使用，也可以用作化学处理法，生物处理法的预处理方法，甚至成为这些方法不可分割的一个组成部分。有时候还是三级处理的一种预处理手段。物理处理法主要用来分离或回收废水中的悬浮物质，在处理的过程中不改变污染物质的组成和化学性质。根据其原理不同，有沉降与气浮、拦截与过滤、离心分离以及蒸发浓缩等常用方法。

3.1.1.1 重力分离

利用废水中不同成分密度的不同，在重力或离心力的作用下，将水中密度不同的物质分离出来。根据水中悬浮物的密度、浓度及凝聚性，重力分离法可分为自由沉淀、重力浮选、气浮或浮选。当悬浮物的密度大于水时，在重力的作用下，悬浮物下沉形成沉淀物，称为自由沉淀。当悬浮物的密度小于水时，就上浮，称为重力浮选。当密度与水相近的悬浮物难以形成自然沉降或上浮，必须靠通入空气或进行机械搅拌，以形成大量的气泡，利用高度分散的微小气泡作为载体，将乳化微粒黏附到水面，与水进行分离，这样强制性上浮又称为气浮或浮选。气浮法广泛应用于：分离地面水中的细小悬浮物、藻类及微絮体；回收工业废水中的有用物质，如造纸厂废水中的纸浆纤维及填料等；代替二次沉淀池，分离和浓缩剩余活性污泥，特别是用于那些膨胀的生化处理工艺中；分离回收含油废水中的悬浮油和乳化油；分离回收以分子或离子状态存在的目的物，如表面活性物质和金属离子。

物理处理法常用构筑物：

重力分离——沉砂池、沉淀池、隔油池、气浮池等；

离心分离——离心机、旋流分离器等；

机械拦截——格栅、筛网、微滤机、滤池等。

A 沉淀

沉淀也称沉降，是利用废水中悬浮成分的密度大于水的密度，在重力作用下，将水中杂质分离出来的方法。根据废水中可沉物质的浓度高低和絮凝性能的强弱，沉降有下述 4 种基本类型如图 3-1 所示。

(1) 自由沉降。自由沉降也称离散沉降，是一种无絮凝倾向或弱絮凝倾向的固体颗粒在稀溶液中的沉降。由于悬浮固体浓度低，而且颗粒间不发生聚合，因此在沉降过程中颗粒的形状、粒径和比重都保持不变，各自独立地完成沉降过程。

(2) 絮凝沉降。絮凝沉降是一种絮凝性颗粒在稀悬浮液中的沉降。虽然废水中的悬浮固体浓度也不高，但在沉降过程中各颗粒之间互相聚合成较大的絮体，因而颗粒的物理性质和沉降速度不断发生变化。

(3) 成层沉降。成层沉降也称集团沉降。当废水中的悬浮物浓度较高，颗粒彼此靠得很近时，每个颗粒的沉降都受到周围颗粒作用力的干扰，但颗粒之间相对位置不变，成为一个整体的覆盖层共同下沉。此时，水与颗粒群之间形成一个清晰的界面，沉降过程实际上就是这个界面的下沉过程。由于下沉的覆盖层必须把下面同体积的水置换出来，二者之间存在着相对运动，水对颗粒群形成不可忽视的阻力，因此成层沉降又称为受阻沉降。化学混凝中絮体的沉降及活性污泥在二次沉淀池中的后期沉降即属于成层沉降。

(4) 压缩过程。当废水中的悬浮固体浓度很高时，颗粒之间便互相接触，彼此支承。在上层颗粒的重力作用下，下层颗粒间隙中的水被挤出界面，颗粒相对位置发生变化，颗粒群被压缩。活性污泥在二次沉淀池泥斗中及浓缩池内的浓缩即属于此过程。

自由沉淀可用牛顿第二定律表述，为分析简便起见，假设颗粒为球形，见式 (3-1)：

$$m\frac{\mathrm{d}u}{\mathrm{d}t}=G-F-f \tag{3-1}$$

式中　m——颗粒质量；

u——颗粒沉降速度，m/s；

G——颗粒受到的重力，$G=\frac{\pi d^3}{6}g\rho_g$；

F——颗粒受到的浮力；

f——颗粒下降过程中受到水流的阻力：

$$f=\frac{C\pi d^2\rho_y u^2}{8}=C\frac{\pi d^2}{4}\rho_y\frac{u^2}{2}=CA\rho_y\frac{u^2}{2}$$

ρ_g——颗粒的密度；

ρ_y——液体的密度；

C——阻力系数，是球形颗粒周围液体绕流雷诺数的函数，由于污水中颗粒直径较小，沉速不大，绕流处于层流状态，可用层流阻力系数公式：

$$C=\frac{24}{Re}$$

Re——雷诺数，$Re=\frac{du\rho_y}{\mu}$；

μ——液体的粘滞度。

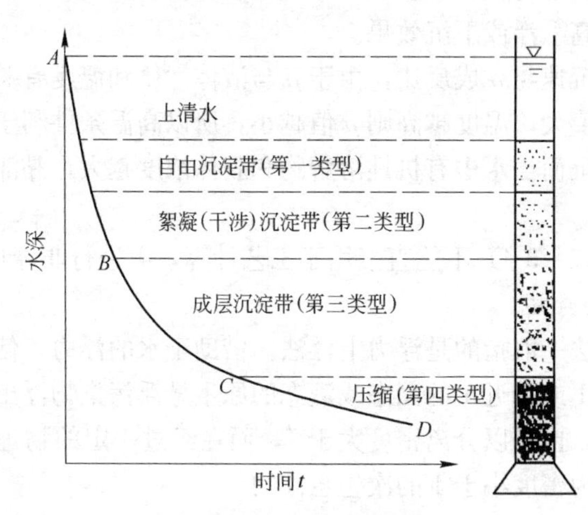

图 3-1 颗粒沉降

把上列各关系式代入式（3-1），整理后得：

$$m\frac{\mathrm{d}u}{\mathrm{d}t}=g(\rho_g-\rho_y)\frac{\pi d^3}{6}-C\frac{\pi d^2}{4}\rho_y\frac{u^2}{2} \qquad (3\text{-}2)$$

颗粒下沉时，起始速率为 0，然后逐渐增加，摩擦阻力 f 也随之增加，当重力与阻力达到平衡时，加速度为0，颗粒等速下沉。此时式（3-2）可写为：

$$u=\left(\frac{4}{3}\frac{g}{C}\frac{\rho_g-\rho_y}{\rho_y}d\right)^{\frac{1}{2}} \tag{3-3}$$

将公式 $C=\frac{24}{Re}$ 及 $Re=\frac{du\rho_y}{\mu}$ 代入上式整理得：

$$u=\frac{\rho_g-\rho_y}{18\mu}gd^2 \tag{3-4}$$

式（3-4）称为斯托克斯（stokes）公式。由斯托克斯公式可以得出以下结论：

（1）密度差（$\rho_g-\rho_y$）是颗粒沉速的决定因素，$\rho_g-\rho_y>0$，$u>0$，颗粒下沉，$\rho_g-\rho_y<0$，$u<0$，颗粒上浮，$\rho_g-\rho_y=0$，$u=0$，颗粒悬浮于水中，不沉不浮。

（2）沉速与颗粒的直径平方成正比，所以提高颗粒直径可以有效地提高上浮或下沉效果。

（3）沉速与 μ 成反比，由于 μ 与液体性质和温度有关，水温度低则 μ 值大，温度越高则 μ 值越小，所以高温条件利于颗粒的上浮或下沉而当水中有机性溶解物和胶体浓度越大，黏滞度也会越大。

（4）式（3-4）不能直接用于工艺计算，需进行非球形修正。

B　上浮法

上浮法一般指的是浮力上浮法。借助于水的浮力，使废水中密度小于1或接近1的固态或液态的原生悬浮污染物浮出水面而加以分离，也可以分离密度大于1，而在经过一定的物理化学处理后转化为密度小于1的次生悬浮物。

浮力上浮法一般分为自然上浮法、气泡上浮法和药剂浮选法。

（1）自然上浮法。

利用污染物与水之间自然存在的密度差，使其浮到水面并加以去除的方法，称为自然上浮法。其分离对象主要是废水中直径较大的粗分散性可浮油。这种技术也称为隔油。

废水中的油类物质可分为三类：分散性可浮油，即在 2h 的静置条件下，能浮在水面上的油珠；乳化油，粒径很小，难以在 2h 内浮在水面的油珠；溶解油，以分子状态溶于水中的油（约 5～15mg/L）。自然上浮用以分离分散油，分离的粒径一般大于 60～100μm，这类油约占废水中总油量的 80%以上。油粒在静置净水中的上浮速度仍按斯托克斯公式计算。

$$u=\frac{\rho_l-\rho_o}{18\mu}gd_o^2 \tag{3-5}$$

式中 u——油珠在静水中的上浮速度，cm/s；

ρ_l——水的密度，g/cm^2；

ρ_o——油的密度，g/cm^2；

d_o——油珠的粒径，cm。

废水中含有的悬浮固体会吸附油珠，从而减慢了油珠上浮的速度。油珠愈大，密度越接近 1，悬浮固体对上浮速度的影响越大，由于影响上浮速度的因素比较复杂，因此一般在确定上浮速度时，最好进行废水静浮试验，绘制废水的油珠去除率与上浮速度关系曲线。由应达到的油珠去除率查出相应的最小油珠上浮速度值。隔油池是利用自然上浮的构筑物。

(2) 气浮法。

气浮法即气泡上浮法，是利用高度分散的微小气泡作为载体去黏附废水中的污染物，使其随气泡浮升到水面加以去除。气浮分离的对象是乳化油及疏水性细微的固体悬浮物。油珠上浮速度与去除率的关系见图 3-20。

污染物黏附在气泡表面是气浮法的关键。污染物质能否附在气泡上，主要取决于体系的表面和污染物的表面特性。表面能由表面张力表示，表面特性由污染物的表面亲水性表示。

液体表面分子受到的作用力是不平衡的，液体上方空气分子的引力小于内部分子的引力。在这种不平衡的力作用下，表面分子向液体内部紧缩使液体的表面积缩小。这种使液体缩小表面积

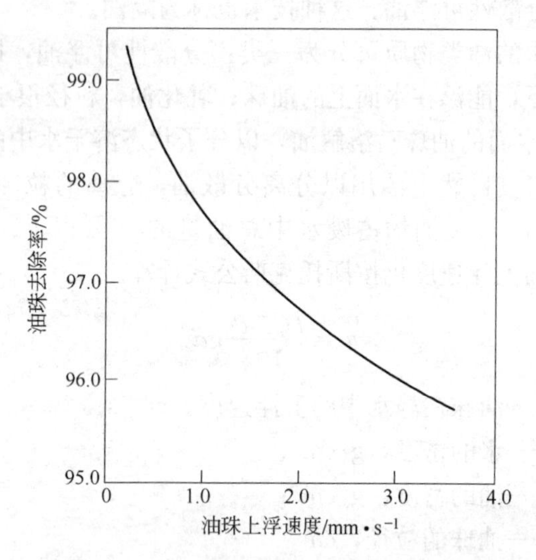

图 3-2　油珠上浮速度与去除率的关系

的力称为表面张力。如果将液体分子由内部转移到表面，就必须确保分子间的引力而作功。这种液体表面分子比内部分子具有更多的能量称为表面能。表面能是储存在表面上的位能，同其他位能一样，也有减小到最小的趋势。所以水中的油珠都是球形，并且互相之间有着自然团聚的趋势，以达到表面积和表面能最小。

实际上，液体和固体都具有表面，在液、气、颗粒三相介质共存的情况下，每两相之间界面上都存在着各自的界面张力和界面能。界面能与表面能都可以表示如下：

$$W = \sigma \cdot s \tag{3-6}$$

式中　σ——界面张力，dyn/cm；

s——界面面积，cm^2。

当水中界面能也有降到最小的趋势。当废水中有气泡存在时，悬浮颗粒就力图吸附在气泡上而降低其界面能。容易被水润湿的物质称为亲水性物质，难以被水润湿的物质称为疏水物质。一般的规律是疏水性颗粒易与气泡吸附，而亲水性颗粒难以与气泡吸附。

物质与水的接触角 θ（以对着水的角为准）用来衡量水对各种该物质润湿性的大小。接触角 $\theta<90^{\circ}$ 者为亲水性物质，$\theta>90^{\circ}$ 者为疏水性物质。这种关系可以从图 3-3 中表示的颗粒与水接触面积（即被水润湿面积）的大小清楚地看出。

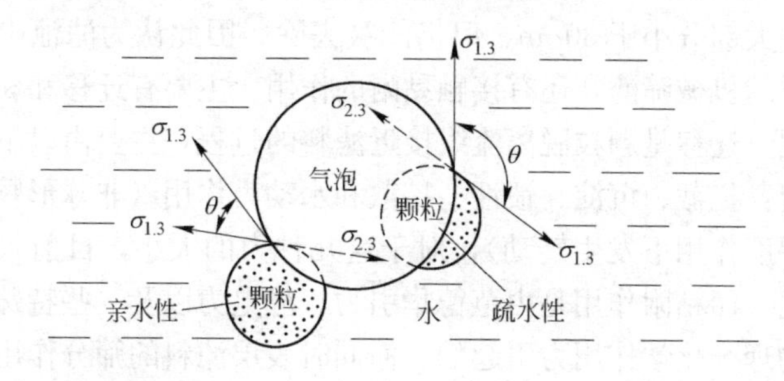

图 3-3 亲水性和疏水性颗粒的接触角

C 离心分离

高速旋转的物体能产生离心力，利用离心力的作用可将悬浮物质从废水中分离出来。含有悬浮物或乳化油的废水高速旋转时，由于悬浮颗粒、乳化油等与水的质量不等，因而会受到不等的离心力的作用。质量大的悬浮性颗粒由于受到较大的离心力的作用，被甩到了外侧；而质量较小的水受到的离心力作用也小，便被留在内圈，利用不同的排出口将其引出，便可实现固—液分离。离心分离时，由于离心力对悬浮颗粒或乳化油的作用远远超过了重力和压力的作用，因此对悬浮物或乳化油的澄清也大大加强了。

3.1.1.2 拦截与过滤

过滤是通过过滤介质的滤除作用去除水中悬浮物的过程。由过滤介质不同可将过滤分为表面过滤和滤床过滤。

A 格栅

格栅是利用拦截作用去除水中的悬浮物典型的处理设施，格栅属于机械筛除设施，是最初级的处理设施，对后续处理构筑物起到保护作用。

B 滤池

目前常用的快滤池滤速大于 10 m/h，用于去除浊度，可使出水浊度小于 5ntu，同时可去除一部分细菌、病毒。滤池中表层细砂层粒径为 0.5mm，滤料孔隙率为 80μm，而进入滤池的颗粒尺寸大部分小于 30μm，但仍能被去除。因此认为滤池中不仅是简单的机械筛滤，还有接触黏附的作用。主要有迁移和黏附两个过程。迁移是颗粒脱离流线接近滤料的过程，主要由以下作用力引起：拦截、沉淀、惯性、扩散和水动力作用（非球形颗粒在速度梯度作用下发生转动），对于这几种力的大小，目前只能定性描述。而粘附作用是由范德华引力、静电力以及一些特殊化学力等物理一化学作用力引起的。而同时表层滤料的筛分作用也不能排除，特别是在过滤后期，当滤层中的孔隙尺寸逐渐减少时，滤料的筛分作用就比较显著。

3.1.1.3 蒸发与结晶

利用污染物与水的沸点不同，一种是采用蒸发的方法使水汽化，污染物在水相浓缩后达到结晶浓度实现污染物的分离，如用浸没燃烧蒸发器处理冶金工业的硫酸洗废液，回收硫酸和亚硫酸铁。

一般情况下，物理处理法所需的投资和运行的费用较低，所以通常被优先考虑采用。但它还需与别的方法配合使用。

3.1.2 化学处理法

化学法是通过向被污染的水体中投加化学药剂，利用化学反应来分离和回收污水中的胶体物质和溶解性物质等，从而回收其中的有用物质，降低污水中的酸碱度、去除金属离子、氧化某些有机物等。这种处理方法可使污染物质和水分离，也能够改变污染物质的性质，因此可以达到比简单的物理处理方法更高的净化程度。化学法可以通过化学反应方程式来计算所需投加的药量，不容易造成浪费，而且操作技术容易实现，水量少时可以进行简单的手工操作，水量大时可以采用大型设备进行自动化操作。化学法包括中和法、化学沉淀法、化学混凝法、氧化还原法、铁氧体法等。

3.1.2.1 中和法

生产废水中可能含有酸也可能含有碱，大部分酸性废水中都含有必须除去的重金属盐。为了防止净化设备腐蚀，避免破坏水源和生物池中的生化过程，以及防止从废水中沉淀出重金属盐类，无论酸性还是碱性废水都要进行中和处理。最典型的反应是氢离子和氢氧根离子之间的反应，生成难解离的水。

3.1.2.2 化学沉淀法

化学沉淀法是将要去除的离子变为难溶的、难解离的化合物的过程。化学沉淀法的处理对象主要是重金属离子（铜、镍、汞、铬、锌、铁、铅、锡）、两性元素（砷、硼）、碱土金属（钙、镁）及某些非金属元素（硫、氟等）。主要的化学沉淀工艺有：

（1）投加化学药剂，生成难溶的化学物质，使污染物以难溶性沉淀的形式从液相中分离析出；

（2）通过凝聚、沉降、浮选、过滤、吸附等方法将沉淀从溶液中分离出来。

为了以沉淀的形式去除水中杂质，必须根据所生成化合物的溶度积选择试剂。利用某些生成化合物溶度积较小的沉淀剂，可以提高水的净化程度。根据每种沉淀化合物的溶度积常数，分析检测该物质在废水中的浓度，投加该物质于待处理的废水中，根据浓度求出其离子积，比较离子积和溶度积，如果：

1）离子积小于溶度积，则固体物继续溶解，溶液没有达到饱和；

2）离子积等于溶度积，溶液刚好饱和，物质的解离达到动态平衡；

3）离子积大于溶度积，溶液过饱和，有沉淀物生成。

通常在物质的离子积大于溶度积的沉淀条件下，为了快速地形成沉淀，我们需要往废水中投加絮凝剂。常用的絮凝剂有：

1）阳离子型的絮凝剂，如聚合氯化铝（PAC）、聚合硫酸铝（PAS）等；

2）阴离子型的絮凝剂，如聚合硅酸（PS）、活化硅酸（AS）等；

3）无机复合型的絮凝剂，如聚合氯化铝铁（PAFS）、聚硅酸硫酸铁（PFSS）等；

4）有机高分子絮凝剂，应用最多的是聚丙烯酰胺（PAM）；

5）生物絮凝剂。

有机高分子絮凝剂同无机高分子絮凝剂相比，具有用量少、生成污泥量少、絮凝速度快等优点，而且受共存盐类、pH 值、温度的影响较小。聚丙烯酰胺分为三种：阳离子型、阴离子型和非离子型。

生物絮凝剂是近年来研究开发的新型絮凝剂产品，优点主要有：易于固液分离，容易被微生物降解，形成的沉淀物较少，无毒害作用，无二次污染等。

在实际废水处理工艺中，为了提高混凝的效果，往往还要再添加助凝剂，通常为酸碱类、矾花类、氧化剂类的助凝剂。加入助凝剂的作用主要是提高絮体颗粒之间的碰撞效率，从而加速絮体的形成。其作用机理主要表现在以下几个方面：

1）增加颗粒浓度，如加入矾花类助凝剂；

2）增加颗粒体积，如加入高分子絮凝剂可以通过强化搭桥作用来增加絮体体积；

3）增加颗粒密度，水玻璃、铁盐助凝剂等具有这种作用；

4）增加颗粒之间的碰撞次数。

3.1.2.3 化学混凝法

化学混凝法主要用于处理含大量悬浮物的废水。自然沉降的方法处理大量细小的悬浮物是困难的，因此必须借助于混凝剂，采用混凝沉淀的方法实现对悬浮物的去除。

混凝机理涉及到水中杂质成分和浓度、水温、水的 pH 值、碱度、混凝剂性能及其投加量、混凝过程中的混凝条件等。一般认为在混凝过程中起主要作用的混凝机理有双电层作用机理、吸附架桥作用机理和沉淀物的卷扫作用机理等。

对于不同的水质条件、反应条件及混凝剂类型，上述几种混凝机理发挥作用的程度不同。对于高分子混凝剂特别是有机高分子混凝剂，吸附架桥机理起主要作用；对于硫酸铝等金属盐混凝剂，同时具有吸附架桥和压缩双电层作用，当混凝剂投加量很多时，还具有卷扫作用。

目前应用于废水处理的混凝剂种类较多，归纳起来主要有金属类混凝剂和高分子类混凝剂。金属类混凝剂中常用的为铝盐和铁盐，铝盐主要有硫酸铝和明矾两种；铁盐主要有硫酸亚铁、硫酸铁和三氯化铁。当单用混凝剂不能取得良好效果时，需要投加助凝剂以提高混凝效果，常用的助凝剂也大体上分为两类：改善絮凝体结构的高分子助凝剂，如聚丙烯酰胺、活化硅酸等；调节和改善混凝条件的药剂，如石灰等。

影响混凝效果的因素错综复杂，包括水温、水质、水利条件、混凝剂投加量等。

A 水温

水温对混凝效果有明显的影响。低温条件下，金属混凝剂水解困难，导致絮凝体的形成非常缓慢，而且形成的絮凝体结构松散、颗粒细小、沉降性能差，同时较低的水温使水的黏度大、剪切力增强，成长的絮凝体容易破碎，水中杂质微粒的布朗运动强度减弱，不利于脱稳胶粒相互凝聚。

B pH 值的影响

一般来说，pH 值对金属类混凝剂的影响大于有机高分子混凝剂，有机高分子混凝剂的混凝效果受 pH 值的影响相对较小。如硫酸铝的最佳 pH 值范围为 6.5～7.5，三价铁盐为 6.0～8.4，二价铁盐为 8.1～9.6，而有机高分子混凝剂没有严格的 pH 值限制。

C 水力条件

水的混凝过程包括混合过程和絮凝过程。第一阶段混合过程是将被处理的水与混凝药剂进行混合掺混，最终使水中细小颗粒和胶体物质迅速脱稳。因水中杂质颗粒尺寸微小，需要剧烈搅拌，使药剂迅速均匀地扩散于水中。一般情况下，混合过程要求在10～30s内完成；第二阶段絮凝过程是使混合后水中脱稳的细小悬浮颗粒和胶体物质相互碰撞聚合逐渐成长为大而密实的絮凝体（矾花）。絮凝阶段主要采用水力絮凝池。

D 混凝剂投加量和投配方法

混凝剂投药量是混凝处理的重要环节，一般是通过混凝沉降实验来确定。混凝剂投配方法主要有干投法和湿投法，湿投法因其投药均匀稳定、节约药剂、混凝效果好而被普遍应用。

含大量悬浮物的废水经过混凝剂的混合和絮凝过程后，再通过沉淀、过滤等工序以实现对悬浮物质的去除。

3.1.2.4 氧化还原法

氧化还原法是通过投加氧化剂药剂或还原剂药剂使待处理污水中发生氧化还原反应，以达到净化污水的方法。氧化还原法分为药剂氧化法和药剂还原法。

药剂氧化法是利用氧化剂，将废水中的有毒有害物质氧化为无毒或低毒物质，主要用来处理废水中的还原性离子CN^-、S^{2-}、Fe^{2+}、Mn^{2+}等，还可以氧化处理有机物质及致病微生物等等。常用的氧化剂药剂有Cl_2、O_3、O_2、Cl^-等。

利用氯气及其化合物净化废水去除氰化物、硫化氢、硫氢化物、甲基硫醇等有毒有害物质是目前普遍使用的氧化还原法。例如处理含CN^-废水的方法是将CN^-转变成无毒的CNO^-，再将CNO^-水解成NH_4^+和CO_3^{2-}。

$$CN^- + 2OH^- - 2e \longrightarrow CNO^- + H_2O;$$

$$CNO^- + 2H_2O \longrightarrow NH_4^+ + CO_3^{2-}$$

还可以将有毒氰化物转变为无毒的络合物或沉淀，然后通过沉降和过滤等方法将它们从废水中除去。

当向含氰废水中通入氯气时，氯气水解生成次氯酸和盐酸：

$$Cl_2 + H_2O \rightleftharpoons HOCl + HCl$$

在强酸介质中反应平衡向左移动，水中会有氯分子存在；当pH值大于4时，水中不会有氯分子存在。用氯气氧化氰化物只能在碱性介质中进行（pH不小于9～10）：

$$CN^- + 2OH^- + Cl_2 \longrightarrow CNO^- + 2Cl^- + H_2O$$

生成的氰酸根可再氧化到单质氮和二氧化碳：

$$2CNO^- + 4OH^- + 3Cl_2 \longrightarrow 2CO_2\uparrow + 6Cl^- + N_2\uparrow + 2H_2O$$

当pH值降低时，氰化物可直接进行氯化反应，生成有毒的氯化氰：

$$CN^- + Cl_2 \longrightarrow CNCl + Cl^-$$

比较可靠和经济的方法是在pH值为10～11的碱性介质中采用次氯酸盐氧化氰化物。如漂白粉、次氯酸钙和次氯酸钠都可作为含次氯酸根的试剂。在所处理的废液中发生如下反应：

$$CN^- + OCl^- \longrightarrow CNO^- + Cl^-$$

反应在1～3min内完成，生成的氰酸根不断地水解。对于以氯气及其化合物作为氧化剂的废水处理工艺与加入水中的氯化物形态有关。如果是用气态氯处理，则氧化过程是在吸收塔内进行；如果氯化剂是一种溶液，则一般是加到混合器中，然后再送进接触器，在接触器中保证与欲处理的废水有一定的混合效率和接触时间。

当所投加的药剂作为还原剂，将废水中的有毒有害物质还原为无毒或低毒物质的一种处理方法称为药剂还原法，主要是用于处理废水中的Cr^{6+}、Cd^{2+}、Hg^{2+}等氧化性重金属离子。常用的还原剂有：气态，SO_2；液态，水合肼；固态，硫酸亚铁、亚硫酸氢钠、硫代硫酸钠及金属铁、锌、铜、锰等。

由于化学处理法常需要采用化学药剂或材料，所以处理费用较高，运行管理也较为严格。通常，化学处理还需要与一定的物理处理法联合使用。

表 3-1 化学处理方法的适用范围及处理对象

处理方法	适用范围	处理对象
化学沉淀	溶解性重金属离子如 Cr、Hg 和 Zn	中间或最终处理
混凝法	胶体、乳状油	中间或最终处理
中和法	酸、碱	最终处理
氧化还原法	溶解性有害物质如 CN^-、S^{2-} 和染料等	最终处理
化学消毒	水中的病毒细菌等	最终处理

3.1.3 物理化学处理法

在工业污水的治理过程中，利用物质由一相转移到另一相的传质过程来分离污水中的溶解性物质，回收其中的有用成分，从而使污水得到治理的方法被称为物理化学处理法。尤其当需要从污水中回收某种特定的物质或是当工业污水中含有有毒有害且不易被微生物降解的物质时，采用物理化学处理方法最为适宜。物理化学处理法又简称物化法，常用的物理化学处理法有吸附法、萃取法、电解法和膜分离法。

3.1.3.1 吸附法

吸附法是利用吸附剂对废水中某些溶解性物质及胶体物质的选择性吸附，来进行废水处理的一种方法。吸附分为物理吸附和化学吸附。物理吸附是指吸附剂与被吸附物质之间通过分子之间引力而产生的吸附；化学吸附是指吸附剂与被吸附物质之间发生了化学反应，生成了化学键。在实际的废水处理过程中，物理吸附和化学吸附可能同时发生，但是在某种条件下，可能是某一种吸附形式是主要的，在废水的实际处理过程中，往往是几种吸附形式同时发生作用。

一定的吸附剂所吸附某种物质的数量与该物质的性质、浓度及体系温度有关，表明被吸附物质的量与该物质浓度之间的关系式称为吸附等温式，常用的公式有弗劳德利希吸附等温式、朗格缪尔吸附等温式。

根据吸附剂种类的不同，吸附法分为活性炭吸附法、腐殖酸树脂吸附法、斜发沸石吸附法、麦饭石吸附法等。

A 活性炭吸附法

在实际的废水处理过程中，活性炭一般制成粉末状或颗粒状。粉末状活性炭吸附能力强，价格便宜，但其缺点是再生困难，不能重复使用；颗粒状活性炭操作管理方便，并且可以再生并重复使用，但其缺点是价格较粉末状活性炭便宜。在水处理过程中较多采用颗粒状活性炭。

活性炭法对废水进行处理的基本原理主要包括吸附作用和还原作用。

a 吸附作用

活性炭是含碳量多、分子量大的有机物分子凝聚体，属于苯的各种衍生物。在pH值为3～4时，微晶分子结构的电子云由氧向苯环核心中的碳原子方向偏移，使得羟基上的氢具有一定的正电性质，能吸附$Cr_2O_7^{2-}$等带负电荷的离子，形成一个相对稳定的结构，即：

$$RC—OH+Cr_2O_7^{2-} \longrightarrow RC \rightarrow O \cdots H^+ \cdots Cr_2O_7^{2-}$$

pH值升高，体系OH^-浓度增大，活性炭的含氧基团吸附OH^-，形成稳定结构：

$$RC—OH + OH^- \longrightarrow RC \rightarrow O \cdots H^+ \cdots OH^-$$

当pH值大于6时，活性炭表面的吸附位置被OH^-占据，对Cr^{6+}的吸附能力明显下降。因此，根据这个原理可以用碱对已达到饱和吸附的活性炭进行再生处理。

b 还原作用

对于某些被吸附的物质来说，活性炭同时具有吸附剂和氧化剂的作用。例如，在酸性条件下（pH值小于3.0），活性炭可以将吸附在其表面上的Cr^{6+}还原为Cr^{3+}，其反应方程式为：

$$3C+4CrO_4^{2-}+20H^+ \longrightarrow 3CO_2\uparrow+4Cr^{3+}+10H_2O$$

还有一种观点认为，由于对水溶液中的氧、氢离子、某种阴离子的吸附，首先在活性炭的表面生成过氧化氢，在酸性条件下，H_2O_2能将Cr^{6+}还原为Cr^{3+}，反应方程式为：

$$CO_2+2H^++2A^-\longrightarrow C+2A_{ad}^-+H_2O_2+2P^+$$

$$3H_2O_2+2CrO_4^{2-}+10H^+\longrightarrow 2Cr^{3+}+3O_2\uparrow+8H_2O$$

式中　C——活性炭中的碳原子；

A^-——阴离子；

A_{ad}^-——吸附在活性炭中的阴离子；

P^+——活性炭上一个带正电荷的空穴。

反应中产生的大部分的氧被活性炭重新吸收，使反应重复进行。在实际生产过程中发现，在较低的pH值条件下，活性炭以还原作用为主，并且溶液中H^+浓度越高，活性炭的还原能力越强。因此利用这个原理，当活性炭对铬的吸附达到饱和后，向吸附装置中通入酸液，使被吸附的Cr^{6+}被还原为Cr^{3+}，并以Cr^{3+}形式解吸下来，这样在进行废水处理的同时起到了活性炭再生的作用。

活性炭在使用一段时间后趋于饱和并逐渐丧失吸附能力，这时应该进行活性炭的再生。再生是在吸附剂本身的结构基本上不发生变化的情况下，用某种方法将被吸附的物质从吸附剂的微孔中除去，从而恢复活性炭的吸附能力。活性炭的再生方法主要有：

(1) 加热再生法。在高温的条件下，使吸附质分子的能量升高，易于从活性炭脱离；而对于有机物吸附质，高温条件使其氧化分解成气态逸出或断裂成较低的分子。

(2) 化学再生法。通过化学反应的方法使吸附质转变成易溶于水的物质而被解析下来。例如，吸附了苯酚的活性炭，用氢氧化钠溶液浸泡后，形成酚钠盐而解析下来。

(3) 湿法氧化法。这是一种特殊的化学再生法，主要用于粉末状活性炭的再生。该方法是用高压泵将已经饱和的粉末状活性炭送入换热器，经过加热器到达反应器，在反应器中，被吸附的有机物质在高温高压的条件下，被氧气氧化分解，活性炭得到再生。反应器的温度为221℃，压力达53×10^5 Pa，图3-4为湿法氧化再生活性炭工艺流程。

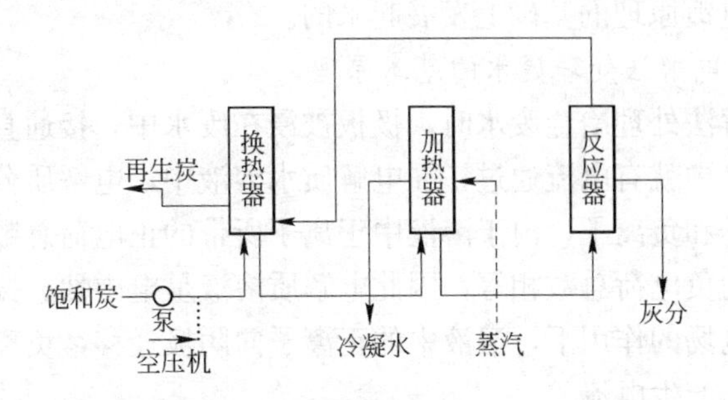

图 3-4 湿法氧化再生活性炭工艺流程

B 腐殖酸树脂吸附法

腐殖酸是一组具有芳香结构、性质相似的酸性物质的复合混合物。它的大分子约由 10 个分子大小的微结构单元组成，每个结构单元由核（主要是由五元环或六元环组成）、连接核的桥键（如$-O-$、$-CH_2-$、$-NH-$）以及核上的活性基团组成。

用作吸附剂的腐殖酸类物质主要有：天然的富含腐殖酸的风化煤、泥煤、褐煤等，它们可以直接使用或经过简单处理后使用。这类腐殖酸类物质所包含的活性基团有酚羟基、羧基、醌基、胺基、磺酸基、醇羟基、甲氧基、羰基等。这些活性基团具有阳离子吸附性能，吸附作用方式包括离子交换、表面吸附、螯合、凝聚等，其中包含着化学吸附和物理吸附。当金属离子浓度较低时，以螯合作用为主；当金属离子浓度高时，主要是离子交换作用。

另一类腐殖酸树脂吸附剂是将富含腐殖酸的物质用适当的粘合剂制备成腐殖酸树脂，造粒成型，以便用于管式或塔式装置。腐殖酸树脂吸附法主要用于处理含重金属离子的工业废水，如处理含汞、铬、锌、镉、铅、铜等金属离子，在湿法冶金废水治理中有着广泛的应用。

3.1.3.2 电解法

电解法处理废水是利用电极与废水中有害物质发生电化学作

用而消除其毒性的方法，是一种电化学过程。电解处理废水的方法是在电镀原理的基础上发展起来的。

A 电解法处理废水的基本原理

电解法处理冶金废水时，极板被浸在废水中，接通直流电源后，废水中就有电流通过，在电解质水溶液中，电解质分子电解为正离子和负离子，由于溶液中正离子所带的正电荷总数和负离子所带的负电荷总数相等，因此电解质溶液呈电中性。接通电源后，在电场的作用下，溶液中的正离子向阴极迁移，负离子向阳极迁移，产生电流。

当有电流通过时，溶液中的每一种离子都不同程度参加了电迁移过程，每种离子所迁移的电流与离子的运动速度呈正比。在锌、铁、铜、银等金属盐的溶液中，当有一定的电流通过时，溶液中的金属离子在阴极上吸收电子并以原子态金属的形式析出；在碱金属、碱土金属溶液中以及酸性溶液中，大多是 H^+ 在阴极上释放电子而析出氢气；如果阳极为惰性金属（铂等）或非金属石墨等，溶液中的负离子会在阳极上放电，对于硝酸盐、硫酸盐、磷酸盐等溶液中，硝酸根离子、硫酸根离子、磷酸根离子等会在阳极上放电而析出氧气；而卤素化合物的溶液中，可能在阳极上析出卤素单质（氟化物除外）；若阳极为一种较活泼的金属（如铁、铜、镍、锌等）时，这些阳极的金属原子会释放电子，以金属离子状态溶解而进入液相中。

例如用电解方法处理含铬废水时，以金属铁作为阳极，在电解过程中铁失去电子以二价铁离子的形式进入液相中，溶液中生成的二价铁离子在酸性条件下，将六价铬离子还原为三价铬离子，同时溶液中的 H^+ 在阴极上获取电子析出氢气，使溶液的pH值逐渐上升，溶液由酸性变为近似中性，三价铬形成氢氧化物沉淀而从液相中除去。

阳极反应为： $Fe \rightarrow Fe^{2+} + 2e$

阴极反应为： $2H^+ + 2e \rightarrow H_2 \uparrow$

溶液中 Fe^{2+} 还原 Cr^{6+} 为 Cr^{3+}：

$$Cr_2O_7^{2-}+6Fe^{2+}+14H^+\longrightarrow 2Cr^{3+}+6Fe^{3+}+7H_2O$$

$$CrO_4^{2-}+3Fe^{2+}+8H^+\longrightarrow Cr^{3+}+3Fe^{3+}+4H_2O$$

随着溶液中的 pH 值不断上升，液相中的 Fe^{3+}、Cr^{3+} 最终形成稳定的氢氧化物沉淀：

$$Cr^{3+}+OH^-\longrightarrow Cr(OH)_3\downarrow$$

$$Fe^{3+}+OH^-\longrightarrow Fe(OH)_3\downarrow$$

最后将水和沉淀物分离，从而达到了去除水中六价铬的目的。

B 电解法的影响因素

a 电流密度

阳极板电流密度是指单位阳极面积上通过的电流的大小，阳极板所需要的电流密度随着所处理废水的污染物浓度而变化，当污染物浓度相对较大时，应适当提高电流密度；污染物浓度较小时，可适当降低电流密度。电流密度与电解时间成反比关系，当废水中污染物浓度一定时，增加电流密度，则电压相对升高，污水处理速度加快，但同时增加了电能的消耗；而如果采用较小的电流密度，相应减小了电的消耗量，但电解速度减慢。

b 槽电压

槽电压受所处理废水的电阻率和极板间距离的影响。废水的电阻率一般控制在 1200Ω · cm 以下。当所处理废水的导电性能差时，需要投加一定数量的食盐来改善其导电性能，同时也能相应地减少电能消耗，但多加不但是浪费，而且增加了水中氯离子含量，破坏了水质。电解法处理含铬废水时，食盐的投加量一般控制在 1～1.5g/L；电极间距一般为 5～20mm，多采用 10mm，间距大则所需的电解时间长、耗电量大、电极效率低，而如果间距太小，安装和维修都不方便。

c 阳极钝化

在用电解法处理废水的过程中常常会发生阳极钝化现象，为减少这一现象的发生，可采用电极换向、降低 pH 值、投加食盐、增加电极间的液体流动速度等一系列措施。电极换向时间一般为 15min，也可以是 30～60min 换向一次。

d 废水 pH 值的影响

在电解法处理废水的过程中，废水的 pH 值对阳极电流效率有很大影响。pH 值低则阳极电流效率高，电解时间短，而且铁阳极溶解速度快，电解效率高，同时阳极的钝化程度小；而在碱性条件下铁阳极非常容易钝化，局部阳极表面有时会发生氢氧根离子放电析出氧气的反应，而析出的氧将二价铁离子氧化为三价铁离子，从而使二价铁离子还原六价铬离子的作用减弱。同时二价铁离子还原六价铬离子的反应速度随着反应体系 pH 值的降低而加快。但是并不是溶液的 pH 值越低越好，因为如果 pH 值太低，会使处理后废水中的 Fe^{3+}、Cr^{3+} 不能形成氢氧化物沉淀，从而影响废水处理的效果。

e 空气搅拌的影响

空气搅拌促进了离子的对流和扩散，降低了极化现象，缩短了电解的时间；同时防止了沉淀物在电解槽中的沉降，起到清洁电极表面的作用。但是要特别注意，电解槽工作时压缩空气的量不宜太大，以不使沉淀物在电解槽内沉淀为准，这是因为如果电解槽内空气量太大，空气中的氧会将 Fe^{2+} 氧化成 Fe^{3+}，影响处理效果。

3.1.4 生物处理法

是利用自然界中存在的微生物，利用微生物的代谢作用，将污水中有机杂质氧化分解，并将其转化为无机物的功能，要采取一定的人工设施，创造出适合微生物生长繁殖的环境，加速微生物及其新陈代谢的生理功能，从而使有机物得以降解、去除。

在好氧条件下，有机污染物质最终被分解成 CO_2、H_2O 和各种无机酸盐；在厌氧条件下污染物质最终形成 CH_4、CO_2、H_2S、N_2、H_2、H_2O 以及有机酸和醇等。生物处理法根据微生物的生长环境可分为好氧生物处理和厌氧生物处理；根据微生物的生长方式可分为活性污泥法和生物膜法。生物处理法具有费用低，便于管理等优点，是目前处理有机污染废水的主要处理方法。

A　活性污泥法

活性污泥法是以活性污泥为主体的污水好氧生物处理技术。向生活污水注入空气进行曝气，每天保留沉淀物，更换新鲜污水。这样，持续一段时间后，在污水中即将形成一种呈黄褐色的絮凝体。这种絮凝体主要是由大量繁殖的微生物群体所构成，它易于沉淀与水分离，并使污水得到净化、澄清。这种絮凝体就被称为“活性污泥”。活性污泥法处理系统实质上是水体自净的人工强化模拟。传统活性污泥法处理流程见图 3-5。

活性污泥是活性污泥处理系统中的主体作用物质。活性污泥上栖息着具有强大生命力的微生物群体，活性污泥微生物群体的新陈代谢作用将有机污染物转化为稳定的无机物质，故此称之为“活性污泥”。正常的处理城市污水的活性污泥是在外观上呈黄褐色的絮凝颗粒状，又称之为“生物絮凝体”，其颗粒尺寸取决于微生物的组成、数量、污染物质的特征以及某些外部环境因素，如曝气池内的水温及水动力条件等，一般介于 0.02～0.2mm 之间，活性污泥的表面积较大，每毫升活性污泥的表面积大体上介于 20～100cm^2 之间。活性污泥含水率很高，一般都在 99%以上，其比重则因含水率不同而异，介于 1.002～1.006 之间。

经初次沉淀池或水解酸化装置处理后的污水从一端进入曝

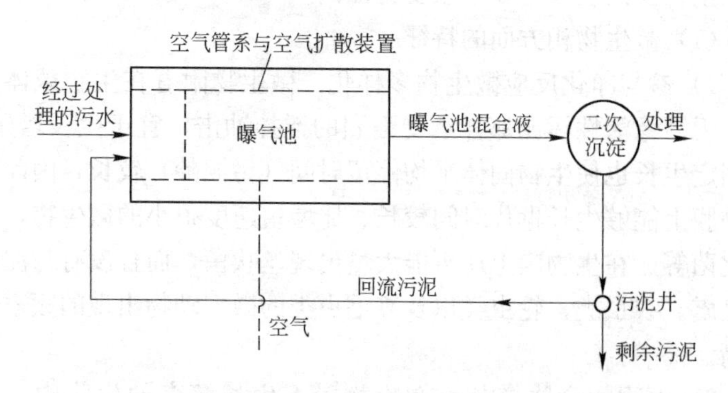

图 3-5　传统活性污泥法处理流程

气池，而同时，从二次沉淀池连续回流的活性污泥，作为接种污泥，也于此同步进入曝气池。此外，从空压机站送来的压缩空气，通过干管和支管的管道系统和铺设在吸气池底部的空气扩散装置，以细小气泡的形式进入污水中，其作用除向污水充氧外，还使曝气池内的污水、活性污泥处于剧烈搅动的状态。活性污泥与污水互相混合、充分接触，使活性污泥反应得以正常进行。

这样，由污水、回流污泥和空气互相混合形成的液体称为混合液。

活性污泥反应进行的结果，污水中的有机污染物得到降解、去除，污水得以净化，由于微生物的繁衍增殖，活性污泥本身也得到增长。

B　生物膜法

与活性污泥法并列的污水好氧生物处理技术是生物膜处理法。这种处理法的实质是使细菌和真菌类一类的微生物和原生动物、后生动物一类的微型动物附着在滤料或某些载体上生长繁育，并在其上形成膜状生物污泥——生物膜。生物膜上的微生物以污水中的有机污染物作为营养物质，微生物自身繁衍增殖的同时，使污水得到净化。

生物膜处理法有如下主要特征：

(1) 微生物相方面的特征。

1) 参与净化反应微生物多样化。微生物附着在生物载体表面，无需像活性污泥那样承受强烈的搅拌冲击，宜于生长增殖。而固定生长也使生物固体平均停留时间（污泥龄）较长，因此在生物膜上能够生长世代时间较长、比增殖速度很小的微生物，如硝化菌等。在生物膜上还可能大量出现丝状菌，而且没有污泥膨胀之虞。线虫类、轮虫类以及寡毛虫类的微型动物出现的频率也较高。

2) 生物的食物链长。在生物膜上生长繁育的生物中，动物性营养一类者所占比例较大，微型动物的存活率亦高。所以在生物膜上形成的食物链要长于活性污泥上的食物链。正因如此，在生物膜处理系统内产生的污泥量也少于活性污泥处理系统。

污泥产量低，是生物膜处理法各种工艺的共同特征，一般说来，生物膜处理法产生的污泥量较活性污泥处理系统少 1/4 左右。

3）能够存活世代时间较长的微生物。生物膜处理法中，污泥的生物固体平均停留时间与污水的停留时间无关。因此，世代时间较长的硝化菌和亚硝化菌也能够繁衍、增殖。因此，生物膜处理法的各项处理工艺都具有一定的硝化功能，采取适当的运行方式，还可能具有反硝化脱氮的功能。

4）分段运行与优占种属。

(2) 处理工艺方面的特征。

1）对水质、水量变动有较强的适应性；

2）污泥沉降性能良好，宜于固液分离；

3）能够处理低浓度的污水；

4）易于维护运行、节能。

生物膜处理法主要工艺有生物滤池、生物转盘、生物接触氧化、生物流化床法等。

3.2 废水处理及利用的基本流程

现代污水处理技术，按污水的处理程度，可分为一级处理、二级处理和三级处理。

3.2.1 一级处理

主要是去除污水中呈悬浮状态的固体污染物质，物理处理法大部分只能完成一级处理的要求，经过一级处理后的污水，BOD 一般可以去除 30%左右，达不到排放标准。一级处理属于二级处理的预处理。所以一级处理又称为预处理。见图 3-6。

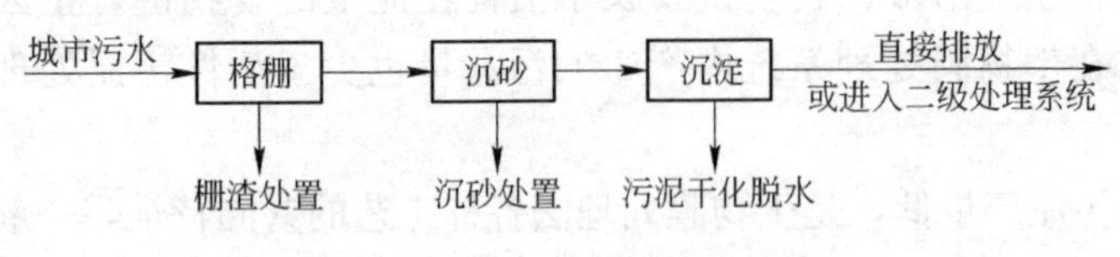

图 3-6 污水一级处理典型流程

3.2.2 二级处理

主要是去除污水中的呈胶体和溶胶状态的有机污染物质，去除率可达 90%以上，使有机物达到排放标准。其主体是生物处理。

活性污泥法典型工艺流程如图 3-7 所示。

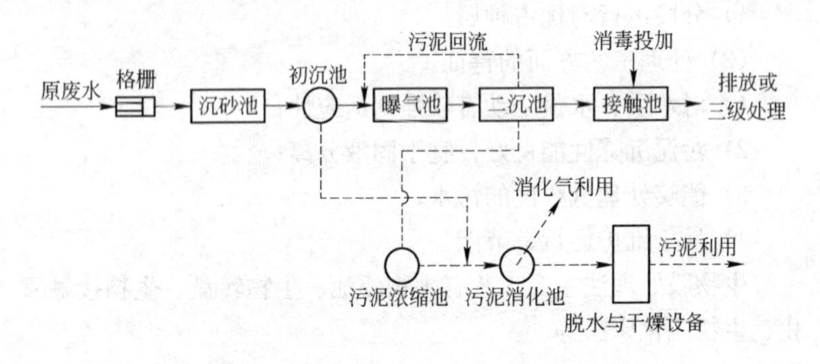

图 3-7 活性污泥法典型工艺流程图

3.2.3 三级处理

三级处理又称为深度处理，但又不完全相同，深度处理以污水回收、再利用为目的，在一级或二级处理后增加的处理工艺。三级处理则是在一级处理、二级处理的基础上，用物理化学法，将难降解的有机物、磷和氮等能够导致水体富营养化的可溶性无机物、病菌等进一步深度处理，最后达到地面水、工业用水或接近生活用水的水质标准。三级处理的主要方法有生物脱氮除磷法、混凝沉淀法、砂滤法、活性炭吸附法、离子交换法和电渗析法等。如图 3-8 所示。

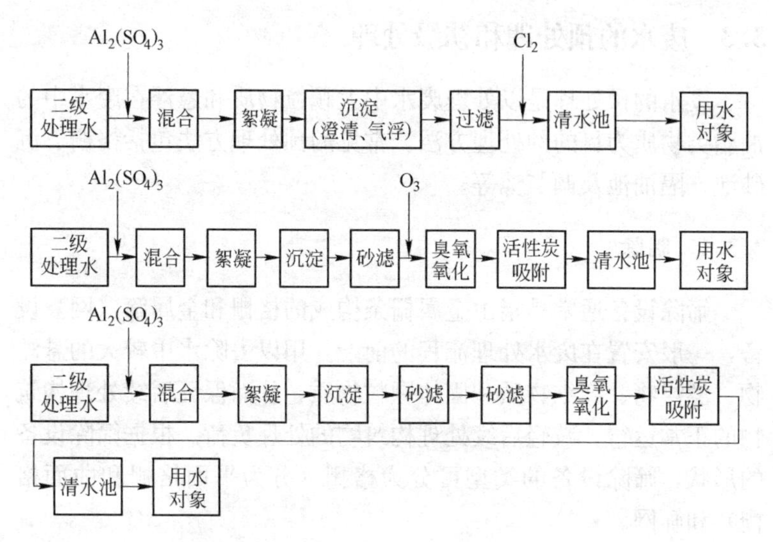

图 3-8　几种典型的三级处理流程

污泥是污水处理过程中的产物。城市污水产生的污泥含有大量的有机物，富含养分，可以作为农肥施用，但要注意的是，可能会含有大量细菌、寄生虫卵以及从生产污水中带来的重金属离子等，需要做稳定或无害处理。污泥处理的主要方法有减量处理法（脱水法、浓缩法等）、稳定处理法（厌氧消化法、好氧消化法等）、综合利用法（污泥农业利用、消化气利用等）、最终处置（焚烧、填埋投海、建筑材料等）。

污水的处理程度决定于治理后的污水的处理和要利用的情况。若污水用作灌溉和纳入城市污水的下水道，一般着眼于一级治理或二级治理。若污水就近排入水体，应根据水体的不同要求，决定其治理程度，并应考虑近期与远期的具体情况，分期实施。三级处理只有在严重缺水的地区，要求工业污水闭路循环或接纳污水的水体作为水源或旅游风景区时才加以考虑。所以治理污水采用什么方法组成系统，要根据污水的水质、水量，回收其中的有用物质的可能性、经济性、受纳水体的具体条件，并结合调查研究与经济技术比较后决定，必要时还需要进行实验。

3.3 废水的预处理和初级处理

废水的预处理是以处理废水中大颗粒物质和悬浮在废水中的油脂类物质为目的的处理方法。常见的预处理方法包括格栅、沉砂池、隔油池及调节池等。

3.3.1 筛除

筛除设备通常是指由金属栅条构成的格栅和金属筛（网）设备，一般安置在废水处理流程的前端，用以去除水中较大的悬浮物、漂浮物、纤维物质和固体颗粒物质，从而保证后续处理构筑物的正常运行，减轻后续处理构筑物的处理负荷。根据筛除设备的形状，筛除设备的类型可分为格栅（分为平面格栅和曲面格栅）和筛网。

格栅设计的要点：

（1）水泵前格栅栅条间隙，应根据水泵要求确定。

（2）污水处理系统前格栅栅条间隙，应符合下列要求：

1）人工清除 25～30mm；

2）机械清除 16～25mm；

3）最大间隙 40mm。

污水处理厂亦可设置粗细两道格栅，粗格栅栅条间隙为 50～100mm。

（3）泵前格栅间隙不大于 25mm 时，污水处理系统前可不再设置格栅。

（4）栅渣量与地区的特点、格栅的间隙大小、污水流量以及下水道系统的类型等因素有关，在无当地运行资料时，可采用：

1）格栅间隙 16～25mm，0.10～0.05$m^3/10^3m^3$（栅渣/污水）；

2）格栅间隙 30～50mm，0.03～0.01$m^3/10^3m^3$（栅渣/污水）；

3）栅渣的含水率一般为 80%，容重约为 960kg/m^3。

(5) 机械格栅不宜少于2台，如为1台时，应设人工清除格栅备用。

(6) 过栅流速一般采用0.6～1.0m/s。

(7) 格栅前渠道内的水流速度一般采用0.4～0.9m/s。

(8) 格栅倾角一般采用45°～75°。人工清除格栅可采取较小倾角。

(9) 通过格栅的水头损失一般采用0.08～0.15m。

(10) 格栅间必须设置工作台，台面应高出栅前最高设计水位0.5m。工作台上应有安全和清洗设施。

(11) 格栅间工作台两侧过道宽度不应小于0.7m。工作台正面过道宽度当人工清渣时不小于1.2m，当机械清渣时不小于1.5m。

(12) 机械格栅的动力装置一般宜设在室内，或采取其他保护设备的措施。

(13) 设置格栅装置的构筑物时必须考虑设有良好的通风设施。

3.3.2 沉砂池

沉砂池的作用是从废水中分离密度较大的无机颗粒。它一般在污水处理前段，保护水泵和管道免受磨损，缩小后续处理构筑物的容积，提高污泥有机组分的含率，提高污泥作为肥料的价值。沉砂池的类型，按池内水流方向的不同，可以分为平流式沉砂池、竖流式沉砂池，曝气沉砂池、钟式沉砂池。

3.3.2.1 沉砂池的一般规定

(1) 沉砂池按去除相对密度2.65、粒径0.2mm以上的砂粒设计。

(2) 设计流量应按分期建设考虑：

1) 当污水为自流进入时，应按每期的最大设计流量计算；

2) 当污水为提升进入时，应按每期工作水泵的最大组合流量计算。

(3) 沉砂池个数或分格数不应少于2个，并宜按并联系列设计。当污水量较小时考虑一格工作，一格备用。

(4) 砂斗容积应按不大于2d的沉砂量计算，斗壁与水平面的倾角不应小于55°。

(5) 除砂一般宜采用机械方法，并设置贮砂池或晒砂场。采用人工排砂时，排砂管直径不应小于200mm。

(6) 当采用重力排砂时，沉砂池和贮砂池应尽量靠近，以缩短排砂管长度，并设排砂阀门于管的首端，使排砂管畅通且易于养护管理。

(7) 沉砂池的超高不宜小于0.3m。

3.3.2.2 平流沉砂池

如图3-9所示，平流沉砂池由入流渠、出流渠、闸板、水流部分及砂斗等部分组成。其特点是构造简单、工作稳定、沉砂效果好、排砂方便等优点。平流沉砂池最大流速为0.3m/s，最小流速为0.15m/s；最大流量时停留时间不小于30s，一般采用30～60s；有效水深不大于1.2m，一般采用0.25～1m，每格宽度不宜小于0.6m；为稳定水流，进水头部采取消能和整流措施；池底坡度一般为0.01～0.02，当设置除砂设备时，可根据设备要求考虑池底形状。

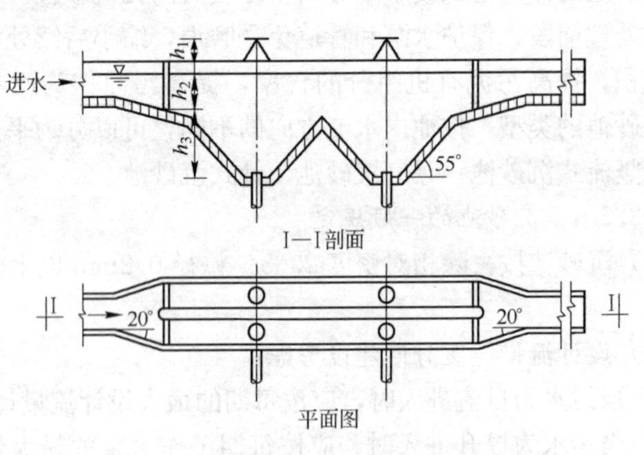

图3-9 平流沉砂池

3.3.2.3 竖流式沉砂池

竖流式沉砂池是行水由中心筒进入池内后自下而上流动，无机物颗粒借重力沉于池底。处理效果一般较差。

3.3.2.4 钟式沉砂池

钟式沉砂池是利用机械力控制流态与流速，加速砂粒的沉淀，并使有机物随水流带走的沉砂装置。

沉砂池由流入口、流出口、沉砂区、砂斗、砂提升管、排砂管、电动机和变速箱组成。污水由流入口沿切线方向流入沉砂区，利用电动机及传动装置带动转盘和斜坡式叶片旋转，在离心力的作用下，污水中密度较大的砂粒被甩向池壁，掉入砂斗，有机物则被留在污水中。调整转速，可达到最佳沉砂效果。沉砂用压缩空气经砂提升管、排砂管清洗后排除，清洗水回流至沉砂区。如图 3-10 所示。

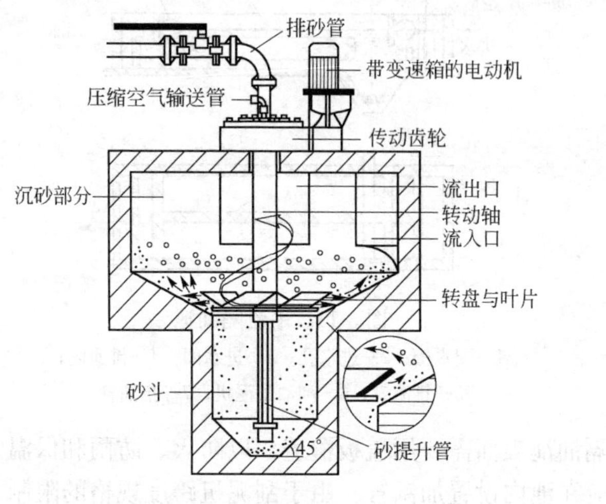

图 3-10 钟式沉砂池

3.3.3 除油

废水中的油类存在形式不同，处理程度不同．采用的处理方法和装置也不同。除油设备可分为油水分离设备、撇油器、污油脱水设备。常用的油水分离设备包括隔油池、除油罐、混凝除油罐、粗粒化除油罐、聚结斜板除油罐、格雷维尔除油器、气浮除油装置等。去除污水中的可浮油，主要构筑物为隔油池。

传统的平流式隔油池，废水从池的一端流入池内，从另一端流出。在隔油池中，由于流速降低，相对密度小于1.0而粒径较大的油珠上浮到水面上，相对密度大于1.0的杂质沉于池底。在出水一侧的水面上设集油管。集油管一般用直径为200～300mm的钢管制成，沿其长度在管壁的一侧开有切口，集油管可以绕轴线转动，平时切口在水面上，当水面浮油达到一定厚度时，转动集油管，使切口浸入水面油层之下，油进入管内，再流到池外。如图3-11所示。

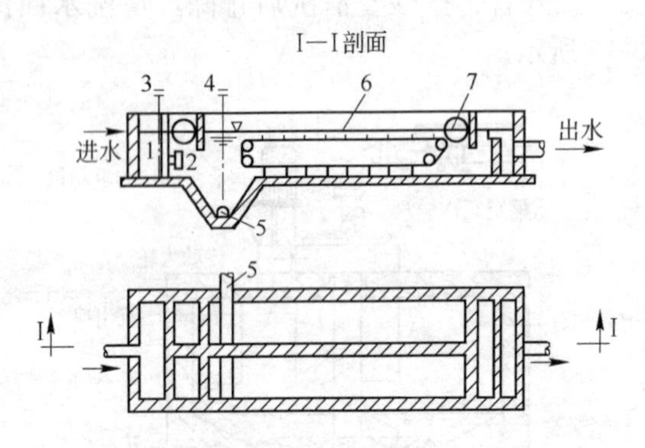

图 3-11 平流隔油池

1—配水槽；2—进水孔；3—进水间；4—排渣阀；5—排渣管；6—刮油刮泥机；7—集油管

隔油池表面需要用盖板覆盖，以防火、防雨和保温。寒冷地区还应在池内设置加温管。由于刮泥机跨度规格的限制，隔油池每个格间的宽度一般为6.0m、4.5m、3.0m、2.5m和2.0m。采用人工清除浮油时，每个格间的宽度不宜超过3.0m。

平流隔油池的优点是：构造简单，便于运行管理，除油效果稳定；缺点是：池体大，占地面积多。根据国内外的运行资料，这种隔油池可能去除的最小油珠粒径一般为100～150μm。

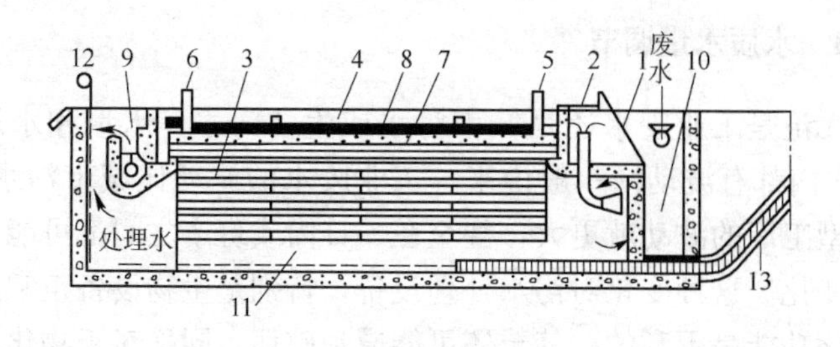

图 3-12 平行板式隔油池

1—格栅；2—浮渣箱；3—平行板；4—盖子；5—通气孔；
6—通气孔及溢油管；7—油层；8—净水；9—净水溢流管；
10—沉砂室；11—泥渣室；12—卷扬机；13—吸泥软管

平行板式隔油池（图 3-12）是平流式隔油池的改良型。在平流式隔油池内沿水流方向安装数量较多的倾斜平板，这不仅增加了有效分离面积，也提高了整流效果。

倾斜板式隔油池（图 3-13）是平行板式隔油池的改良型。池内装置波纹形斜板，板间距 20～50mm，倾斜角为 45°。废水沿板面向下流动，从出水堰排出。水中油珠沿板的下表面向上流动，然后用集油管汇集排出。水中悬浮物沉到斜板上表面，滑下落入池底部经排泥管排出。这种隔油池的油水分离效率较高，停留时间短，一般只要 30min，是目前我国广泛采用的一种隔油池。

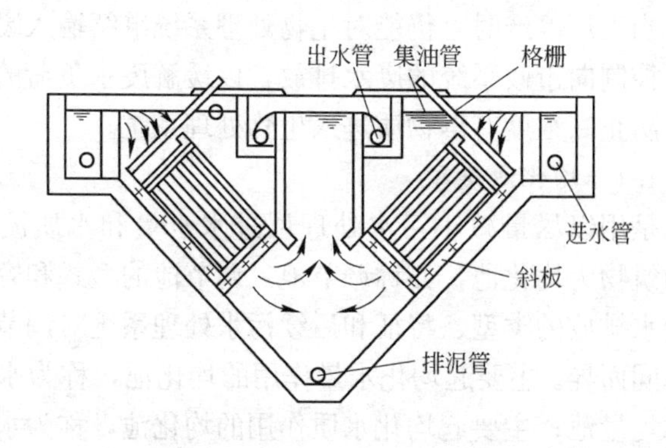

图 3-13 倾斜板式隔油池

3.3.4 水质水量调节

无论是工业废水还是城市污水或生活污水，水量和水质在24h之内都有波动。一般说来，工业废水的波动比城市污水大，中小型工厂的波动就更大，甚至在一日内或班产之间都可能有很大的变化。这种变化对污水处理设备，特别是生物设备正常发挥其净化功能是不利的，甚至还可能遭到破坏。同样对于物化处理设备，水量和水质的波动越大，过程参数难以控制，处理效果越不稳定；反之，波动越小，效果就越稳定。在这种情况下，应在废水处理系统前，设置均化调节池，用以进行水量和水质均化，以保证废水处理的正常进行，此外，酸性废水和碱性废水可以在调节池内中和；短期排出的高温废水也可通过调节平衡水温。另外，调节池设置是否合理，对后续处理设施的处理能力、基建投资、运转费用等都有较大的影响。

废水处理设施中调节作用的目的是：

(1) 提高对有机物负荷的缓冲能力，防止生物处理系统负荷发生急剧变化；

(2) 控制pH值，以减小中和作用中化学品的用量；

(3) 减小对物理化学处理系统的流量波动，使化学品添加速率和加料设备的定额减小；

(4) 当工厂停产时，仍能对生物处理系统继续输入废水；

(5) 控制向市政系统的废水排放，以缓解废水负荷的变化；

(6) 防止高浓度有毒物质进入生物处理系统。

3.3.4.1 均化池类型

均化是用以尽量减小污水处理厂进水水量和水质波动的过程。其构筑物为均化池，亦称调节池。调节池的型式和容量的大小，随废水排放的类型、特征和后续污水处理系统对调节、均和要求的不同而异。主要起均化水量作用的均化池，称为水量均化池，简称均量池；主要起均化水质作用的均化池，称为水质均化池，简称均质池。

常用的均量池实际是一座变水位的贮水池，来水为重力流，出水用泵抽。池中最高水位不高于来水管的设计水位，水深一般2m左右，最低水位为死水位。最高水位和最低水位之间的容积即为均量池调节容积。

最常见的一种均质池可称异程式均质池，为常水位，重力流。均质池中水流每一质点的流程由短到长，各不相同，结合进出水槽的合理布置，使前后时程不同的水相互混合而取得随机均质的效果。这种均质池只能均质不能均量。均质池最主要的要求就是能比较随机的将周期内不同水质的水进行混合。常用的均质池进水方式有同心圆平面布置方式、矩形平面布置方式、方形平面布置方式。

在一个池中同时进行均质和均量作用，就成为均化池，在池中设置搅拌装置，以重力流入，出水由水泵提升，可以同时具有均质和均量的双重作用。均化池采用两组以上，交替使用，每个池子按一至两个周期设计。

此外，事故池是为防止水质出现恶性事故破坏污水处理设施的正常运行而设置的专为储存事故出水的均化池。这种池子进水必须自动，平时必须放空，而且容积要足够，利用率极低。

3.3.4.2　均化池的混合

为保证均化池的调节作用，同时防止水中颗粒物沉淀和有机物发生厌氧反应，在均化池中通常设混合设施。常用的混合方法包括：(1) 水泵强制循环；(2) 空气搅拌；(3) 机械搅拌；(4) 穿孔导流槽引水。以上四种混合方法各有利弊，水泵强制循环能耗高，空气搅拌和机械搅拌效果稳定，但管道和设备容易腐蚀，穿孔导流槽引水能耗低但效果不稳定。实际工程中空气搅拌使用最多。

3.4　物理法处理废水

3.4.1　重力分离法

3.4.1.1　沉淀池

应用沉淀作用去除水中悬浮物的一种构筑物。沉淀池有平流沉淀池、竖流沉淀池、辐流沉淀池、斜管（板）沉淀池等形式。

A 理想沉淀池理论

理想沉淀池的基本假设：

(1) 颗粒处于自由沉淀状态，颗粒的沉速始终不变。

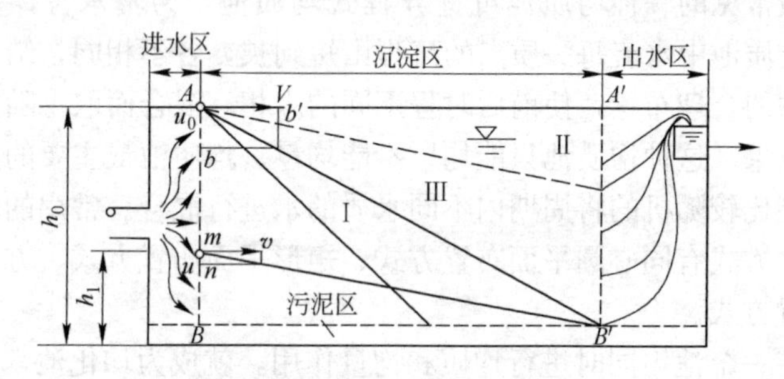

图 3-14 理想沉淀池工作状态

(2) 水流沿水平方向流动，在过水断面上，各点流速相等，并在流动过程中流速始终不变。

(3) 颗粒沉到底就被认为去除，不再返回水流中。

原水进入沉淀池，在进水区被均匀分配在 $A-B$ 截面上其水平流速为：

$$v = \frac{Q}{h_0 \cdot B} \tag{3-7}$$

在流线Ⅲ（$A-B'$）：正好有一个沉降速度为 u_0 的颗粒从池顶沉淀到池底，称为截留速度。从 A 点进入沉淀池的颗粒，沉速 $u \geqslant u_0$ 的颗粒可以全部去除，$u < u_0$ 的颗粒只能部分去除。对用直线Ⅲ代表的一类颗粒而言，流速和 u_0 都与沉淀时间有关，即

$$t = \frac{h_0}{u_0} \tag{3-8}$$

$$t = \frac{L}{v} \tag{3-9}$$

令式（3-8）和式（3-9）相等，并代入式（3-7）得：

$$u_0 = \frac{Q}{LB} \tag{3-10}$$

即
$$u_0 = \frac{Q}{A}$$
也就是说颗粒沉速数值上与沉淀池的表面负荷相等。

设原水中沉速为 u_i（$u_i < u_0$）的颗粒的浓度为 C，沿着进水区高度为 h_0 的截面进入的颗粒的总量为 $QC = h_0 BvC$，沿着 m 点以下的高度为 h_i 的截面进入的颗粒的数量为 $h_i BvC$（见图 3-14），则沉速为 u_i 的颗粒的去除率为：
$$E = \frac{h_i BvC}{h_0 BvC} = \frac{h_i}{h_0}$$
根据相似关系可以得到：
$$\frac{h_0}{u_0} = \frac{L}{v} \quad 即 \quad h_0 = \frac{Lu_0}{v}$$
同理可得
$$h_i = \frac{Lu_i}{v}$$
所以特定颗粒的去除率为
$$E = \frac{u_i}{u_0} \tag{3-11}$$
即有
$$E = \frac{u_i}{u_0} = \frac{u_i}{\frac{Q}{A}} \tag{3-12}$$

结论：颗粒在理想沉淀池的沉淀效率只与表面负荷有关，而与其他因素（如水深、池长、水平流速、沉淀时间）无关。

（1）当 E 一定，u_0 越大，则表面负荷就越大，或表面负荷不变但去除率增大。截流沉速与混凝效果有关，所以应重视加强混凝工艺。

（2）当截流沉速（u_0）一定，增大池面积 A，可以增加产水量或增大去除率 E。当沉淀池容积一定时，增加 A，可以降低水深，即“浅池理论”。

B 平流沉淀池

平流沉淀池由进水区、沉淀区、出水区和积泥区组成。在平流式沉淀池，废水由进水区经孔口流入池内。在孔口后，设有挡板来消能稳流和均匀配水。挡板高出水面 0.15～0.2m，伸入水下不小于 0.2m。沉淀池末端有溢流堰和集水槽，澄清水溢过堰口，经集水槽流出沉淀池。溢流堰前也设有挡板。用以阻隔浮渣，并通过可转动的排渣管将浮渣收集和排出。池底靠进水端设有泥斗，池底一般采用 0.01～0.02 的坡度向泥斗倾斜，泥斗壁倾角为 50°～60°，为了防止刮泥板磨损伤池底，底部设有护轨。

平流式沉淀池的长度多在 30～50m，不大于 60m。为了保证废水在池内均匀分布，每格长度与宽度之比不小于 4，长度与有效水深之比不小于 8。

C　竖流沉淀池

平面一般呈圆形或正方形，废水由中心筒底部配入，均匀上升，由顶部周边排出。池底锥体为贮泥斗，污泥靠水静压力排除，如图 3-15 所示。

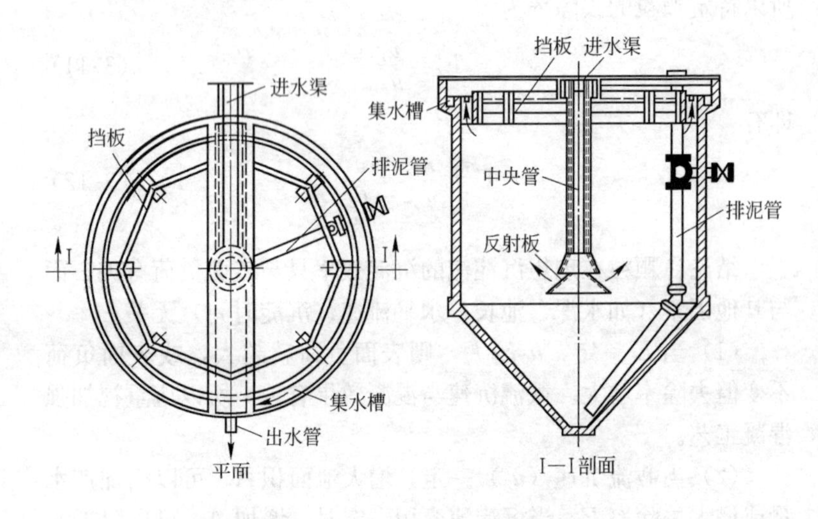

图 3-15　竖流沉淀池平面及剖面图

竖流式沉淀池的直径一般在 4～8m，最大可超过 9～10m。为了保证水流垂直运动，池径和沉降区深度之比不能超过 3∶1。

这种沉淀油排泥简易，便于管理，而且特别适宜于絮凝性悬浮物的沉降。但是，布水不均匀，容积利用系数低，而且深度大、施工困难，因此，废水量大或地下水位较高时不宜采用。

D 辐流沉淀池

辐流沉淀池平面一般呈圆形或方形，直径16～60m，池内水深1.5～3.0m，一般采用机械排泥，池底坡度不小于0.05，为了使布水均匀，设穿孔挡板，穿孔率为10%～20%。进出水方式有周边进水中心出水、周边进水周边出水及中间进水周边出水等方式，其中周边进水周边出水方式最接近理想辐流沉淀池。如图3-16所示。

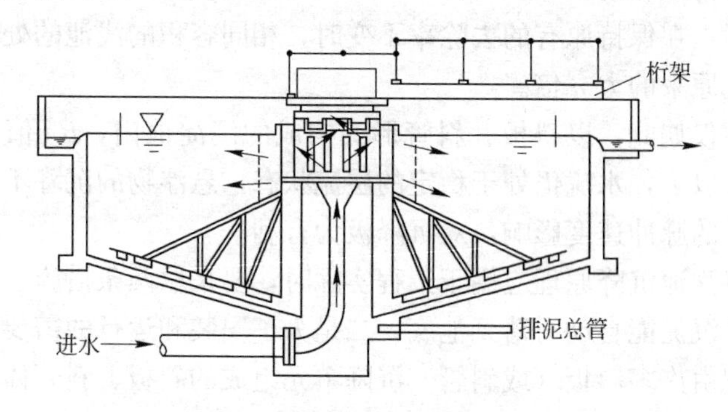

图3-16 普通辐流式沉淀池工艺图

辐流式沉淀池的选用范围较广，既可以用于城市污水，也可用于各类工业废水；可作为初次沉淀池，也能作为二次沉淀池。其主要特点是由于池内水速由大变小，使水流不够稳定，影响沉降效果。为了解决这个问题，采用周边进水辐流式沉淀池。从而使悬浮物浓度比较高地靠近周边的沉降区，水流速度比一般辐流池小。有利于稳定水流，提高沉降效果。

辐流沉淀一般采用机械刮泥机排泥，池径小于20m，一般采用中心传动的刮泥机，其驱动装置设在池子中心走道板上；池径大于20m时，一般采用周边传动的刮泥机，其驱动装置设在格架的外缘。

E 斜板（斜管）沉淀池

在沉淀池澄清区设置平行的斜板（斜管），以提高沉淀池的处理能力。当需要挖掘原有沉淀池潜力或建造沉淀池面积受限制时，通过技术经济比较，可采用斜管（板）沉淀池。斜管沉淀池的理论基础是浅池理论。

如果将沉淀池的沉降区高度 H 分成 n 个高 h 的水平浅池，那么沉淀区的总表面积就由 A 增大为 nA，沉降速度也相应由 $u_0=Q/A$（表面负荷或过流率）变为 $u_0=Q/nA$，即 $E'=nE$，从而在处理水量不变的情况下能大大提高沉降效率。另外，如果在浅池内保持原有的 u_0 值不变，则有 n 个浅池内的总量 $Q'=nQ$。这就是说，在保持原有的去除率不变时，相同容积的浅池的处理水量要比原来的大 n 倍。

不仅如此，以斜板、斜管形式构成的沉淀池内，Re 值可降到 100 以下，水流仍处于稳定的层流状态，悬浮物的沉降不受紊流产生的脉冲速度影响，对沉降极为有利。

将浅池沉降原理应用于工程实际时，要采取两条措施：一是为了使沉泥能自动滑落到池底，二是为了安装和运行的需要，一般要把由许多斜板（或斜管）沉降单元组成的斜板、斜管体恰当地组装在池内，斜管孔径（或斜板净距）为 80～100mm；斜管（板）斜长宜为 1.0～1.2m；并配置配水、集水和集泥、排泥装置。斜管沉淀池工作时，水从平行板间或斜管内流过，流速 0.7～1.0mm/s。沉积在斜板、斜管底的泥渣靠重力自动滑入集泥斗。为使水流在池内均匀分布，进水常采用穿孔墙整流布水。出流常采用三角堰或淹没孔口，并设集水槽。集泥常用多斗式，以穿孔管或机械排泥。斜管（板）水平倾角一般为 60°，斜管（板）区上部水深为 0.7～1.0m，斜管（板）区底部缓冲层高度宜为 1.0m。为了防止水流短路，应在池壁与斜板（斜管）的间隙内装设阻流板。

按水流与污泥的相对运动方向，斜板、斜管沉淀池分为异向流、同向流和横向流三种形式。异向流的水流倾斜向上，污泥倾斜向下，同向流的水流和污泥均倾斜向下；横向流的水流方向为水平，泥渣倾斜向下。在废水处理中，目前主要采用异向流，它可以选用斜板和斜管断面、而同向流和横向流只能采用斜板断面。斜板在池内多横向且上线向池首方向安装。斜板、斜管采用轻质的薄壁材料制造，国内多用塑料和木材，也有用石棉水泥板和石棉瓦楞板涂以树脂防腐加固层作为斜板的。

F 气浮池

气浮法处理污水具有以下特征：对絮粒的重度及大小要求不高，一般情况下能减少絮凝时间及节约混凝剂用量；单位面积产水量高，池子容积及占地面积小，降低造价；出水水质好；排泥方便，耗水量小，泥渣含水率低，有利于泥渣的进一步处置；池身浅，构造简单，管理方便。但需要一整套供气、溶气、释气设备，消耗电量。

气浮池的形式主要有平流式、竖流式，平面有方形池、圆形池。平流式气浮池是目前采用较多的一种形式，其特点是池身浅（有效水深约 2m），造价低，管理方便。

竖流式气浮池内水流基本上是纵向的，接触室在池的中心部位，水流向四周扩散，水流条件比平流式的单侧出流要好，但分离区水深过大，浪费了一部分水池容积，在给水处理中有将絮凝与竖流式气浮池结合的方法。

气浮池由接触区、分离区、清水区、浮渣区构成。在接触区，从溶气罐过来的溶有压缩的溶气水经溶气释放器释放出大量微小气泡，气泡与污水中的悬浮物接触，在分离区顶托悬浮物的气泡上升至水面形成浮渣层，水在池体下部经集水管收集，浮渣由刮渣机刮至排渣槽排除。

3.4.2 过滤分离法

过滤是去除悬浮物，特别是去除浓度较低的悬浊液中微小颗粒的一种有效措施。过滤时，将废水通过一层具有一定孔隙率的过滤介质，大于孔隙的悬浮物颗粒水中的悬浮物被截留在介质表面或内部而除去，从而使水得到净化。根据采用的过滤介质的不同，过滤一般可分为以下几类。

3.4.2.1　筛过滤

过滤介质为栅条或滤网，用来去除较大的悬浮物，如杂草、破布、纤维纸浆等，典型的设备有格栅、筛网等。

3.4.2.2　微孔过滤

采用成型的滤材，如滤布（帆布或尼龙布等）、滤片、烧结滤管等，也可在过滤介质上预先涂上一层助滤剂（如硅藻土等）形成孔隙微小的滤饼，用来去除粒径细微的颗粒，这样的定型设备市场上有售。

3.4.2.3　膜过滤

采用特别的半透膜作为过滤介质，并在一定的推动力（压力，电场力或磁场力等）的作用下进行过滤。由于半透膜的孔隙极小而且具有选择性，可以去除水中的细菌、病毒、有机物和溶解性物质。主要设备有反渗透、超过滤和电渗析等。

3.4.2.4　滤床过滤

采用颗粒滤料形成一定厚度的滤床，水流通过滤层而得到澄清。实现这一过程的处理设施为滤池。目前广泛使用的滤池是快滤池，通常速率为6～10m/h。滤池的形式有普通快滤池、虹吸滤池、双阀滤池、无阀滤池、移动罩滤池、V形滤池，污水处理中滤池主要用于水的深度处理。

3.4.3　蒸发与结晶法

蒸发是依靠加热过程中，使溶液中的溶剂（一般是水）汽化，从而溶液得到浓缩的过程。结晶是利用过饱和溶液的不稳定原理，将废水中过剩的溶解物质以结晶的状态析出，再将母液分离出来就得到了纯净的产品的过程。在废水处理中常用结晶的方法，回收有用物质或去除污染物达到净化的目的。

3.4.4　离心分离法

物体高速旋转时会产生离心力场。利用离心力分离废水中杂质的处理方法称为离心分离法。废水作高速旋转时，由于悬浮固体和水的质量不同，所受的离心力也不相同，质量大的悬浮固体被抛向外侧，质量小的水被推向内层，这样悬浮固体和水从各自出口排除，从而使废水得到处理。

高速旋转的废水中，悬浮固体颗粒同时受到两种径向力的作用，即离心力和水对颗粒的向心推力。设颗粒和同体积水的质量分别为 m、m_0（kg），旋转半径为 r（m），角速度为 ω（rad/s），颗粒受到的离心力分别为 $m\omega^2 r$（N）和 $m_0\omega^2 r$（N）。此时颗粒受到净离心力 F_c（N）为两者之差。即

$$F_c=(m-m_0)\omega^2 r$$

该颗粒在水中的净重力为 $F_g=(m-m_0)g$，若以 n 表示转速（r/min），并将 $\omega=\frac{2\pi n}{60}$ 代入上式，用 α 表示颗粒所受离心力与重力之比，则

$$\alpha=\frac{F_c}{F_g}=\frac{\omega^2 r}{g}\approx\frac{rn^2}{900} \tag{3-13}$$

α 称为离心设备的分离因素，式（3-13）是衡量离心设备分离性能的基本参数。当旋转半径 r 一定时，α 值随转速 n^2 迅速增大。

颗粒随水旋转时所受的向心力与水的反向阻力平衡，由此可导出粒径为 d（m）的颗粒的分离速度 u_c（m/s）为

$$u_c=\frac{\omega^2 r(\rho-\rho_0)d^2}{18\mu}$$

式中 ρ，ρ_0——分别为颗粒和水的密度，kg/m^3；

μ——水的动力黏度，0.1Pa·s。

当 $\rho>\rho_0$ 时，u_c 为正值，颗粒被抛向周边；当 $\rho<\rho_0$ 时，颗粒被推向中心。这说明，废水高速旋转时，密度大于水的悬浮颗粒被沉降在离心分离设备的最外侧，而密度小于水的悬浮颗粒被“浮上”在离心设备最里面，所以离心分离设备能进行离心沉降和离心浮上两种操作。从上式可知，悬浮颗粒的粒径越小，密度

ρ同水的密度ρ_0越接近，水的动力黏度μ越大，则颗粒的分离速度u_c越小，越难分离；反之，则较易于分离。

按产生离心力的方式不同，离心分离设备可分为离心机和水力旋流器两类。离心机是依靠一个可随传动轴旋转的转鼓，在外界传动设备的驱动下高速旋转，转鼓带动需进行分离的废水一起旋转，利用废水中不同密度的悬浮颗粒所受离心力不同进行分离的一种分离设备，水力旋流器水力旋流器有压力式和重力式两种。压力式水力旋流器用钢板或其他耐磨材料制造，其上部是直径为d的圆筒，下部是锥角为θ的截头圆锥体。进水管以逐渐收缩的形式与圆筒以切向连接，废水通过加压后以切线方式进入器内，进口处的流速可达6～10m/s。废水在容器内沿器壁向下作螺旋运动的一次涡流，废水中粒径及密度较大的悬浮颗粒被抛向器壁，并在下旋水推动和重力作用下沿器壁下滑，在锥底形成浓缩液连续排出。锥底部水流在越来越牢的锥壁反向压力作用下改变方向，由锥底向上做螺旋运动，形成二次涡流，经溢流管进入溢流筒，从出水管排出。在水力旋流中心，形成围绕轴线分布的自下而上的空气涡流柱。

旋流分离器具有体积小，单位容积处理能力高，易于安装、便于维护等优点，较广泛地用于轧钢废水处理以及高浊度废水的预处理等。旋流分离器的缺点是器壁易受磨损和电能消耗较大等。器壁宜用铸铁或铬锰合金钢等耐磨材料制造或内衬橡胶，并应力求光滑。重力式旋流分离器又称水力旋流沉淀池。废水也以切线方向进入器内，借进出水的水头差在器内呈旋转流动。与压力式旋流器相比较，这种设备的容积大，电能消耗低。

3.5 化学法处理废水

3.5.1 混凝法

各种污水都是以水为分散介质的分散体系。根据分散粒度的不同，污水可分为三类：分散粒度在0.1～1nm间的称为真溶液；分散粒度在 1～100nm 之间称为胶体溶液；分散粒度大于 100nm 称为悬浮液，可以通过沉淀或过滤去除。部分胶体溶液可用混凝法来处理。

混凝就是在污水中预先加化学试剂（混凝剂）来破坏胶体的稳定性，使污水中的胶体和细小悬浮物由于碰撞或聚合，搭接而形成可分离的絮凝体，再用下沉或上浮法分离去除的过程。混凝可降低废水的浊度、色度，除去多种高分子物质、有机物、某些重金属毒物和放射性物质等，因此在废水处理中得到广泛应用。混凝分为凝聚和絮凝两种过程，凝聚是瞬时的，絮凝则需要一定的时间让絮体长大。

混凝法中必要的试剂就是混凝剂。混凝剂可分为凝聚剂和絮凝剂，低分子电解质为混凝剂，高分子药剂为絮凝剂，两者统称为混凝剂。用于水处理的混凝剂要求混凝效果好，对人体健康无害，价廉易得，使用方便。目前常用的混凝剂按化学组成有无机盐类（主要是铁系和铝系如三氯化铁、硫酸亚铁、硫酸铝聚合氯化铝等）和有机高分子类（可分为阳离子型、阴离子型、非离子型）。

单用混凝剂不能取得良好的效果时，可投加某些辅助药剂以提高混凝效果，这类药剂称为助凝剂。助凝剂本身可以起混凝作用也可以不起混凝作用。按作用，助凝剂可分为三种：pH 值调节剂、絮体结构改良剂、氧化剂。

污水的浊度、pH 值、水温共存杂质、混凝剂的种类、混凝剂的投加量、混凝剂的投加顺序对混凝效果会产生很大的影响。同样，水力条件对混凝效果也会产生重要影响，主要的控制因素就是搅拌强度和搅拌时间。为了混凝剂与污水均匀混合，要使搅拌在 500～1000s^{-1}，搅拌时间在 10～30s。到了反应阶段要创造足够的碰撞机会和良好的吸附条件让絮体有足够的成长机会，又要防止生成的小絮体被打碎，因此搅拌强度要逐渐减小，而时间要长。为了确定最佳条件，一般情况下可以用烧杯搅拌法进行混凝模拟实验。

混凝过程一般在混合和絮凝构筑物中完成。混合过程现在多采用管式混合器。

3.5.2 中和法

在废水中加入酸或碱进行中和反应，调节废水的酸碱度(pH 值)，使其呈中性或接近于中性或适宜于下一步处理的 pH 值范围。

3.5.2.1 中和法适用的情况

(1) 污水排入受纳水体前，其 pH 值指标超标。这时应采用中和处理，以减少对水生生物的影响。

(2) 工业污水排入下水道系统前，以免对管道系统造成腐蚀，在排入前对工业污水进行中和，比对工业污水与其他污水混合后再中和处理要经济许多。

(3) 化学处理或生物处理前，为确保生化反应能够正常进行要进行中和处理。

3.5.2.2 中和处理法因污水的酸碱性的不同而不同

一般采用如下的中和方法：(1) 酸性废水和碱性废水互混中和；(2) 试剂中和。如一般使用的试剂有生石灰、熟石灰、焙烧苏打、苛性钠、氨水等；(3) 通过能起中和反应的物质进行过滤。如石灰、石灰石、白云石、菱镁矿石、烧结菱镁矿及白垩等。

选择哪种中和方法和许多因素有关，如废水中酸的种类和浓度、废水的流量和流动方式、有无其他试剂存在和地区条件等。

A 酸性废水与碱性废水混合中和

酸、碱废水相互中和的方法是最经济的方法之一。一般来说，含酸废水和含碱废水的排放方式是不同的，酸性废水在一天之内均匀排放，浓度变化不大；而碱性废水常常是根据碱性溶液排放方式的不同间歇地进行，因此排放碱性溶液时应设置贮槽，以使其均匀地进入中和反应罐，与酸性废水进行中和。

B 试剂中和

用试剂中和酸性废水的方法也很普遍，至于选择什么样的试剂中和酸性废水则完全取决于酸的种类、浓度和中和反应后生成的盐的浓度。最常用的是熟石灰和石灰乳，往往被称为石灰处理法。石灰处理（中和）过程中可以同时把锌、铅、镉、铜、铬等金属转入沉淀，有时中和反应常采用浆状的碳酸钙或碳酸镁。

上述试剂廉价易得，但其缺点主要有：中和前必须设置配匀装置，难以按被中和溶液的 pH 值调节试剂，操作管理比较复杂。

废水的试剂中和过程是在中和装置或者是在中和站进行的。中和站的主要环节如图 3-17 所示，有砂滤池、配匀贮槽、中和试剂库、制备中和溶液的溶解罐、中和溶液流量计、废水与中和试剂混合器、反应罐、中和废水澄清槽、沉淀增稠机、沉淀物机械脱水装置、脱水渣存放场以及中和过程的化学监测装置。

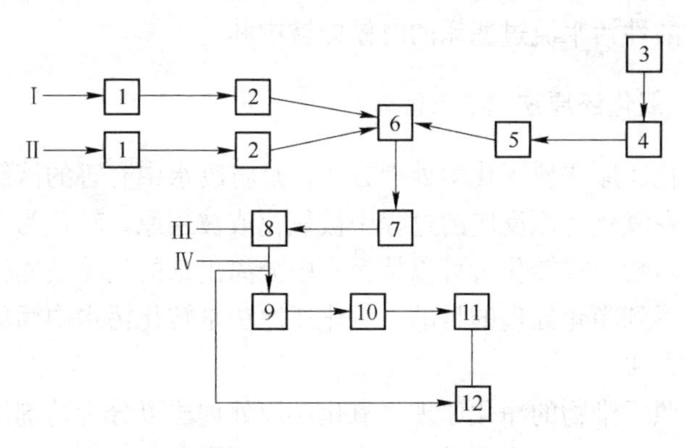

图 3-17 试剂中和站工艺流程图

Ⅰ—酸性废水进料；Ⅱ—碱性废水进料；Ⅲ—中和废水排放；Ⅳ—沉淀物排放；
1—砂滤器；2—配匀贮槽；3—试剂贮槽；4—溶解罐；5—流量计；6—混合器；
7—中和反应器；8—沉降槽；9—沉淀贮槽；10—真空过滤池；
11—脱水沉淀贮槽；12—渣存放场

C 中和材料过滤

盐酸、硝酸废水及浓度不超过 1.5g/L 的硫酸废水均可用连续式过滤器进行中和。可以采用中和材料（如白云石、石膏、菱镁矿石、白垩和大理石等）作为过滤器的填料，填料粒度为3～8cm。

这种过滤器只能在酸性废水中不含可溶性金属盐的条件下使用，因为当pH大于7时这些金属将生成难溶化合物沉淀下来，能完全堵塞过滤器的孔隙，在实际中很少采用中和过滤材料中和处理废水。

对于酸性污水而言，主要有酸性污水与碱性污水相互中和、药剂中和以及过滤中和三种。而碱性污水主要有与酸性污水相互中和和药剂中和两种。其中酸性污水的数量和危害要比碱性污水大得多。酸性污水的药剂中和法中主要用的药剂有石灰、苛性钠、碳酸钠、石灰石、电石渣等，最常用的是石灰（CaO）。药剂的选用要考虑药剂的供应情况、溶解性、反应速度、成本及二次污染等因素。过滤中和法是选择将碱性滤料填充成一定形式的滤床，酸性污水流过滤床的时候即被中和。

3.5.3　氧化还原法

氧化还原法属于化学处理方法，是将废水中有害的溶解性污染物质在氧化还原反应的过程中被氧化或被还原，转化为无毒或微毒的新物质或转化为可以从污水中分离出来的气体或固体，从而使水得到净化处理的目的。氧化还原法是转化污水中污染物的有效的方法。

按照污染物的净化原理，氧化还原处理法可分为药剂法、电化学法（电解）和光化学法三大类。在选择药剂和方法时要遵循以下的原则：

（1）处理效果好，反应产物无毒或无害，不需要进行二次处理。

（2）处理费用合理，所需药剂和材料容易得到。

（3）操作性好，在常温和较宽的pH值范围内具有较快的反应速度；当反应温度和压力提高后，其处理效率和速度的提高能克服费用增加的不足；当负荷变化后，在调整操作参数后，可维持稳定的处理效果。

（4）与前后处理工序的目标一致，搭配方便。

与生物氧化法相比，化学氧化还原法的运行费用较高。因此目前的化学氧化还原法仅用于饮用水的处理、特种工业用水的处理、有毒工业污水处理和以回收为目的的污水深度处理等情况。

（1）化学氧化法。通过投加化学氧化剂处理污水中的CN^-、S^{2-}、Fe^{2+}、Mn^{2+}等离子。根据投加氧化剂的不同，可分为空气氧化法（利用空气中的氧气来氧化）、臭氧氧化法、氯氧化法。

（2）化学还原法。是在污水中的某些金属离子在高价态时的毒性很大，将其用还原法还原为低价态后分离除去。常用的还原剂有以下几类：某些电极电位较低的金属（如铁屑、锌粉等）、某些带负电的离子（如$NaBH_4$中的B^{5-}）、某些带正电的离子（如$FeSO_4$或$FeCl_2$中的Fe^{2+}），此外利用废气中的H_2S、SO_2和污水中的氰化物等进行还原处理也是有效而经济的方法。

3.6 物理化学法处理废水

3.6.1 吸附法

利用某种多孔性固体物质吸附剂，将废水中一种或几种污染物质吸附达到其表面上，用以回收和除去某种溶质，从而使废水得到净化。常用的吸附剂有：活性炭、活化媒、磺化媒、焦炭、硅藻土煤渣、腐殖质酸、木屑金属及其化合物；以及由有机物合成，具有与其他化学成分交换的活性基团的不溶性高分子化合物——离子交换树脂、大孔吸附树脂等。

吸附剂在达到饱和后必须进行脱附再生，才能重复使用。脱附是吸附的逆过程，即在吸附剂结构在不变化或变化极小的情况下，用某种方法将吸附质从吸附剂孔隙中除去，恢复它的吸附能力。这样可以降低处理成本，减少废渣的排放，同时回收吸附质。

3.6.1.1 吸附法分类

根据吸附的机理，吸附法有以下分类。

A 物理吸附

是固体表面粒子（分子、原子、离子）存在剩余的吸引力而引起的，是一个放热过程，在低温下就可以进行，没有选择性。

B 化学吸附

通过吸附剂与吸附质的原子或分子间的电子转移或共用化学键进行吸附。是放热过程，由于化学反应需要大量的活化能，一般需要在较高的温度下吸附，为选择性吸附。

C 交换吸附

在吸附的过程中每吸附一个吸附质离子，同时也要释放出一个等当量的离子。离子的电荷交换是交换吸附的决定性因素，离子带电越多，它在吸附剂表面的反电荷点上的吸附力也就越强。

离子交换法的优点很多，诸如去除率高、可以浓缩回收有用物质、设备简单、操作控制容易等；但是在目前的技术发展水平下，离子交换法的应用还受到一定的限制，主要是由于交换剂品种、性能、成本等因素，并且对预处理的要求较高。离子交换剂的再生和再生液的处理也是一个难题。

3.6.1.2 影响吸附的因素

（1）吸附剂的结构：比表面积、孔结构、表面化学性质。

（2）吸附质的性质：对于一定的吸附剂，由于吸附质性质的差异，吸附效果也会不一样。通常有机物在水中的溶解度随着链长的增加而减小，而活性炭的吸附量却随着在水中的溶解度的减少而增加，也就是随着吸附质相对分子质量的增加而增加。

3.6.2 萃取法

萃取法的实质是利用溶质在水中和有机溶剂中的溶解度有着明显的不同来进行组分分离。只有溶质在溶剂中的溶解度远大于其在水中的溶解度时，溶质才能从水中转入到溶剂中去。所用的溶剂就称为萃取剂。作为萃取剂，要满足分配系数大，萃取容量大、选择性强、在水溶液中的溶解度小、还有黏度、比重和水的差别要大、使用运输要安全、化学稳定性强、毒性小、来源方便、价格低廉等要求。

萃取也是一种可逆过程，溶解在有机溶剂中的溶质，在一定的条件下（如蒸馏、蒸发、投加某种盐类能使溶质不溶于萃取剂中），来转移到另一种介质或溶剂中，回收溶剂或去除污染物以实现反萃取。萃取和反萃取的效果主要决定于过程中的各项条件（如废水的 pH 值、溶质浓度、萃取剂与反萃取剂的浓度、温度和其他的操作常数）。

3.6.3 电解法

电解是利用直流电进行溶液氧化还原的过程。污水中的污染物在阳极被氧化，在阴极被还原，或者与电极的反应产物相作用，转化为无害成分被分离除去，或形成沉淀析出或生成气体逸出。电解能够一次去除多种污染物，例如在氰化镀铜污水经过电解处理时，CN^- 在阳极被氧化的同时，Cu^{2+} 在阴极被还原沉淀。若以铝或铁金属为阳极，通电后的电化学腐蚀作用，可使铝或铁以离子的形式溶解于水中，经过水解生成的氢氧化铝或氢氧化铁，可对废水中的胶体和悬浮物质起到吸附和凝聚的作用。而且在电解的过程中，在阴阳两极产生的氢气和氧气，都以微小的气泡逸出，在上升的过程中黏附在水中的微粒杂质或油类于表面，从而将其带到水面，起到电解气浮的作用。电解装置紧凑，占地面积小，节省投资，容易形成自动化。药剂用量少，废液量少。通过调节槽电压和电流，可以适应较大幅度的水量和水质的变化冲击。但电耗和可溶性的阳极材料消耗较大，副反应较多，电极易钝化。

3.6.4 膜分离法

膜分离法是利用特殊的薄膜对液体中的某些成分进行选择性透过的方法的总称。溶剂透过膜的为渗透，溶质透过膜的为渗析。

根据膜的种类、功能和过程推动力的不同，膜分离法可分为电渗析、反渗透、超滤、渗析和液膜。

3.6.4.1 电渗析

电渗析是在直流电场的作用下，利用阴阳离子交换膜对溶液中的阴阳离子选择性透过（阴膜允许阴离子透过，阳膜允许阳离子透过），从而使溶液中的溶质与水分离的一种物理化学过程。

3.6.4.2 反渗透

反渗透是在膜两侧的液体对膜的压力不等，当压力超过渗透压时，压力大的一侧的水就会流向压力小的一侧，直到压力平衡。实现反渗透的必备条件：一是必须具有高度选择性和高透水性的半透膜；二是操作压力必须高于溶液的渗透压。

良好的反渗透膜是实现反渗透技术的关键。好的反渗透膜必须有多种性能：选择性好，单位面积的透水量大，脱盐率高；机械强度好（抗压、抗拉）；耐磨、热稳定性和化学稳定性好，耐酸、碱的腐蚀和微生物的侵蚀，耐辐射和氧化；结构均匀一致，尽可能的薄；寿命长，成本低。

3.6.4.3 超滤

超滤和反渗透同样是靠压力和半透膜实现膜分离。两种方法的区别在于超滤受渗透压的影响较小，能在低压力条件下操作。超滤过程在本质上是一种筛滤过程，膜表面的孔隙大小是主要的控制因素，溶质能否被膜孔截留，取决于溶质粒子的大小、形状、柔韧性以及操作条件等，与膜的化学性质关系不大。

超滤在工业污水处理方面的应用很广，如用电泳涂漆污水、含油污水、纸浆污水、颜料和颜色污水、放射性污水等的处理及食品工业污水中蛋白质、淀粉的回收，国外早已大规模地运用于生产中。

3.6.4.4 渗析

是利用溶质的浓度差，溶质进行扩散，一般是低分子物质、离子透过膜，溶剂和分子量较大的被截留在膜外。

近年来，膜分离技术发展很快，在水和污水处理、化工、医疗、轻工、生化等领域得到大量的应用。

3.7 生物法处理废水

3.7.1 生物处理法的分类

根据废水生物处理中微生物对氧的要求，可把废水的生物处理方法分为好氧处理和厌氧处理两类；根据微生物的存在状态可以分为活性污泥法、生物膜法和自然处理技术。

3.7.1.1 好氧生物处理

好氧卫生处理是在向好氧微生物的容器或构筑物中不断供给氧气的条件下，利用好氧微生物分解废水中的污染物质的过程。一般是通过机械设备往曝气池中连续不断地充入空气，也可以用氧气发生设备来提供纯氧，使氧溶解于废水中，这种过程称为曝气。曝气的过程除了能够供氧外，还起到搅拌混合的作用，保持活性污泥在混合液中呈悬浮的状态，同时增加微生物与基质的碰撞概率，从而能够与水充分混合。

废水的水质不同，微生物的数量和种类也有很大的差异。如在进行生活污水的处理过程中，微生物的种类复杂多样，几乎所有的微生物群类都寻找得到。而在工业污水的处理中，微生物的种群比较的单纯，自然界中的微生物大多无法在其中生存。

因为好氧生物处理运行费费用主要为电耗，所以提高曝气过程中氧的利用率，增加单位电耗氧量一直是曝气设备和技术开发的重点。

好氧处理的主要方法有：活性污泥法、SBR、生物接触氧化法、生物转盘法、生物滤池、氧化沟、氧化塘等。好氧生物处理主要适用于COD在1500mg/L以下的废水处理。

3.7.1.2 厌氧生物处理

厌氧处理废水是在无氧的条件下进行的，是由厌氧微生物作用的结果。厌氧微生物在生命活动中不需要氧，有氧还会抑制和杀死这些微生物。这类微生物分为两大类，即发酵细菌和产甲烷菌。废水中的微生物在这些微生物的联合作用下，通过酸性阶段和产甲烷阶段，最终被转化为甲烷和二氧化碳气体，同时使废水得到净化，同时使水得到净化。

厌氧生物处理可直接接纳COD大于2000mg/L以上的废水，而这种高浓度废水若采用好氧生物处理法必须稀释几倍甚至几百倍，致使废水的处理费用很高。对食品工业、屠宰场、酒精工业等废水处理都适合用厌氧处理法。但厌氧处理后的废水的COD和BOD_5仍然很高，达不到污水排放的标准，所以实际操作中后续接好氧生物处理工艺就是常说的A/O法。

研究和实践表明，处理高浓度的有机废水，应先采用厌氧法处理，使废水中的COD和BOD_5大幅度降低，然后再用好氧法进行处理，可取得比较好的效果。特别是处理比较难降解、物质浓度高的有机废水，如制药、酒精、屠宰、化工、轻纺等高浓度水，因为厌氧微生物对某些有机物有特异的分解能力。

3.7.2 废水的生物处理的基本过程

大致可以分为四个连续的过程。

3.7.2.1 絮凝作用

在废水的处理中，细菌大多以絮凝体的形式存在。在废水进入反应池后，废水中的一种细菌会分泌出黏液性的物质，使细菌形成菌胶团。絮凝成活性污泥或黏附在一定的载体上形成生物膜，它们在废水的生物处理上具有重大的生态学意义。

3.7.2.2 吸附作用

微生物个体很小，菌团像胶体一样一般带有负电荷，而废水中的污染物颗粒常带有正电，所以他们间有很大的吸引作用。活性污泥对有机物颗粒、胶体有较强的吸附能力，对溶解性有机物的吸引力较小。对于悬浮固体和胶体含量较高的废水，吸附作用可以使水中的有机污染物约减少70％～80％。废水中的重金属离子也可以被吸附而除去。

吸附是一个物理过程，吸附速度在开始的时候最大，随着时间的推移，就会越来越小。在达到极限后，吸附作用就基本结束。在正常条件下，吸附的完成大约需要20～40d的过程。在完成吸附后，即可通过固液分离的方法，将污染物从水中清除出去。

3.7.2.3 氧化作用

氧化作用是发生在微生物体内的一种生物化学的过程。被活性污泥和生物膜吸附的大分子有机物，在微生物胞外酶的作用下，水解为可溶性的小分子有机物，然后透过细胞膜进入微生物细胞内。经过微生物的新陈代谢及一系列的生化反应，微生物产生能量并合成细胞物质，随着微生物不断地繁殖，有机物不断地被氧化分解。

3.7.2.4 沉淀作用

废水中的有机物在活性污泥或生物膜的氧化分解作用下无机化后，处理后的废水必须经过泥水，才能排至自然水体中。若泥水不经分离或分离的效果不好，由于活性污泥本身是有机体，进入自然水体后会造成二次污染。

3.8 废水处理的新技术及发展趋势

工业污水处理，要朝着以下几个方面进行不懈的努力。

(1) 加强污染源的控制，开展综合利用和物料回收技术，减少污染物的排放量。

各工业部门和乡镇企业在积极推进技术改造和设备更新的同时，应尽力发展无害少废工艺，使一种企业的废物作为另一企业的原料。这样就能提高资源的利用率，把污染减少并消除在生产过程中。从原料开始改革工艺路线，完善生产管理，严格控制物料流失，开展综合利用，加强回收。例如钢铁联合企业的烧结厂污水中的铁矿粉和焦炭，炼铁厂煤气洗涤污水中的矿粉和焦炭，轧钢废水中的氧化铁皮，炼钢污水中的氧化铁皮，炼钢厂烟气洗涤污水中的氧化铁，均可回收利用，这样的做法既减轻环境污染，又变废为宝，增加社会财富。总之，控制污染源，开展综合利用，是治理工业污水的治本之策，是我们必须长期为之奋斗的目标。

(2) 对重点污染源采取有效措施，以减轻地表和地下潜在的污染危害，从而带动区域性污水治理的开展。

(3) 在一定条件下，对单一企业或邻近地区的工业污水进行适当的独立或联合预处理，再与城市的生活污水进行合并处理。

工业污水与城市污水相合并处理，具有投资省、占地小、便于管理、治理效率高等优点。但工业污水一般会含有一些有毒、有害物质，用生物处理的方法可能难于降解，还有可能含有极少生物生长所需的营养物 N 和 P，从而使处理方法失效。若是因此而采用分散处理的方式，则凡有排污的企业需分别设置处理设施，势必会出现小而分散的局面、增加投资成本，因此，对工业企业所排出的污水，若是超过排污标准，只需要进行适当的预处理，若是符合下水道接纳水质，即可排入，由城市污水处理厂进行集中处理。而城市污水处理厂则根据工业企业的排出污水性质和数量，向工业企业征收处理费用，这样就能促进城市污水的处理，并取得较大的环境效益、经济效益和社会效益。举例：兰州化学公司投资修建大型区域污水处理厂，以处理该公司的污水，此外，还接纳处理西部地区 20 余家企业的工业污水和城市污水，变原来的一级处理为二级生化处理，处理量由日处理 1 万 t 扩大到 5 万 t，充分发挥了雄厚的管理技术力量，节省了市政建设和维修运行费用。

(4) 发展循环用水、一水多用和污水回用等技术，提高工业用水的重复利用率。

当前，工业需水量的增长很快，节约工业用水既可保证工业的发展，又可大量减少污染物向水体排放。冷却水或其他的工艺用水大部分可在排放前循环使用多次，热电厂采用冷却塔供水冷却后循环使用，比一次性直流冷却的方法要节约很大的用水。另外，充分利用废料生产也是一条减少工业用水和污水排出的途径。例如用废料炼铝比用铝矿炼铝要减少约 90％的污水排放量；

回收 1t 废纸可得纸浆 0.8t，既节约了木材、化工原料和电力，还可以减少水耗约 500t。我国工业生产的单位产品耗水量一般较高，节水和减少污水的排放量有很大的潜力。

(5) 重视工业污水的综合治理技术，积极开发或采用有效的治理工艺，提高净化效率。

对于通过技术改造和综合利用一时还不能做到完全彻底，对于仍需排放的污水，要开发或选择技术可行、经济合理、效果显著的净化工艺措施，加以必要的处理，达到排放、水体或循环回用的水质标准。

总之，对工业用水进行有效的治理，是水环境污染防治工作的重要方面，对此，我们要付出大量的工作和不懈的努力。

4 矿山废水及其防治

4.1 矿山废水的污染

矿山开采包括采矿、选矿两项工艺。在矿山开采过程中，会产生大量的矿山废水，其中包括矿坑水、废石场淋滤水、选矿废水以及尾矿池废水等。此外，废弃矿井排水亦是矿山废水的一种。据不完全统计，全国矿山废水每年的总排放量约为 3.6×10^8t，占全国废水总排量的 1.3%。

采矿工业中最主要和影响最大的液体废物来源于矿山酸性废水。无论什么类型矿山，只要赋存在透水岩层并穿越地下水位或水体，或只要有地表水流入矿坑且在矿体或围岩中有硫化物（特别是黄铁矿）存在，都会产生矿山酸性废水。

选矿工业遇到的主要液体处理问题就是从尾矿池排出的废水。该排出水中含有一些悬浮固体，有时候还会有低浓度的氧化物和其他溶解离子。氧化物是由各种不同矿物进行浮选和沉淀时所用药剂带来的。选矿厂排出的废水量很大，约占矿山废水总量的 1/3。

矿山废水由于排放量大，持续性强，而且其中含有大量的重金属离子、酸、碱、悬浮物和各种选矿药剂，甚至含有放射性物质等，对环境的污染十分严重。控制矿山废水污染的基本途径有：(1) 改革工艺，消除或减少污染物的产生；(2) 实现循环用水和串级用水；(3) 净化废水并回用。

4.1.1 采矿工艺与废水来源

采矿工艺是矿物资源工业的首道工艺，包括露天开采工艺及坑内矿山采掘工艺两种方法。虽然我国近年来引进了国外的先进采矿技术装备，但矿山建设和采矿生产仍然是有色金属工艺的一个薄弱环节。目前，我国有色金属的冶炼能力大于开采能力30%以上。

采矿废水按其来源可以分为矿坑水、废石堆场排水和废弃矿井排水，矿坑水的来源可分为地下水、采矿工艺废水和地表进水。矿坑水的性质和成分与矿床的种类、矿区地质构造、水文地质等因素密切相关。矿坑水中常见的离子有 Cl^-、SO_4^{2-}、HCO_3^-、Na^+、K^+、Ca^{2+}、Mg^{2+} 等数种；微量元素有钛、砷、镍、铍、镉、铁、铜、钼、银、锡、碲、锰、铋等。可见，矿坑水是含有多种污染物质的废水，其被污染的程度和污染物种类对不同类型的矿山是不同的。矿坑水污染可分为矿物污染、有机物污染及细菌污染，在某些矿山中还存在放射性物质污染和热污染。矿物污染有泥沙颗粒、矿物杂质、粉尘、溶解盐、酸和碱等。有机污染物有煤炭颗粒、油脂、生物代谢产物、木材及其他物质氧化分解产物。矿坑水不溶性杂质主要为大于 100μm 的粗颗粒以及粒径在 100～0.1μm 和 0.1～0.001μm 的固体悬浮物和胶体悬浮物。矿井水的细菌污染主要是霉菌、肠菌等微生物污染。

采矿废水按治理工艺可分为两类：一是采矿工艺废水；二是矿山酸性废水。前者主要是设备冷却水，如矿山空压机冷却水等。这种废水基本无污染，冷却后可以回用于生产。另一种工艺废水是凿岩除尘等废水，其主要污染物是悬浮物，经沉淀后可回用。而矿山酸性废水具有如下特点：(1)含多种金属离子，pH 值多在 2.5～4.5；(2)废水量大，水流时间长；(3)排水点分散，水质及水量波动大。可见，矿山酸性废水是采矿废水中主要的治理对象。其生成原理如下。矿山废水通常是因氧(空气中的氧)、水和硫化物(MeS)发生化学反应生成的，微生物也可能发挥一定的作用：

$$2MeS_2 + 2H_2O + 7O_2 \longrightarrow 2MeSO_4 + 2H_2SO_4$$

$$4MeSO_2 + 2H_2SO_4 + 5O_2 \longrightarrow 2Me_2(SO_4)_3 + 2H_2O$$

$$Me_2(SO_4)_3+6H_2O \longrightarrow 2Me(OH)_3+3H_2SO_4$$

矿山酸性废水能使矿石、废石和尾矿中的重金属溶出而转移到水，造成水体的重金属污染。矿山酸性废水可能含有各种各样的离子，其中可能包括 Al^{3+}、Mn^{2+}、Zn^{2+}、Cd^{2+}、Pb^{2+} 等。此外，这些废水中还含有悬浮物和矿物油等有机物。表 4-1 是某矿山酸性废水的水质指标。

表 4-1 某矿山酸性废水的水质指标 mg/L

项目	平均值	最小值	最大值	排放标准	项目	平均值	最小值	最大值	排放标准
pH①	2.87	2	3	6～9	Cr	0.21	0.11	0.29	0.5
Cu	5.52	2.3	9.07	1.0	SS	32.3	14.5	50	200
Pb	2.18	0.39	6.58	1.0	SO_4^{2-}	43.40	2050	5250	
Zn	84.15	27.95	147	4.0	Fe^{2+}	93	33	240	
Cd	0.74	0.38	1.05	0.1	Fe^{3+}	679.2	328.5	1280	
S	0.73	0.2	2.65	0.5					

① pH 项无单位。

4.1.2 选矿工艺及废水来源

选矿是矿物资源、工业的第二道工艺，通过选矿可以将有价金属含量低、多金属共生的矿石中的有价金属富集起来，并彼此分开，加工成相应的精矿，以利于后序的冶炼工艺的高效率及金属产品的高质量。选矿生产包括洗矿、破碎和选矿三道工序。常用的选矿方法有重选法、磁选法和浮选法。

选矿废水包括四种：洗矿废水、破碎系统废水、选矿废水和冲洗废水。表 4-2 列出了选矿工业各工段废水的特点。

表 4-2 选矿工业各工段废水的特点一览表

选矿工段	废 水 特 点
洗矿废水	含有大量泥沙矿石颗粒，当 pH 值<7 时，还含有金属离子

续表 4-2

选矿工段		废 水 特 点
破碎系统废水		主要含有矿石颗粒，可回收
选矿废水	重选和磁选	主要含有悬浮物，澄清后基本可全部回用
	浮 选	主要来源于尾矿，也有来源于精矿浓密溢流水及精矿滤液，该废水主要含有浮选药剂
冲洗废水		包括药剂制备车间和选矿车间的地面、设备冲洗水，含有浮选药剂和少量矿物颗粒

选矿废水的特点：（1）水量大，约占整个矿山废水量的34%～79%；（2）废水中的SS主要是泥沙和尾矿粉，含量高达几千至几万mg/L，悬浮物粒度极细，呈细分散的胶态，不易自然沉降；（3）污染物种类多，危害大。选矿废水中含有各种选矿药剂（如氢化物、黑药、黄药、煤油等）、一定量的金属离子及氟、砷等污染物，若不经处理排入水体，危害很大。如采用浮选、重选法处理1t原铜矿石，其废水排放量为27～30m^3。一般选矿用水量为矿石处理量的4～5倍。大量含有泥沙和尾矿粉的选矿废水可使整条河流变色。选矿剂是选矿废水中另一重要的污染物。表4-3是某矿山选矿废水的水质指标。

表 4-3　某矿山选矿废水的水质指标　　mg/L

项 目	浓 度	项 目	浓 度
SS	105.6～5396.00	Cr^{6+}	0～0.0098
Cu	0.167～28.60	Cd	0.028～0.004
S	0.003～1.239	As	0.0014～0.096
Pb	0.0184～0.813	CN^-	0.0004～0.096
Zn	0.008～0.858		

注：pH值为2。

4.2 矿山废水污染的控制办法

4.2.1 采矿工艺与清洁生产

采矿工业应注重工艺革新，提倡清洁生产，以减少污水量的产生，并减少污染物的排放量。具体措施如下。

(1) 更新设备，加强管理，减少整个采矿系统的排污量。选择适当的矿床开采方法，控制水蚀及渗透，控制废水量，平整矿区及植被，减少水土流失。如：采用疏干地下水的作业，就可减少井下酸性废水的排放量；做好废石堆场的管理工作，避免地表水浸泡、淋雨等，以减少其排水量；对废弃矿井也要做好管理工作，应截断地下径流及地表水渗滤，避免废弃矿井长时间污染附近水域。

(2) 化害为利，变废为宝。开展系统内有价金属的回收工作，这既可以减少污染物的排放量，同时又降低了废水的污染程度。比如矿山废水中含有大量的砷、铬、汞等物质本身就是重要的工业原料，如能正确回收利用，则会收到非常好的经济效益和环境效益。

(3) 加强整个系统各个污水排放口的监测工作，做到分质供水，一水多用，提高系统水的复用率和循环率；同时也可以利用废弃矿井等作为矿山废水的处理场所，达到因地制宜、以废治废的目的。

4.2.2 选矿工艺与清洁生产

选矿工业在清洁生产方面，应做到：尽量采用无毒或低毒选矿药剂替代剧毒药剂（如含氰的选矿剂等），避免产生含毒性的难治理；采用回水选矿技术，使选矿系统形成密闭循环体系，达到零排放；加强内部管理，做到分质供水，一水多用，提高系统水的复用率和循环率。

如永平铜矿，将铜硫混合浮选、混合精矿进行铜硫分选的选矿工艺改进为优先选铜、选铜尾矿选硫的工艺，并根据选矿工艺过程各工段废水水质的差异进行废水回用，保障了在缺水期生产的顺利进行，同时又降低了中和剂石灰的用量（约降低 22%）。其具体措施为：利用铜精矿和硫精矿浓密机回水中重金属离子含量少、pH 值高的特点，在生产中单独将部分浓密机溢流水用作铜粗选作业，以补充石灰用作浮选作业中矿浆 pH 值调整剂。当浓密机溢流水添加量为磨矿机补加水总用水量的 15%～20%时，既节约了石灰用量及新鲜水的用量，又对铜硫选矿指标毫无影响。

4.2.3 采选工艺与清洁生产

有许多有色金属矿山往往是采选并举，这时应充分利用采选废水水质的差异进行清污分流、回水利用，达到消除污染、综合治理、保护环境的目的。

如辽宁省红透山铜矿采选废水的综合治理，其具体措施为：清污分流，硫精矿溢流水返回利用；在硫精矿溢流水分流后，矿区混合废水由矿口外排水、生活废水、自然水组成，将这部分废水截流沉淀后用于选矿生产。该措施省能耗、节约新鲜水，回水利用率达 65%。

4.3 矿山用水的管理和监测

4.3.1 水质分析内容和项目

水质分析的内容包括物理学和微生物（包括生物）分析。水质分析的项目总共有数百种，其中具有基本意义的项目约为一百余种，日常进行分析的项目有 10 种左右。应根据目的和要求、水质状况、分析与测定条件等选择具体的分析项目，不同的工业废水，其主要分析项目是不同的，但是，它们都应首先考虑水中主要杂质成分的测定项目。

4.3.2 矿山废水的采样方法

4.3.2.1 采样点的选择

采样要具有代表性，因此采样点的选择和布置十分重要。一般应根据矿区水源的具体情况和污水成分及其含量，慎重考虑和布置采样点。如应在河流的不同区段（清洁区段、污染区段及净化区段）选择布置采样点，并将采样点分为基本点、污染点、对照点和净化点。基本点设在河流的清洁区段，即其入口或矿区以外的下游河段；污染点设在河流污染特定区段，以控制和掌握矿区造成的污染程度；对照点设在河流的发源地或是矿区的上游区段，以便和污染点进行对比；净化点设在矿区的下游区段，以检查水体自净作用。

同时，还需考虑河面的宽度和深度，河流水质采样点可根据污染状况、河流的流量、河床宽窄等条件采用单点布设法、断面布设法、三点布设法、多断面布设法等具体布置方法。除河流布点外，在矿区内还应布置如图 4-1 所示的采样监测点。

矿区内采样点的选择亦应具有代表性。凡是矿山生产可能影响到的水体，都要布点采样监测。为了使生产用水合乎标准，就

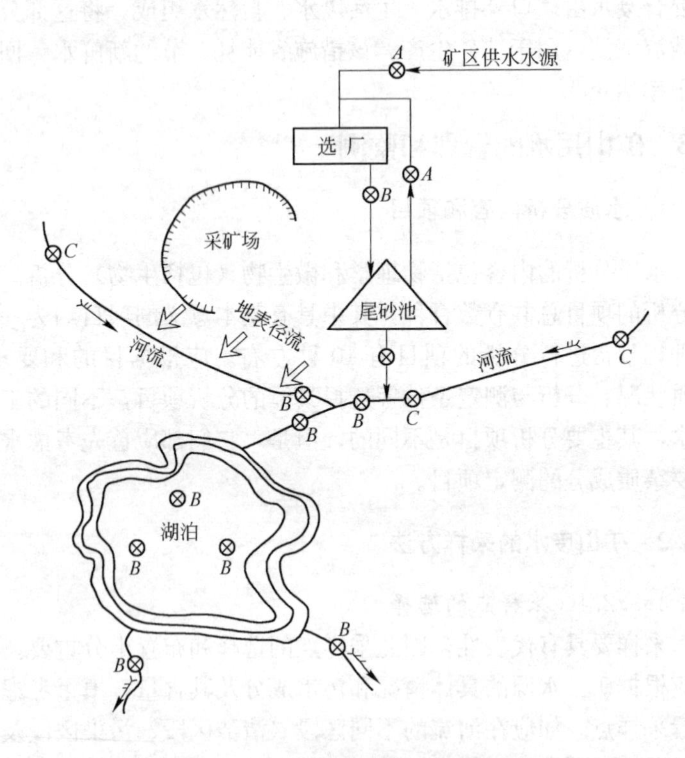

图 4-1 矿山水体采样点布置示意图

应设置生产用水监测点，如图 4-1 中的 A 点；为了检查废水排放的污染程度，应设置废水排放控制点，如图 4-1 中的 B 点，为了检查与对比水源的污染程度，还应设置水源监测点，如图 4-1 中的 C 点所示。为了调查地下水源的污染情况，还应对地下水源布点监测。一般情况下，可围绕污染源，取不同的井下水作为分析水样。

4.3.2.2 采样方法

A 地表水体采样

地表水体采样，凡是可以直接吸水的场合，可直接把采样瓶置于水中，或者以适当的容器吸水。若从桥上采样时，可将系着绳子的采样瓶投入水中取样。

表层水采样，最好取水面以下 10～15cm 的水。若需采集一定深度的水样，则将采样瓶投放到相应深度进行采样。流速大的河流中采样，需要用长钢管代替悬吊采样器的绳索。

B 矿山废水采样

在采样前应首先了解生产废水的工艺过程，掌握水质、水量的变化规律。然后再根据实际情况和分析目的，采用不同的采样方法，分别采集平均水样、平均比例水样及高峰排放水量等。若废水排放流量不稳定，则要采集一昼夜的平均比例水样，若废水的生产和排放是间断性的，采样时间和次数就必须与其排放的特点相适应，并注意所采水样必须具有代表性。水样采集的数量根据分析项目而定。一般取 3L。水样采集后应尽快进行分析，有些项目如温度、pH 值、透明度等在采样现场测定，其他分析项目也应尽快分析，有些项目如果不能很快进行应采取适当的水样稳定方法进行水样保存。

4.3.3 矿山废水的测定方法

4.3.3.1 废水流量的测定方法

（1）估算法。利用水泵运行持续时间和额定流量估算废水流量，这是工业企业目前最常用的方法，但数据有波动，误差很大，泵体的新旧、维护操作技术的高低均会影响流量值的大小。

（2）容量测定法。用于小流量和间歇性排放的情况，利用容器和秒表记时换算流量。

（3）水表计量法。工业上所用的水表有浮子流量计、磁力流量计等。

（4）推算法。通过测定沿程两个固定点间一个漂浮物的漂流时间，计算流速来求流量的方法。这种方法适用于非满流排水管。测出水流深度后，可得到断面积，从直接测定出的表面流速估算出断面的平均流速，如果是层流，平均流速约为0.8倍的表面流速。

（5）流量堰计量法。有矩形堰测定法、帕歇尔水槽测定法两种。采用这种方法时，在明渠或满流排水段设流量堰。由于流量堰计量法具有测定准确、便于维护等特点，因此在流量测定方法中，最适合于矿山废水处理系统。

4.3.3.2 悬浮物的测定

A 沉淀物含水率测定

沉淀物含水的多少，以其水的重量与沉淀物总重量之比值来表示，称为含水率。测量沉淀物含水率的方法如下：

取一部分经充分搅拌的沉淀物，精确称量后放入烘箱中，在105℃一直烘至恒重为止再称重。按下式计算含水率：

$$P=\frac{a-b}{a-c}\times 100\%$$

式中 P——沉淀物的含水率，%；

a——未烘干时沉淀物和器皿总重量，g；

b——干燥后沉淀物和器皿总重量，g；

c——器皿重量，g。

B 污泥中的有机物质和无机物质含量的测定

首先，将污泥放在烘干箱中以105℃的温度烘至恒重，称重后得出污泥的固体物质（包括无机和有机物质）的总重量。然后，将烘干的污泥在600℃的高温下烧灼，将其中的有机成分烧掉，再进行称量，剩下的无机物重量与固体物质在烧灼前的重量之比值称为污泥灰分，以百分数表示。

C 矿山废水的 pH 值测定

对于矿山废水来讲，pH 值既是一项污染指标，又是净化中需要控制的指标。矿山废水的 pH 值差别极大，呈强酸性及强碱性的废水很多。pH 值对废水的净化效果有直接影响，这是因为中和反应、化学混凝等过程均受 pH 值的制约。水的 pH 值由于其所溶解的 CO_2 数量的变化而经常改变，因此采回水样后应立即进行测定分析。测定水的 pH 值方法主要有试纸法、比色法和电位法。

试纸法：使用时取试纸一条，浸入待测水样中，半秒钟取出与试纸上的标准色板比较，即得出 pH 值的大小。此法极为方便，但误差大，且不适用于色度高的溶液，只供粗略测定使用。

比色法：把待测溶液与指示剂所生成的颜色和由已知 pH 值的溶液与指示剂组成的标准色阶进行比较，当它们的颜色和标准色阶中某一溶液的颜色一致时，则表示它们的 pH 值相同。比色法也不需要仪器，简单易行，但该法也是一种粗略近似的测定方法。

电位法亦称玻璃电极法，主要是以玻璃电极作指示电极、甘汞电极作参比电极组成一个电池，在 25℃时，溶液中每一个 pH 单位，电位差变化为 59.1mV。也就是说，电位差每改变 59.1mV，溶液中的 pH 值就相应地改变一个 pH 单位。而电池中两电极的电位差即为电池电位：

$$E_{电池} = E_{甘} - 0.0591\lg\alpha_{H^+} = E_{甘} + 0.0591\text{pH}$$

所以

$$\text{pH} = \frac{E_{电池} - E_{甘}}{0.0591}$$

式中 $E_{甘}$——参比电极的电位，为常数，mV；

$E_{电池}$——电池的两电极的电位差，mV。

pH 计就是利用上式测得的 $E_{电池}$ 换算成 pH 值的。这就是玻璃电极测定水中 pH 值的原理。

玻璃电极基本上不受含盐量的影响，也与溶液的颜色、浊度以及所含的胶体物质、氧化剂和还原剂无关。但是，当pH值大于10时，因有大量钠离子存在，产生较大的误差。因此，在测定碱性废水前，一般采用标准缓冲液对酸度计校正后，再进行测定。

D 矿山废水中无机成分的测定

a 重金属离子的测定

重金属含量的测定方法有化学测定和原子吸收分光光度仪测定，目前多采用后者。

b 硫化物的测定

(1) 碘量法。碘量法测定硫化物的原理是，硫化物与醋酸锌作用生成白色硫化锌沉淀。

将此沉淀在酸性介质中与碘液作用，然后用硫代硫酸钠标准溶液滴定过量的碘液。即发生如下反应：

$$Zn^{2+}+S^{2-} \longrightarrow ZnS\downarrow \text{（白色）}$$

$$ZnS+I_2 \longrightarrow ZnI_2+S$$

$$I_2+2Na_2S_2O_3 \longrightarrow 2NaI+Na_2S_4O_6$$

(2) 比色法。用对氨基二甲基苯胺比色法测定，其原理是，胺离子与对氨基二甲基苯在高铁离子的酸性溶液中，生成亚甲基蓝，其蓝色深度与水中硫离子含量成正比关系。根据蓝色深浅进行比色定量分析。

c 氯化物的测定

采用硝酸银容量法。也可采用氯化银比浊法或氯离子电极法。

d 氰化物的测定

(1) 硝酸银容量法。在碱性溶液中，以试银灵为指示剂，用硝酸银溶液进行滴定，形成银硝络合物，当达到终点时，多余的银离子与指示剂生成橙色络合物。其化学反应式为：

$$Ag^{+}+2CN^{-} \longrightarrow [Ag(CN)_2^{-}]$$

(2) 比色法。用吡啶盐酸联苯胺比色法。在酸性溶液中，溴水使氰化物变成溴化物，以硫酸肼除去多余的溴，加入吡啶盐酸联苯胺试剂，生成橘红色的烯烃衍生物，所显颜色深浅与氰化物含量成正比。

E 矿山废水有机物成分的测定

有机物指标主要采取综合指标测定，主要指标有溶解氧(DO)、化学需氧量 COD、生化需氧量 BOD、总有机碳 TOC 等。

4.4 矿山废水的处理技术

矿山废水是矿山工业生产的主要污染源之一，未经处理或处理不当的矿山废水若排入江河、农田、水库或渗透进入地下水系，会对生态环境造成严重破坏。

矿山废水主要来源于天然降水、地表径流水对矿石和尾矿的冲刷、淋溶废水、生产用水（如湿式凿岩、喷洒水等）、矿井渗漏水、回采积水、选矿废水等。矿山废水通常含有大量悬浮物，其中的污染物质包括重金属（铅、铬、汞、砷、镉、硒、锌）、无机化合物（如硫化物、氰化物、氟化物、酸、碱）、油类、病原微生物和放射性污染物等。

矿山废水水量和所含污染物质的种类等随矿山特点、地理环境、气候、地质、矿物组成以及开采、选冶工艺等不同而存在很大差异。矿山废水不仅废水排放量大，而且污染严重。选矿厂每处理 1t 原矿需要耗水 4.87～32.87t 水，一般为 10～17t 水以上。如浮选一重选厂通常每处理 1t 矿石需要耗水 27～30t 水，矿山废水重金属浓度也可高达每升数百甚至数千毫克以上。据统计，我国各类矿山废水的排放量约占全国工业排放量的 10%左右。由于矿山废水排放量大，持续性强，而且其中含有大量的污染物，个别矿山废水中甚至还含有放射性物质等。因此，矿山废水在外排过程中，如果不加以处理，随意排放，将会严重污染地表水和地下水，甚至对其周边生态环境产生毁灭性的后果。

根据冶金矿山废水的酸碱性，把矿山废水分为酸性废水和碱性废水两个部分。酸性废水主要包括矿坑水、废石场淋滤水和尾矿坝废水，其成分随矿物种类及开采方法而异，称矿山酸性废水。碱性废水主要是选矿过程中产生的废水，称选矿废水，选矿废水中含有大量的悬浮物、药剂和重金属离子等。下面分别介绍这两种废水的处理技术。

4.4.1　矿山酸性废水的处理

为消除矿山酸性废水的危害，综合回收有价金属，保护生态环境，使水资源得到充分利用，科技工作者对矿山酸性废水的处理进行了大量的研究。目前，矿山酸性废水的处理方法主要有中和法、硫化法、置换中和法、沉淀浮选法、萃取电积法、生化法和联合处理法等。

4.4.1.1　中和法

A　中和法处理原理

矿山酸性废水的特点是水量、水质变化大。要合理确定矿山酸性废水的处理规模并使被处理水的水质波动不要过大，往往需要设调节水池和调节水库，先把水收集起来，再进行处理。矿山酸性废水是呈硫酸型的废水，一般 pH 值为 1.5～6，这样低的硫酸含量显然没有回收价值，因此中和处理法是处理矿山酸性废水的主要方法。其基本原理是向酸性污水中投入中和剂，使重金属离子与氢氧根离子反应，生产难溶于水的氢氧化物沉淀，使水净化，最后使污水达到排放标准。

用该法处理时，应知道各种重金属形成氢氧化物沉淀的最佳 pH 值及处理后溶液中剩余的重金属浓度。

设 M^{n+} 为重金属离子，若想降低污水中的 M^{n+} 浓度，只要提高 pH 值，增加污水中的 OH^- 即能达到目的。pH 值增加多少可用下式进行计算：

$$\lg[M^{n+}]=\lg K_{sp}-n\lg K_W-n\text{pH}$$

式中　$[M^{n+}]$——表示重金属离子的浓度；

K_{sp}——表示金属氢氧化物浓度积；

K_W——表示水的离子常数。

若以 pM 表示 $-\lg[M^{n+}]$，则上式变为：$pM = npH + pK_{sp} - 14n$

从公式可知，水中残存的重金属离子浓度随 pH 值增加而减少。对某金属氢氧化物而言，K_{sp}是常数，K_W也是常数，所以上式为一直线方程式。

根据上述化学平衡式和各种氢氧化物浓度积 K_{sp}，可以导出不同 pH 值条件下污水中各种重金属离子浓度(见表 4-4)。

表 4-4 单一金属离子溶液中重金属含量达标要求 pH 值

金属离子	排放标准/mg · L^{-1}	要求 pH 值	金属离子	排放标准/mg · L^{-1}	要求 pH 值
Cu^{2+}	1.0	9.01	Zn^{2+}	5.0	7.89
Pb^{2+}	1.0	9.47	Cd^{2+}	0.1	10.18

显然，不同种类的重金属完全沉淀的 pH 值彼此有明显的差别，据此可以分别处理与回收各种金属。但对锌、铅、铬、锡、铝等两性金属，pH 值过高时会形成络合物而使沉淀物发生返溶现象。如 Zn^{2+} 在 pH 值为 9 时几乎全部沉淀，但 pH 值大于 11 时则生产可溶性 $Zn(OH)_4{}^{2-}$ 络合离子或锌酸根离子$(ZnO_2)^{2-}$。因此，要严格控制和保持最佳的 pH 值。

B 中和法处理工艺流程

中和沉淀反应可采用一次沉淀反应和晶种循环反应。前者是单纯的中和沉淀法，后者是向系统中投加良好的沉淀晶种(回流污泥)，促使形成良好的结晶沉淀。其处理流程如图 4-2 所示。

图 4-2(a)是将重金属污水引入反应槽中，加入中和沉淀剂，混合搅拌使其反应，再添加必要的凝聚剂使其形成较大的絮凝，随后流入沉淀池，进行固液分离。这种处理方法由于未提供沉淀晶种，形成的沉淀物常为微晶结核，故污泥沉降速度慢，且含水率高。

图 4-2 (b) 是晶种循环处理法，其特点是除投加中和沉淀剂外，还从沉淀池回流适当的沉淀污泥，而后混合搅拌反应，经沉淀池浓缩形成污泥后，其中一部分再次返回反应槽。此法处理生产的沉淀污泥晶粒大，沉淀快，含水率低，出水效果好。

图 4-2（c）是碱化处理晶种循环反应法。即在主反应槽之前设一个沉淀物碱化处理反应槽，定时向其中投加碱性药剂进行反应，生成的泥浆是一种碱化剂，它在反应槽内与重金属污水混合反应，而后导入沉淀池进行固液分离，将沉淀浓缩的污泥一部分再返回碱化处理反应槽内。近年来，日本用这种方法处理含 Cu^{2+} 污水或含 Zn^{2+} 污水，回收沉淀物分别是黑褐色的 CuO、ZnO 或 $Zn(OH)_2$。而用一般反应方法，则往往反应形成无定形氢氧化物。

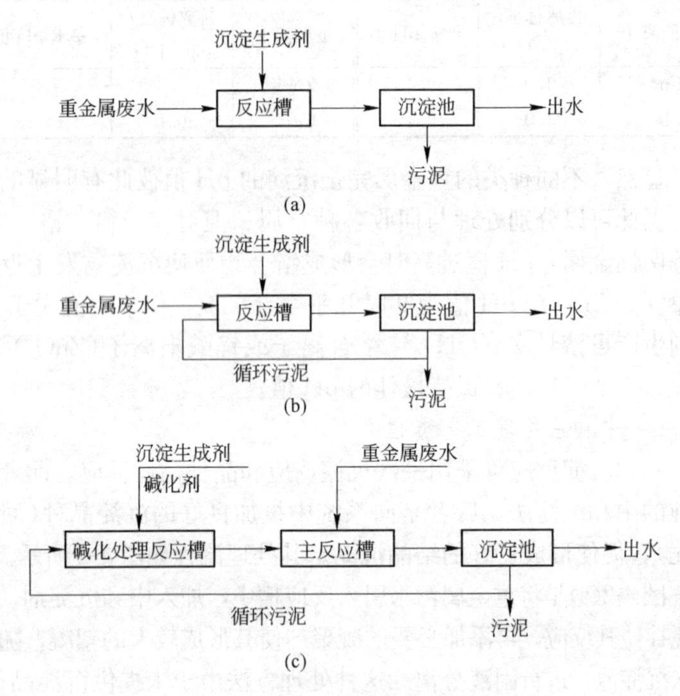

图 4-2　重金属污水中和沉淀处理流程

工业上用的中和剂有石灰石、石灰、苛性钠、苏打、工业灰飞和氧化亚铁等。由于石灰具有来源广泛、操作简单的优点，成为常用的中和剂。石灰石与石灰相比较，中和时产生的泥渣体积小、占地面积小，含水量较低，易于脱水，能产生高浓度污泥，但中和反应速度没有石灰快。苏打和苛性钠虽然中和反应快，效果好，但由于价格昂贵，一般不予采用。

根据使用的中和剂的不同，中和法又可分为石灰乳中和法和二段中和法。石灰乳中和法即只选用石灰乳做中和剂，根据需要对酸性污水进行处理，可采用一段中和流程或多段中和流程。二段中和法是先使用石灰石中和到 pH 值为 5～6，然后添加石灰中和到所期望的 pH 值。这种联合方法产生的污泥体积略高于单独使用石灰石，但污泥浓度约为单独使用石灰的 5 倍。二段中和沉淀处理工艺的流程见图 4-3。

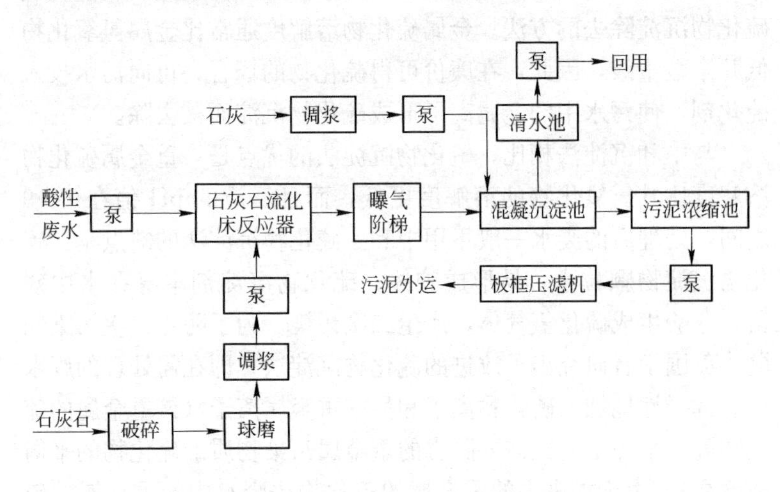

图 4-3 二段中和沉淀处理工艺流程

酸性污水用泵打入石灰石流化床反应器，与石灰石进行一段中和反应，使其 pH 值达到 5～6 左右，经曝气阶梯脱除 CO_2 气体，使 pH 值进一步提高，进入混凝沉降池。加入石灰乳使污水的 pH 值达到 7.5 左右，进一步除去重金属离子，使水质达到回用标准。混凝池溢流进入清水池，通过清水泵送至各用水点。石灰石原矿经破碎至 10～40mm，进入球磨机磨碎，经调浆后，用泵送至石灰石流化床反应器。流化床反应器中部分细料流失到混凝沉淀池，经沉淀分离浓缩后，通过污泥泵再返回流化床反应器，继续用作中和原料，多余部分送至板框压滤机脱水后外运。根据水质情况对流化床反应器进行倒床排渣，渣排入沉渣池。最终产生的中和渣及污泥由于主要含有 $CaSO_4$ 及 $CaCO_3$，可以作为水泥的原料。由于石灰石比石灰的价格要低得多，所以采用二段中和流程不仅可以解决中和渣的处置问题，还可以降低处理成本。

4.4.1.2　硫化物沉淀法

A　硫化物沉淀法处理原理

硫化物沉淀法指加入硫化物沉淀剂使废水中重金属离子生成硫化物沉淀除去的方法。金属硫化物溶解度通常比金属氢氧化物低几个数量级，因此，在廉价可得硫化物的场合，可向污水投入硫化剂，使污水中的金属离子形成硫化物沉淀而被去除。

与中和沉淀法相比，硫化物沉淀法的优点是：重金属硫化物溶解度比其氢氧化物的溶解度更低，而且反应的 pH 值在 7～9 之间，处理后的废水一般不用中和。硫化物沉淀法的缺点是：硫化物沉淀物颗粒小，易形成胶体；硫化物沉淀剂本身在水中残留，遇酸生成硫化氢气体，产生二次污染。为了防止二次污染问题，英国学者研究出了改进的硫化物沉淀法，即在需处理的废水中有选择性地加入硫化物离子和另一重金属离子（该重金属的硫化物离子平衡浓度比需要除去的重金属污染物质的硫化物的平衡浓度高）。由于加进去的重金属的硫化物比废水中的重金属的硫化物更易溶解，这样废水中原有的重金属离子就比添加进去的重金属离子先分离出来，同时防止有害气体硫化氢生成和硫化物离子残留问题。

沸石公司曾提出 Sulphex 方法，这种方法是在不生成硫化氢的情况下使用硫化铁沉淀重金属。需添加浆状沉淀剂，在 pH 值为 8～9 的情况下进行。日本电子公司用硫化铁去除重金属，污水与铁盐混合后，加碱并在空气中氧化，产生铁氧体沉淀物，通过过滤器或磁场去除沉淀物。在 pH 值为 6.5～7.5 条件下，采用硫化铁沉淀法可有效去除水中的砷。然而，如果这些硫化物沉积污泥不在水下封存或排除氧化条件，其可能再氧化生成硫酸，使 pH 值降低，金属溶解，重新造成环境问题。如果能销售金属硫化物，采用硫化物沉淀是有经济效益的。如果把硫化物排至尾矿库，日后风化和氧化可导致硫酸生成和金属溶解，造成环境污染。因此，采用硫化沉淀法要进行综合考虑。

B 硫化法处理流程

如某铜矿矿山污水主要来源于采矿场，污水水质列于表4-5。

表 4-5 处理前污水的水质指标 mg/L

项目	Fe	Zn	Cu	SO_4^{2-}
浓度	720	23	50	2148.5

注：pH 值为 2.6。

由污水水质可以看出，污水中含有 SO_4^{2-}、Fe、Cu 离子较高，适合用硫化法处理，处理工艺流程如图 4-4 所示。

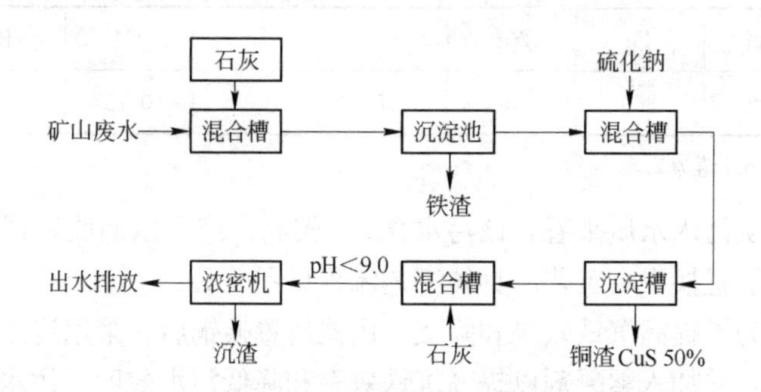

图 4-4 硫化法处理污水的工艺流程图

首先，加入石灰调整 pH 值为 4.0，使 Fe^{3+} 沉淀，由于污水中 Fe^{3+} 居优，所以未设 $Fe^{2+} \rightarrow Fe^{3+}$ 的氧化过程；然后，把溶液投入污水中，使铜呈 CuS 沉淀，铜渣品位高，可回收；最后加入石灰提高 pH 值，使沉铜后的溢流酸度下降，以达到排放标准。从处理后的水质指标看，污水处理工艺是成功的，处理后具体的水质指标见表 4-6。

表 4-6 处理后污水的水质指标 mg/L

项目	Fe	Zn	Cu	SO_4^{2-}
浓度	6.00	痕量	痕量	809.3

注：pH 值为 6.5。

4.4.1.3 置换中和法

在水溶液中，较负电性的金属可置换出较正电性的金属，达到与水分离的目的，此即称之为置换法。由于铁较铜负电性高，利用铁屑置换污水中的铜可以得到品位较高的海绵铜。

$$Fe+Cu^{2+} \longrightarrow Cu+Fe^{2+}$$

但置换法不能将污水的酸度降下来，必须与中和法联合使用，才能达到污水排放或回用的目的。如某铜矿的污水主要来自于采场，水质指标见表 4-7。

表 4-7 铜矿污水的水质指标 mg/L

项目	Fe	Zn	Cu	As	Cd	Pb
浓度	806	46	173	0.07	0.75	0.24

注：pH 值为 2.5。

从污水水质来看，该污水含 Cu 较高，应予以回收，适合采用铁屑置换中和工艺。具体工艺流程见图 4-5。

为了提高沉铁效果和降酸，用铁屑置换铜后，采用连续两次中和，并加入絮凝剂以提高沉铁效率和降低污水酸度。污水处理得到的海绵铜其含铜量为 $w(Cu)=20\%\sim30\%$，用作炼铜原料，净水可直接排放。经过置换中和工艺处理后，污水达到国家排放标准。具体出水水质见表 4-8。

表 4-8 铜矿污水处理后的水质指标 mg/L

项目	Fe	Zn	Cu	As	Cd	Pb
浓度	11.0	<0.08	<0.08	<0.03	0.00007	<0.02

注：pH 值为 8.2。

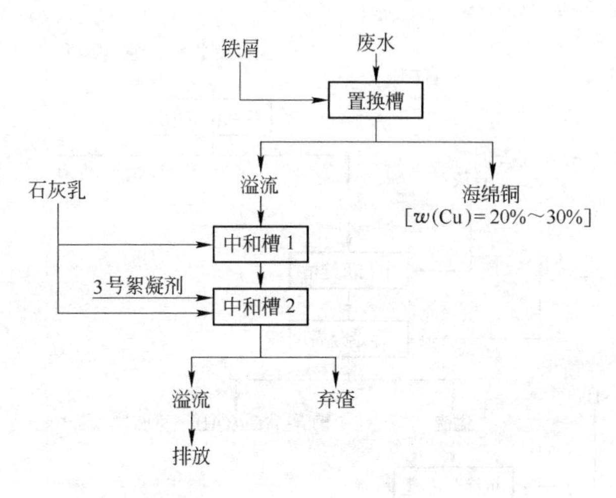

图 4-5　铁屑置换中和法处理污水工艺流程

4.4.1.4　沉淀浮选法

沉淀浮选法是将污水中的金属离子转化为氢氧化物或硫化物沉淀，然后用浮选沉淀物的方法，逐一回收有价金属，即通过添加浮选药剂，先抑制某种金属，浮选另一种金属，然后再活化，浮选其他的有价金属。该法的优点是处理效率高、适应性广、占地少、产出泥渣少等，因而成为处理污水的常用方法。

如来自于某采矿场的酸性污水，污水水质指标见表 4-9。

表 4-9　污水处理前的水质指标　　mg/L

项目	Fe	Zn	Cu	Pb	SO_4^{2-}
浓度	3312	3.0	223	0.09	8341

注：pH 值为 2.0。

根据污水水质，污水中 Fe、SO_4^{2-} 和 Cu 含量高，污水处理时必须予以回收。采用沉淀浮选工艺流程处理污水。处理工艺流程见图 4-6。

首先，利用空气曝气将 Fe^{2+} 转化为 Fe^{3+}。接着，控制低

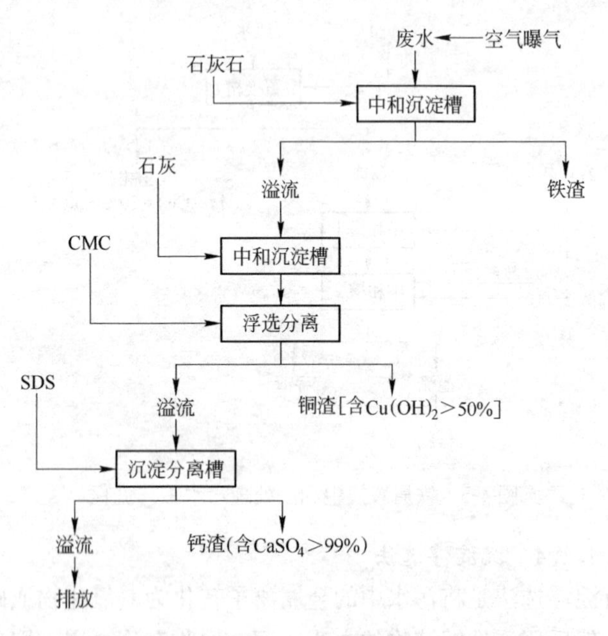

图 4-6 沉淀浮选法处理污水工艺流程

pH 值将 Fe^{3+} 沉淀得到铁渣（氢氧化铁）。但在较高的 pH 值下沉铜时，其他的离子也会随之沉淀。为了优先得到铜，在混合液中加入 SDS 和 CMC 进行浮选，得到含有 $Cu(OH)_2$ 50%以上的铜渣，再接着沉淀分离得到含 $CaSO_4$ 99%的钙渣。其工艺条件，在一段中和 pH 值为 3.4～4.0；二段中和 pH 值为 8.0 左右。污水经过处理后，达到国家排放标准，见表 4-10。

表 4-10 污水处理后的水质指标 mg/L

项目	Fe	Zn	Cu	Pb	SO_4^{2-}
浓度	0.13	痕量	0.03	0.03	3154

注：pH 值为 8.0。

4.4.1.5 萃取电积法

萃取电积法是近年来新兴的一种污水处理方法。萃取电积法的原理是利用分配定律，用一种与水互不相溶，而对污水中某种污染物溶解度很大的有机溶剂，从污水中分离去除该污染物。该法的优点是设备简单，操作简便，萃取剂中重金属含量高，反萃取后可以电解得到金属。缺点是要求污水中的金属含量较高，否则处理效率低，成本高。

如来自于某废石场的酸性污水，污水水质指标见表 4-11。

表 4-11 处理前的污水水质指标 mg/L

项目	Fe	Zn	Cu	As	Cd	Pb
浓度	26858	133	6294	33	7	0.97

注：pH 值小于 1.5。

污水水质表明，污水中含 Fe、Cu 高，pH 值低，适合采用萃取电积法工艺。具体的工艺流程见图 4-7。

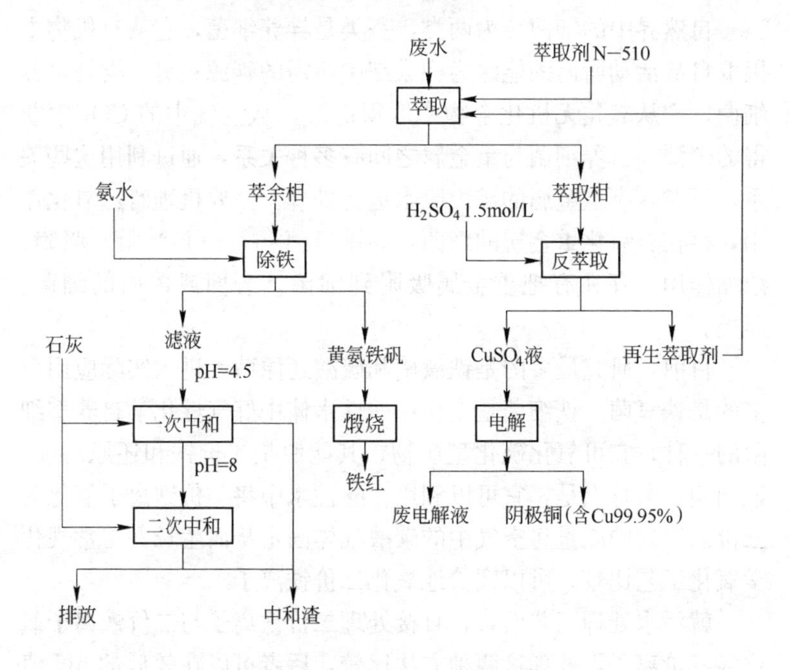

图 4-7 萃取电积法处理污水工艺流程

污水经萃取、反萃取及电积等过程处理后得到含 99.95%Cu 的二级电解铜，萃取和反萃取剂可得到回收。加氨水于萃余相中除铁得到铁渣，铁渣经燃烧后获得用作涂料的铁红。除铁后的滤液因酸度较高，加入石灰连续两次中和，以提高 pH 值，使污水达到排放标准。

污水经过处理后达到国家排放标准，见表 4-12，运行结果表明污水处理工艺是成功的。

表 4-12　处理后的污水水质指标　　mg/L

项目	Fe	Zn	Cu	As	Cd	Pb
浓度	痕量	0.47	0.02	痕量	0.08	痕量

注：pH 值为 8.5。

4.4.1.6　生化法

自然界中的细菌分为两类，一类是异养细菌，它从有机物中摄取自身活动所需的能源为构成细胞所需的碳源；另一类是自养细菌，它从氧化无机化合物中取得能源，从空气中的 CO_2 中获得的碳源。自养细菌与重金属之间有多种关系，通过利用这些关系，可对含有重金属的矿山废水进行处理。主要机理有：氧化作用，存在有氧化重金属的细菌，如铁氧菌 $Fe^{2+} \rightarrow Fe^{3+}$ 等；吸附、浓缩作用，存在有把重金属吸附到细菌体表面或体内的细菌、藻类。

目前，研究最多的是铁氧菌和硫酸还原菌，进入实际应用最多的是铁氧菌。铁细菌是生长在酸性水体中好气性化学自养型细菌的一种，它可氧化硫化型矿物，其能源是二价铁和还原态硫。该细菌最大特点是，它可以利用在酸性水中将二价铁离子氧化为三价而得到的能量将空气中的碳酸气体固定从而生长，与常规化学氧化工艺比较，可以廉价地氧化二价铁离子。

就污水处理工艺而言，直接处理二价铁离子与二价铁离子氧化为三价离子再处理这两种方法比较，后者可以在较低的 pH 值条件下进行中和处理，可以减少中和剂使用量，并可选用廉价的碳酸钙作为中和剂，且还具有减少沉淀物产生量的优点。

黄铁矿型酸性污水的细菌氧化机理一般来说有直接作用和间接作用两种，主要反应是

$$2FeS_2+7O_2+2H_2O \xrightarrow{细菌} 2Fe+4SO_4{}^{2-}+4H^+ \tag{4-1}$$

$$4Fe^{2+}+O_2+4H^+ \xrightarrow{细菌} 4Fe^{3+}+2H_2O \tag{4-2}$$

$$FeS_2+2Fe^{3+} \xrightarrow{细菌} 3Fe^{2+}+2S \tag{4-3}$$

式（4-3）中的硫被铁氧化菌进一步氧化，反应如下：

$$2S+3O_2+2H_2O \xrightarrow{细菌} 2SO_4{}^{2-}+4H^+ \tag{4-4}$$

对于微生物的直接作用，Panin 等人认为是电化学上的相互作用为基础，细菌增强了这种作用。细菌借助于载体被吸附至矿物颗粒表面，物理上借助分子间的相互作用力，化学上借助于细菌的细胞与矿物晶格中的元素之间形成化学键。当细菌与这些矿物颗粒表面接触时，会改变电极电位，消除矿物表面的极化，使 S 和 F 完全氧化，并且提高了介质标准氧化还原电位（E_h），产生强的氧化条件。

式（4-1）、式（4-4）为细菌直接氧化作用的结果，如果没有细菌参加，在自然条件下这种氧化反应是相当缓慢的，相反，在有细菌的条件下，反应被催化快速进行。

式（4-2）、式（4-3）为细菌间接氧化的典型反应式。从物理化学因素上分析，pH 值低时，氧化还原电位高，高 E_h 电位值适合于好氧微生物生长，生命旺盛的微生物又促进了氧化还原过程的催化作用。

总之，伴有微生物参加的氧化还原反应是一个包括物理、化学和生物现象相互作用的复杂工艺过程，微生物的直接作用和间接作用同时存在，有时以直接作用为主，有时以间接作用为主。上述分析表明，硫化型矿山酸性污水的化学应以微生物的间接催化作用为主。

铁氧菌是一种好酸性的细菌，但卤离子会阻碍其生长，因

此，污水的水质必须是硫酸性的，此外，污水的pH值、水温、所含的重金属类的浓度以及水量的负荷变动等对铁氧菌的氧化活性也具有较大的影响。

（1）pH值。pH值对铁氧菌的影响很大，最佳pH值是2.5～3.8，但在1.3～4.5的范围时也可以生长，即使希望处理的酸性污水pH值不属于最佳范围，也可以在铁氧菌的培养过程中加以驯化。如松尾矿山污水初期的pH值仅为1.5，研究者通过载体的选择，采用耐酸、凝聚性强和比表面积大的硅藻土来作为铁氧菌的载体，很好地解决了菌种的问题。

（2）水温。铁氧菌属于中温微生物，最适合的生长温度一般为35℃，而实际应用中水温一般为15℃。研究发现，即使水温低到1.35℃，当氧化时间为60min时，Fe^{2+}也能达到97%的氧化率。这可能是在硅藻土等合适的载体中连续氧化后，铁氧菌大量增殖并浓缩，氧化槽内保持极高的菌体浓度的原因。因此，可以认为，低温污水对铁氧菌的氧化效果影响不大，一般硫化型矿山污水都能培养出适合本身的铁氧菌菌种。

（3）重金属浓度。微生物对产生污水的矿石性质有一定的要求，过量的毒素会影响细菌体内酶的活性，甚至使酶的作用失效。表4-13是铁氧菌菌种对金属的生长界限范围。

表4-13 铁氧菌菌种对金属的生长界限范围 mg/L

金属	Cd^{2+}	Cr^{3+}	Pb^{2+}	Sn^{2+}	Hg^{2+}	As^{3+}
范围	1124～11240	520～5200	2072～20720	119～1187	0.2～2	75～749

一般说来，铁、铜、锌除非浓度极高，否则不会阻碍铁氧菌的生长。从表4-13可以看出，铁氧菌的抗毒性是很强的。值得注意的是，铁氧菌对含氟等卤族元素的矿山很敏感，此种矿山产生的污水不适合铁氧菌菌种的生存。就我国矿山来说，绝大多数矿山污水对铁氧菌不会产生抑制作用。

（4）负荷变动。低价Fe^{2+}是铁氧菌的能源，细菌将Fe^{2+}氧化为Fe^{3+}而获得能量，Fe^{3+}又是矿物颗粒的强氧化剂，Fe^{3+}在

Fe^{2+}的氧化过程中起主导作用。因此，当Fe^{2+}的浓度降低时，铁氧菌会将二价铁离子氧化为三价铁离子时产生的能量作为自身生长的能量，相应引起菌体数量及活性的不足、氧化能力的下降。但是，短期性的负荷变动，由于处理装置内的液体量本身可起到缓冲作用，因此不会产生太大的影响。

4.4.1.7 联合处理法

联合处理法就是多种污水处理方法联合使用。因为对于成分复杂的矿山酸性污水，只用中和法、硫化法、沉淀浮选法、置换法、生化法等其中一种方法进行处理是不行的，需要多种方法联合运用。因此，对于水质复杂的矿山污水来说，要根据实际情况，进行合理的流程组合。

4.4.2 选矿废水的处理

4.4.2.1 选矿废水来源

选矿是矿物资源工业的第二道工艺。选矿生产通常包括碎磨、选别和脱水三道工序。常用的选矿方法有重选法、磁选法和浮选法。选矿废水包括四部分：洗矿废水，破碎系统废水，选矿废水和冲洗废水。选矿工业各工段废水的特点如表4-14所示。

表4-14 选矿工业各工段废水的特点一览表

选矿工段		废水特点
洗矿废水		含大量泥沙矿石颗粒，当pH值小于7时，还含有金属离子
破碎系统废水		主要含有矿石颗粒，可回收
选矿废水	重选和磁选	主要含有悬浮物，澄清后基本可全部回收
	浮选	主要来源于尾矿，也有来源于精矿浓密溢流水及精矿滤液。该废水主要含有浮选药剂
冲洗废水		包括药剂制备车间和选矿车间的地面、设备冲洗水，含有浮选药剂和少量矿物颗粒

4.4.2.2 选矿废水特点

(1) 水量大，约占整个矿山废水量的34%～79%。一般选矿用水量为矿石处理量的4～5倍，因此选矿过程中，废水的排放量是惊人的。例如浮选法处理1t原矿石，废水的排放量一般在3.5～4.5t左右；浮选—磁选法处理1t原矿石，废水排放量为6～9t；若采用浮选—重选法处理1t原铜矿石，其废水排放量可达27～30t。

(2) 废水中的悬浮物主要是泥沙和尾矿粉，含量高达几千至几万mg/L，悬浮物的粒度极细，呈细分散的近胶态，不易自然沉降。大量含有泥沙和尾矿粉的选矿废水可使近矿区水源严重变质。含有重金属的悬浮物沉降下来，不但淤塞河道，而且造成河水水质受铜、铅、汞、砷、铬等重金属的污染。尾矿中的重金属在酸、碱、有机络合剂或水中细菌的作用下，逐渐融溶出水体，溶出的重金属又能通过生物富集作用，经食物链对人体造成危害。

(3) 污染物种类多，危害大。选矿废水中含有各种选矿药剂（如氰化物、黑药、黄药、煤油、硫化钠等），一定量的金属离子及氟、砷等污染物若不经处理排入水体，危害很大。选矿药剂是选矿废水中另一重要的污染物，选矿药剂中，有的化学药剂属于剧毒物质（如氰化物），有的化学药剂虽然毒性不大，但由于用量大更会污染环境，如大量使用有机选矿药剂（如各类捕收剂、起泡剂等表面活性剂物质等）会使污水中生化需氧量（BOD）、化学需氧量（COD）迅速增高，使污水出现异臭；大量使用硫化钠会使硫离子浓度增高；大量使用水玻璃会使水中悬浮物难以沉淀；大量使用石灰等强碱性调整剂，会使污水的pH值超过排放标准。因此，选矿污水的污染是很严重的，必须进行处理。

4.4.2.3 控制选矿废水污染的基本途径

选矿废水由于排放量大，持续性强，而且其中含有大量的金属离子、酸、碱、悬浮物和各种选矿药剂，甚至含有放射性物质等，对环境的污染十分严重，因此必须控制选矿废水的污染。控制选矿废水污染的基本途径有：

（1）改革工艺，消除或减少污染物的产生；

（2）净化治理达标排放或作其他用途（如灌溉）；

（3）净化废水实现循环用水和串级用水，并回收利用。

4.4.2.4 选矿废水处理方法

选矿厂的污水中含有多种物质，这是由于选矿时使用了大量的各种表面活性剂及品种繁多的其他化学药剂而造成的。由于矿山矿石类型不同和选矿处理工艺要求，造成了选矿污水的 pH 值过高或过低，所含 Cu、Pb、Zn、Cd 等重金属离子和其他有害成分大大超过工业排放标准。如要实现污水合格排放或循环利用，则必须进行进一步的物理、化学处理。

根据水质水量不同，选矿废水处理应采用不同的治理方法。对以悬浮物为主的废水多采用自然沉淀或絮凝沉淀的方法；对含重金属和其他有害物成分较高的废水，分别采用中和法、硫化法、还原法、氧化法、离子交换法、活性炭、吸附法、离子上浮法、铁氧体法、电渗析法以及反渗透法，有时还采用这些方法的联合流程进行处理。目前，在选矿废水治理上，仍以自然沉淀法、中和沉淀法和絮凝沉淀法、硫化沉淀法和人工湿地法为主。

A 自然沉淀法

所谓自然沉淀法，即把废水打入尾矿坝、尾矿池或尾砂场中，充分利用尾矿坝大容量大面积的自然条件，让其存放较长的时间，使废水中的悬浮物自然沉降，并使易分解的物质自然氧化，这是简单易行的方法，至今国内外仍在普遍采用。美国矿业废水的处理主要以尾矿自然沉淀法为主，约占总废水处理量的70%。我国矿山各选厂中绝大多数也采用尾矿坝沉淀法。从全国20个有代表性的铁矿山调查情况看，都具有尾矿堆放的设施，尾矿水在尾矿坝内自然氧化，而后排放或回用。在齐大山地区的大山选厂和调军台选矿厂，以及调军台选矿厂热电站的灰渣和灰渣水排放至风水沟尾矿库，总的尾矿库回水对齐选厂浮选流程的指标没有影响，这不仅可充分利用回水，也为热电厂灰渣水的排放提供了一个可供利用的途径，亦可供其他企业参考。

B 中和沉淀法和絮凝沉降法

对于含有重金属的矿井和选矿废水，国外多采用石灰石调节pH值，然后再进行沉淀或固体截留。现在我国对酸性废水也多采用石灰石中和，沉淀后清液排出。而对于难自然沉降的选矿废水，为改善沉淀效果，可加入适量无机混凝剂或高分子絮凝剂，进行絮凝沉降处理。

调节pH值以去除重金属污染物的方法称为中和沉淀法。根据处理污水pH值的不同分为酸性中和和碱性中和，一般采用以废治废的原则。对碱性选矿污水多用酸性矿山污水进行中和处理。由于重金属氢氧化物是两性氢氧化物，每种重金属离子生产沉淀都有一个最佳pH值范围，pH值过高或过低都会使氢氧化物沉淀又重新溶解，致使污水中重金属离子超标。因此，控制pH值是中和沉淀法处理含重金属离子污水的关键。

絮凝沉降法广泛应用于金属浮选选矿污水处理。由于该类型污水pH值高，一般在9～12，有时甚至超过14，存在着沉降速度很慢的悬浮固体颗粒、大量胶体、部分微量可溶性重金属离子及有机物等。在实际污水处理中，根据污水及悬浮固体污染物的特性不同，采用不同的絮凝剂，既可单独采用无机絮凝剂（如聚合氯化铝、三氯化铝、硫酸铝、硫酸亚铁、三氯化铁等），或者通过有机高分子絮凝剂，有阴离子型、阳离子型和两性型的高分子絮凝剂（如聚丙烯酰胺及其一些衍生物等）进行沉降分离，也可将两者联合使用进行絮凝沉降。该方法是将无机絮凝剂的电性中和作用和压缩双电层作用，以及高分子絮凝剂的吸附作用、桥联作用和卷带作用结合起来，故其沉降效果显著，污水处理工艺流程简单。东鞍山铁矿通过试验研究，在悬浮物500～2000 mg/L、pH值为8～9的红色尾水中加入氧化铝和聚丙烯酰胺进行絮凝沉降处理，每天可净化12万m^3红水。

C 硫化沉淀法

重金属硫化物的溶度积都很小，因此添加硫化物可以比较完全地去除重金属离子。硫化沉淀法处理重金属污水具有去除率高，可分步沉淀泥渣中金属，沉淀物品位高而便于回收利用，沉渣体积小、含水率低、适应 pH 值范围广等优点，得到广泛应用。但存在产生的硫化氢对人体有害、对大气造成污染等缺点。

D 氧化法

氧化法包括生物氧化法和化学氧化法。这类方法主要用于消除浮选尾矿水中的残余药剂，现在处理浮选尾水时使用化学氧化法较多。在国外应用生物氧化法处理尾矿水也有报道，例如，英国的一些选矿厂应用生物氧化法从尾矿池溢流水中消除残余选矿药剂，使有机碳含量降至 11～13mg/L。日本采用了细菌氧化法处理矿坑酸性废水。国内用化学法处理浮选废水的研究报道较多，通常是活性氯或臭氧使黄药中的硫氧化成硫酸盐：用高锰酸钾氧化黑药，使二硫化磷酸氧化成磷酸根离子。另外，还可用超声波（强度为 10～12W/cm^3）分解黄药，用紫外线（波长为 210～570nm）破坏黄药、松油、氰化铁等，但这些多属试验阶段，还很少用于工业规模处理选矿废水。

对于含氰浓度较低的选矿废水，可采用碱性氯化法进行氧化处理，所用的氯化剂有氯气、液氯、次氯酸钙和次氯酸钠等。实际上它们在溶液中都生成次氯酸（HClO），然后进行氧化，其中以液氯用的最广泛。一般在碱性溶液中进行，因而称为碱性氯化法。

E 人工湿地法

人工湿地的基本原理是利用基质、微生物、植物这个复合生态系统的物理、化学和生物的三重协调作用，通过过滤、吸附、共沉、离子交换、植物吸收和微生物分解来实现对污水的高效净化，同时通过营养物质和水分的生物地球化学循环，促使绿色植物生长并使其增产，实现污水的资源化与无害化。它具有出水水质稳定，对 N、P 等营养物质去除能力强，基建和运行费用低，技术含量低，维护管理方便，耐冲击负荷强等优点。

一般来说，要根据实际情况诸如污水水质和污水处理后的走向来决定采用哪种污水处理方法。上述方法可以单独使用，也可联合使用。

4.5　矿山废水处理的实例

4.5.1　某矿山污水处理的工程实例

某矿在开采和选矿过程中主要生产钨、铝、锌、铜四种产品，但由于多种伴生矿的存在，所以在开采、选矿过程中，排放的废水造成多种重金属、非金属元素的污染。该矿采用石灰乳、漂白粉中和及聚丙烯酰胺混凝沉淀的综合处理技术，取得了所有污染元素均达标排放的效果（符合 GB 8978—1996 规定的标准），如表 4-15 所示。

表 4-15　石灰乳、漂白粉、聚丙烯酰胺法处理矿山废水试验结果

污染物名称	污染物浓度/mg · L^{-1}		污染物名称	污染物浓度/mg · L^{-1}	
	处理前	处理后		处理前	处理后
氟	4.64	2.75	砷	0.0126	0.005
氰	1.70	0.041	铅	0.3033	0.125
硫	2.33	0.191	锌	0.142	0.083
铬	0.036	0.021	铜	0.072	0.02
镉	0.04	0.002	悬浮物	480	67
酚	0.003	0.0025	汞	0.0073	0.001

注：pH 值处理前为 9.06，处理后为 8.5。

该矿依据取得的试验参数设计了日处理量 3000m^3 选矿冶炼废水的处理站。工艺过程由废水站分流井、石灰乳制备、药剂投配间、加速澄清池、泥渣外排、水质稳定池等部分组成，见图 4-8 所示。

4.5.1.1　主要设备及功能

（1）分流井。尺寸为 2000mm×2000mm×2000mm，尾矿库外排水集于此井。

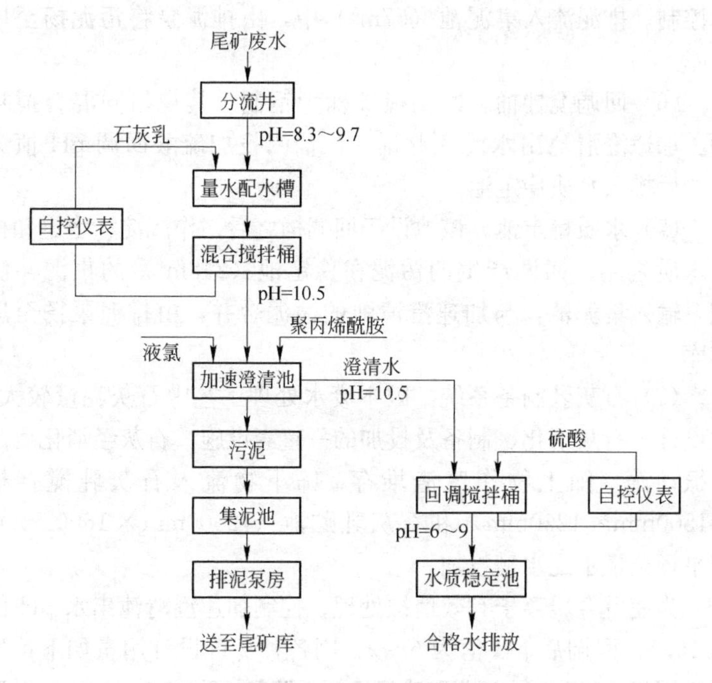

图 4-8 矿山废水处理站工艺流程示意图

（2）量水配水槽。量水配水槽为钢制结构（2400mm×800mm×900mm），尾矿废水从分流井自压入量水配水槽计量，同时投加石灰乳，并将水分配到两个混合搅拌桶（槽）。

（3）混合搅拌桶。混合搅拌桶尺寸为 ϕ2000mm×2000mm，钢制。废水在此经快速（2.6min）混合后，进入机械澄清池。

（4）机械加速澄清池。机械加速澄清池为本设计的关键设施，钢筋混凝土结构，ϕ8800mm×4500mm。废水进入池中的三角形环状配水槽中，在其中投加液氯，然后进入一反应室，在搅拌机的搅拌下进行初步反应；再由叶轮提升至第二反应室，同时投加聚丙烯酰胺，结成较大絮凝体，通过导流室进入分离澄清室进行沉淀分离。

（5）集泥池与排泥泵。加速澄清池的排泥由 d100 电磁阀自动控制。排泥流入集泥池（$57m^3$）中，由排泥泵将污泥扬至尾矿库。

(6) 回调搅拌桶。回调搅拌桶为钢制，其规格同混合搅拌桶。加速澄清池出水流入此桶，往桶内投加硫酸回调 pH 值为6～9后排入水质稳定池。

(7) 水质稳定池。该池设于回调桶之后，作沉淀、稳定和检测水质之用。回调产生的污泥在稳定池（$248m^3$）的集泥斗沉积，输入集泥池，与加速澄清池的污泥合并，由排泥泵扬至尾矿库。

(8) 石灰乳制备系统。因本废水处理工艺中石灰耗量较大，故设计了石灰消化、制备及投加的一整套设施。石灰经消化后流入振动筛，筛上物作废渣堆存，筛下物流入石灰乳搅拌桶（ϕ1500mm×1200mm）和石灰乳贮池（ϕ2900mm×1600mm），用泵扬至量水配水槽投加。

为使重金属离子有效地被处理，控制加速澄清池出水 pH 值为 10.5，回调后 pH 值为 6～9，则各种药剂设计用量如下：生石灰用量 1227kg/d，投加浓度 5%；液氯 36kg/d，选用 JSL 型加氯机，由水射器连续投加，转子流量计计量；聚丙烯酰胺 1.2kg/d，投加浓度 0.1%，用转子流量计计量；硫酸 283kg/d，投加浓度 10%，用转子流量计计量。

4.5.1.2　处理效果

经过几年运行，实测结果表明处理效率达到 89.3%～98.2%，排放废水达标率 96%以上。实测情况见表 4-16。

表 4-16　矿山废水处理后分析结果

污染物名称	单 位	1986 年	1987 年	1988 年	1989 年	备 注
镉	mg/L		0.01	<0.01		表中所列分析结果均为年平均值
六价铬	mg/L	<0.01	0.005	0.019	<0.0005	
砷	mg/L		0.042	0.04		
铅	mg/L	0.04	0.06	<0.026	0.0005	

续表 4-16

污染物名称	单 位	1986 年	1987 年	1988 年	1989 年	备 注
氰	mg/L	0.41	0.015	0.35	0.30	表中所列分析结果均为年平均值
铜	mg/L		0.631	0.071		
锌	mg/L		$<$0.05	$<$0.016	0.0005	
氟	mg/L	3.06	4.25	6.50	2.95	
硫	mg/L			0.23	0.014	
悬浮物	mg/L	5	20	17.40	50	
处理水量	万 t/a	52.5906	55.1307	62.25	80.13	

4.5.2 南山铁矿酸性污水处理的工程实例

马鞍山钢铁公司南山铁矿是马钢公司的矿石基地，该矿位于马鞍山市区东南 13km 处。南山铁矿现有两个露天采场：凹山采场和东山采场，年生产能力为采剥总量 13 兆 t、铁矿石 6.5 兆 t、铁精矿粉 2.2 兆 t。

4.5.2.1 污水来源及性质

南山铁矿矿区为火山岩成矿地带，矿物组成非常复杂，铁矿床和围岩中含有以黄铁矿为主的各种硫化矿物，其含硫量平均为 2%～3%。按现在的开采规模，南山铁矿每年约有 7 兆～8 兆 t 剥离物堆放在采场附近的排土场内。该排土场设计容量为 1.4 亿 t，现已容纳废土石约 1 亿 t。这些含硫量废土石在露天自然条件下逐渐发生风化、溶浸、氧化、水解等一系列化学反应，与天然降水及地下水结合，逐步变为含有硫酸的酸性污水，汇集到排土场中央的酸水库中。

$$2FeS_2+2H_2O+7O_2 = 2FeSO_2+2H_2SO_4$$

$$4FeSO_2+2H_2SO_4+O_2 = 2Fe(SO_4)_3+2H_2O$$

$$Fe(SO_4)_3+6H_2O = 2Fe(OH)_3+3H_2SO_4$$

$$7Fe(SO_4)_3+FeS_2+8H_2O = 15FeSO_4+8H_2SO_4$$

该排土场总汇水面积约 2.15km^2，按所在地平均年降水量

960～1100mm 计算，汇水区域所形成的酸水量每年约 2 兆 t 以上。多年监测结果是酸水的 pH 值在 5.0 以下，最低达到 2.6，酸性较高，腐蚀性极强，酸水中还含有多种重金属离子，如 Cu、Ni、Pb 等。具体的水质见表 4-17。

表 4-17 污水的水质指标 mg/L

项目	Fe^{2+}	Fe^{3+}	Mn^{2+}	Cu^{2+}	Al^{3+}	Mg^{2+}	$SO_4{}^{2-}$
浓度	15～250	27～470	175～214	71～171	880～9900	500～1300	8800～9900

注：pH 值为 2.5～3。

4.5.2.2 污水处理工艺

为解决酸性污水的危害，南山铁矿先后采用不同工艺对酸性污水进行治理。

A 一期污水处理工艺

根据污水水质，一期污水处理采用石灰乳中和工艺，具体的工艺流程见图 4-9。

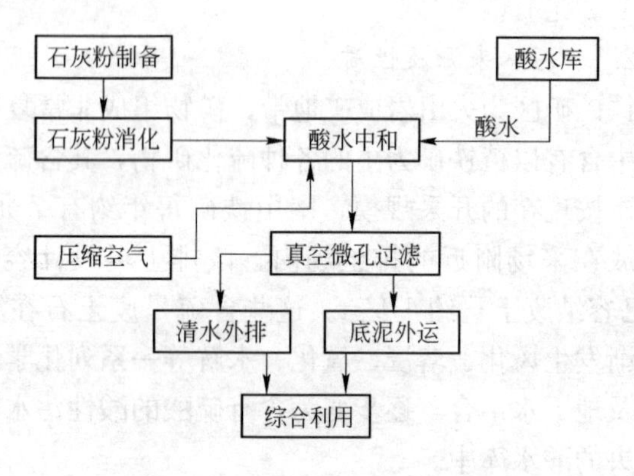

图 4-9 一期污水处理工艺流程

石灰经粉碎、磨细、消化制备成石灰乳，用压缩空气做搅拌动力，进行酸水的中和反应。反应后的中和液采用 PE 微孔过滤，实现泥水分离。但是由于南山矿处理的酸水量较大，微孔过滤满足不了生产要求；同时微孔极易结垢堵塞，微孔管更换频繁，生产成本较高。因此该工艺达不到设计要求，设备作业率极低。

B 二期污水处理工艺

针对一期治理工程未达到预期的治理效果，南山矿决定改建酸水处理设施，重点是解决处理以后的中和渣的处置问题。该方案利用排土场近 20 万 m^3 的凹地围埂筑坝，作为中和渣的贮存库，取消原有的微孔过滤系统，设计服务年限为 3～4 年，工程总投资 156 万元，于 1992 年正式投入运行使用。实际上该中和渣贮存库兼有澄清水质和贮存底泥两种功能，运行时水的澄清过程缓慢，中和渣难以沉降，外排水浑浊，悬浮物超标。运行 1 年多时间，提前完成服役期。二期污水处理流程见图 4-10。

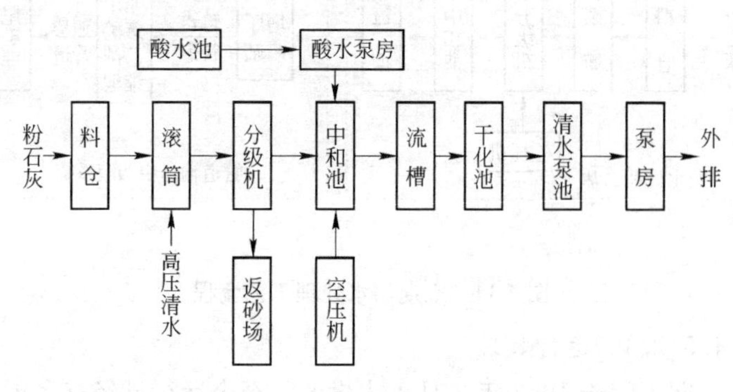

图 4-10 二期污水处理工艺流程

C 三期污水处理工艺

该矿在污水处理一期、二期的基础上，提出了将酸性污水中和液与东选尾矿混合处理，澄清水用于东选生产，底泥输送至尾矿库的处理方案。其工艺流程见图 4-11。

4.5.2.3 工艺原理

中和液按照一定比例加入到尾矿中，不仅不会减缓尾矿中固体颗粒物的沉降速度，反而能加快尾矿矿浆中悬浮物的沉降速度。这是因为中和液中所含的金属离子和非金属离子具有一定的吸附力，能被尾矿中的固体颗粒物吸附，增大颗粒的体积和质量，而加速颗粒物的沉降，同时也改善了尾矿库的水质。

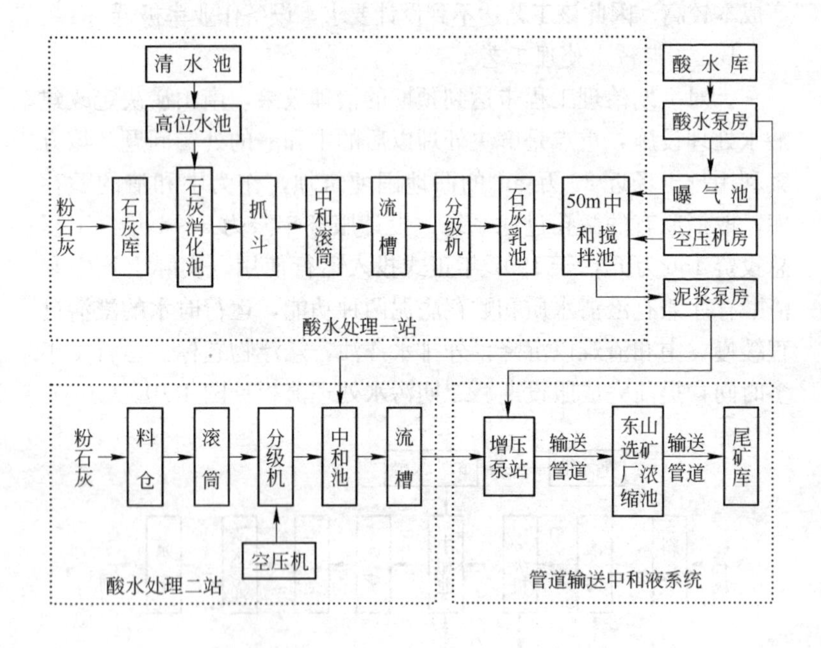

图 4-11　三期污水处理工艺流程

4.5.2.4　运行效果

三期工程于 1993 年 3 月正式投产，至今运行已经有多年了，实践证明该工程处理酸性污水的效果十分显著。

(1) 由于中和液年输送量远大于平均雨水汇入酸水库的净增值（约 0.012 亿 m^3），故加快了酸水库的下降速度，即使遇到雨水较大的年份，酸水库水位也没有达到过其安全警戒线水位；

(2) 确保了凹山采场东帮边坡及酸水库坝体的安全稳固；

(3) 消除了酸性污水及中和液底泥外溢对周围河道农田的污染，创造了巨大的经济效益和不可估量的社会效益；

(4) 实现了酸性污水在矿内的循环，并将沉降后的底泥输送至尾矿坝，彻底解决了中和液底泥形成的二次污染，年节省污染赔偿费 150 万元左右；

(5) 提高了东选循环水水质，增加了循环水量。按每吨 0.2

元计算，年节省水费达42万余元。

4.5.3 松尾矿山污水处理的工程实例

4.5.3.1 污水来源及水质

松尾矿山地处于日本北部的岩手郡松尾村，位于海拔1000m的高山上。松尾矿山自1882年开矿以来，每年都有大量的矿井酸性污水排至附近的赤川。1971年闭矿后，废矿井仍有酸性污水产生，涌水量平均为2.5万m^3/d，水质主要为硫酸和硫酸铁，pH值为1.3～1.5。除此之外，它还含有其他金属的硫酸盐成分，这主要由该矿的主矿——硫化铁矿和硫磺矿的氧化而生成的。松尾矿山污水的水质见表4-18。

表4-18 松尾矿山污水水质

项目	水温	pH值	Fe^{2+}/mg·L^{-1}	TFe/mg·L^{-1}	Al/mg·L^{-1}	As/mg·L^{-1}
数值	16℃	2.27	236	267	69	1.66

4.5.3.2 污水处理工艺

由表4-18可以看出，污水中88%的铁以Fe^{2+}的形式存在，水温基本恒定，属于典型的矿井酸性污水，适合使用生化法处理。工艺流程如图4-12所示。

处理工艺中的硅藻土为铁氧菌的载体，其作用为解决在pH值较低的情况下中和沉淀物碱式盐回流时易溶解的缺点，硅藻土具有耐酸性、良好的流动性、比表面积大、较好的凝聚性等优

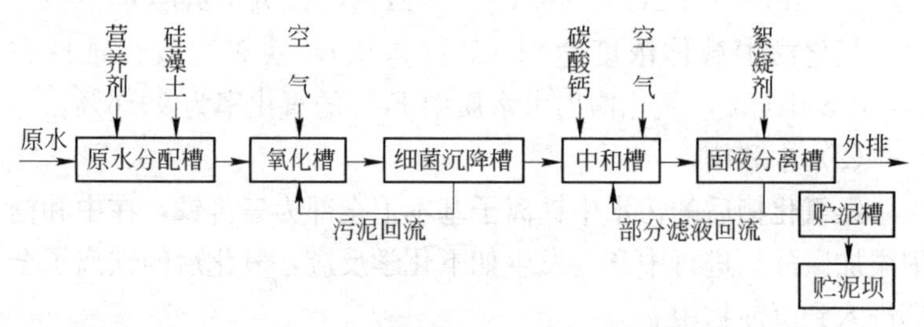

图4-12 松尾矿山污水处理工艺流程

点。由于铁氧菌为好氧菌，在氧化槽中进行空气搅拌，有利于增强细菌的活性。在中和槽中空气主要起搅拌作用。

4.5.3.3 主要处理设施

处理设施分为 4 个系列，3 个系列运行、1 个系列备用，处理规模为 2.5 万 m^3/d，处理构筑物参数见表 4-19。

表 4-19 处理构筑物参数

构筑物名称	规格及参数
引水隧道	内径 2.5m，总长 322m，洞底铺设 DN600 塑料引水管
原水分配槽	按 4 个系列分格，槽内投加铁氧菌载体及营养剂
氧化槽	每系列 $V=580m^3$，池深 8m。氧化时间 1h，空气量为 $3.5m^3/(min \cdot m^2)$
细菌回收槽	将吸附了铁氧菌的中和沉淀物（载体）沉淀和分离，并进行回流。每系列槽体直径 16m，深 5m
中和槽	每系列 $V=430m^3$，池深 8m。中和时间 1h，空气量为 $2.8m^3/(min \cdot m^2)$
固液分离槽	每系列槽体直径 30m，深 4.5m
贮泥槽	防渗型实体坝，容量为 200 万 m^3，可堆存污泥 100 年

(1) 氧化槽。

在氧化槽中，亚铁离子被吸附在硅藻土上的铁氧菌氧化，发生如下化学反应：

$$4FeSO_4+2H_2SO_4+O_2 \longrightarrow 2Fe_2(SO_4)_3+2H_2O$$

氧化槽中载体浓度达到 15%（体积），铁氧菌数目维持在 $1\times10^8 cell/cm^3$，氧化槽出水水质中 Fe^{2+} 的氧化率为 99.6%。

(2) 中和槽。

经氧化槽后的污水中铁离子基本上全部为三价铁，在中和槽中添加碳酸钙进行中和，发生如下化学反应，氧化后的铁离子全部进入到沉淀物中。

$$Fe_2(SO_4)_3+3CaCO_3+3H_2O \longrightarrow 2Fe(OH)_3\downarrow+3CaSO_4\downarrow+3CO_2\uparrow$$

(3) 固液分离槽。

中和槽排出的污水中含有大量的沉淀物，水质比较浑浊，在分离槽中添加高分子絮凝剂，进行沉淀物的沉降，沉降物以 9m/min 的速度进行泥渣回流至中和槽。

4.5.3.4 运行效果

运行各个阶段的分析数据和药剂添加量见表 4-20、表 4-21、表 4-22。

表 4-20 水质分析结果 mg/L

项目	pH 值	Fe^{2+}	Fe^{3+}	Al	As	SS
原水	2.20	264	21	70	1.68	
细菌回收槽出水	2.43	0.8	337			
处理后外排水	4.16		1.6	56	0.01	3.6
贮泥库溢流水	4.16		1.6	56	0.01	3.6

表 4-21 各阶段污泥分析数据

项目	含水率/%	Fe/%	Al/%	As/%	S/%	污泥活性/g·(L·b)$^{-1}$
细菌回收槽	91.4	40.0	0.45	0.47		2.38（以 Fe^{2+} 计）
固液分离槽	98.7					
贮泥库堆泥	80.0					
贮泥库干泥		44.7	2.00	0.26	5.65	

表 4-22 药剂添加量

投加地点	药剂名称	添加当量/%	添加浓度/mg·L^{-1}	月使用量/t
中和槽	$CaCO_3$	68	990	821.9
中和槽	高分子凝聚剂		1.2	1
氧化槽	高分子凝聚剂		0.7	0.58

由表 4-20、表 4-21 和表 4-22 所列数据可以看出，细菌氧化法是成功的。铁的氧化率可达 99.7%，同时，三价砷被氧化成五价砷的氧化率也达到 80%以上，五价砷与铁的共沉性很好，酸性污水处理后完全达标。

4.5.4 栅原矿山污水处理的工程实例

4.5.4.1 污水来源及水质

日本的栅原矿山为硫化铁矿山，1991 年停采。污水主要来源于采场。与松尾相比，它的污水量较小，但含铁量高，另外锌和铜等重金属也超标。栅原污水处理前的水量、水质见表 4-23。

表 4-23 处理前的污水水质

污水种类	通常水量 m^3/d	最大水量 m^3/d	pH 值	SS $/mg \cdot L^{-1}$	Zn $/mg \cdot L^{-1}$
坑内 A 水	670	1500	2.5	20	100
坑内 B 水	1520	2320	3.0	100	50
其他污水	90		4.5	100	150

污水种类	Cd $/mg \cdot L^{-1}$	Cu $/mg \cdot L^{-1}$	Mn $/mg \cdot L^{-1}$	Fe^{2+} $/mg \cdot L^{-1}$	As $/mg \cdot L^{-1}$
坑内 A 水	0.4	15	5	900	0.15
坑内 B 水	0.1	10	10	100	
其他污水	0.005	8	5	30	

4.5.4.2 污水处理工艺

栅原污水处理场随着水量、水质的变化，几经改造，不断地寻求最经济合理的方法。1920～1952 年，栅原矿山的坑内水采用石灰中和法处理；1952 年以后，改为二段中和处理，即一段石灰石中和，二段石灰中和；20 世纪 60 年代后，增添了用一氧化氮氧化的工艺，先将亚铁氧化成为三价铁，再进行二段中和；1970 年同和公司研究开发了细菌氧化法的新技术；从 1974 年至今，一直采用细菌氧化和二段中和的处理流程，效果很好，其流程详见图 4-13。

4.5.4.3 主要处理设施

处理场的主要构筑物规格如下：原水槽 1 为 $500m^3$；原水槽 2 为 $500m^3$；粗中和槽为 $5.6m^3$；沉降槽为 $54.3m^3$；细菌氧化槽

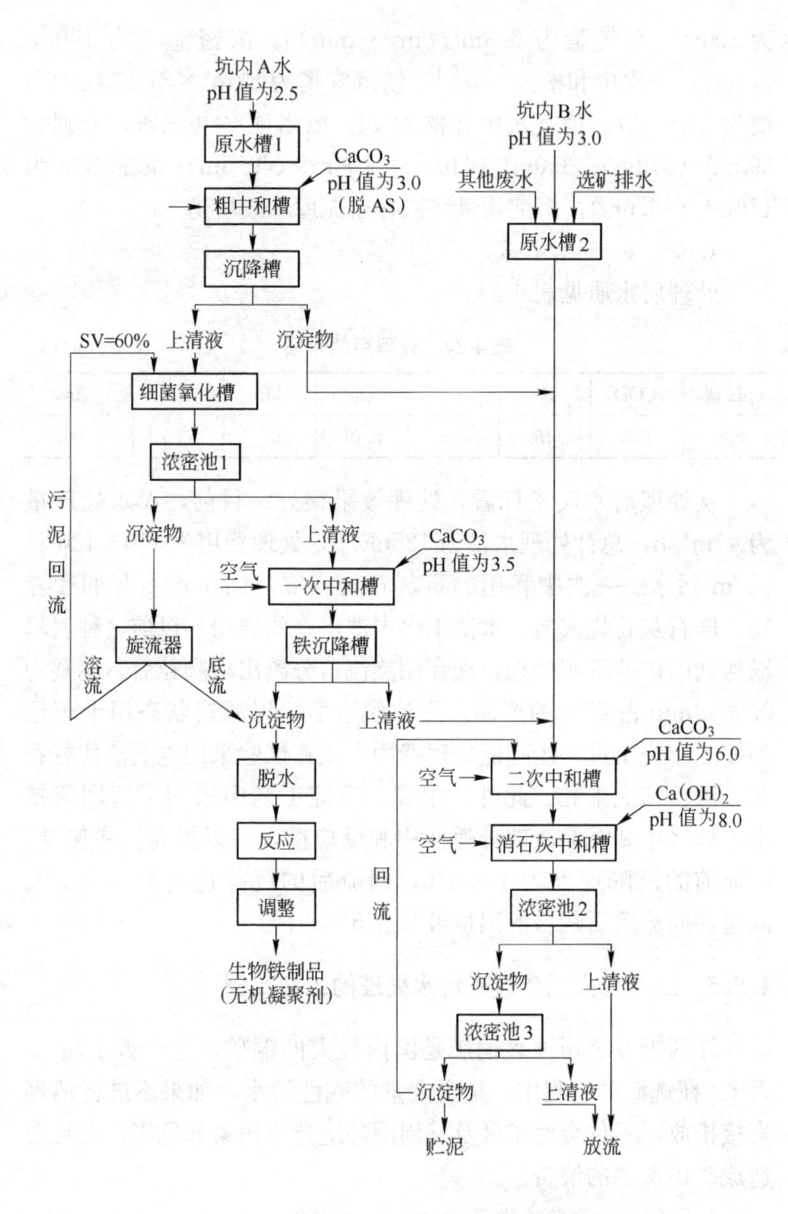

图 4-13 栅原矿山污水处理工艺流程

为 $200m^3$[空气量为 $0.3m^3/(m^2 \cdot min)$]；浓密池 1 为 $180m^3$（$\phi9m$）；一次中和槽为 $360m^3$；铁沉降槽为 $82m^3 \times 2$；二次中和槽为 $40m^3 \times 7$；消石灰中和槽为 40；浓密池 2 共三座，分别为 $390m^3$（$\phi12m$）；$350m^3$（$\phi10m$）；$300m^3$（$\phi9.5m$）；浓密池 3 为 $170m^3$（$\phi8.6m$）。沉淀物最终贮存于泥库和废坑道。

4.5.4.4 运行效果

处理后水质见表 4-24。

表 4-24 处理后的水质 mg/L

pH 值	COD	SS	Zn	Cu	Mn	Fe	As
8.0	2.5	15	0.4	0.01	1.5	0.5	0.005

从处理后水质指标看，处理效果很好。目前，A 水处理量为 $47m^3/h$，总计处理水量为 $125m^3/h$，处理费用为 110～120 日元/m^3污水。一次中和用的石灰石为八宝矿山生产石灰的废弃物，即石灰石烧成前，水洗工序中洗出来的岩粉。以前这种岩粉输送到旧矿井堆积处理，现在用旋流器分离出粗颗粒后，调整为 0.0043mm 占 85％的产品，压滤脱水后，以滤饼状态用卡车运到栅原。为了进一步降低处理费用，正在试验采用电石渣代替石灰，进行二次中和。此外，中和、沉淀工艺中采用了渣回流技术，即将中和沉淀渣部分返回中和反应槽，可以提高沉降速度。回流前的沉降速度为 1.2m/h，回流后的沉降速度为 1.5m/h。同时，回流后石灰石的用量可节省 5％～10％。

4.5.5 江西德兴铜矿选矿污水处理的工程实例

江西铜业公司德兴铜矿是国内最大的铜矿，年产铜金属 10 万 t。在选矿的过程中，排出大量的碱性污水，如果不进行治理直接排放，不仅会对矿区及其周围环境造成污染和危害，而且会造成矿山资源的浪费。

4.5.5.1 污水来源及水质

主要的碱性污水为大量尾矿和精矿脱水工序中产生的高碱性

污水。两种碱性污水量和水质分别列于表 4-25 和表 4-26。

表 4-25 尾矿碱性污水量和水质表

碱性污水来源	溢流量/m·d^{-1}	含量/%	水 质
大山选厂	135183	17.5	pH 值为 11.3～12.3
泗州选厂	84810	13.0	
合 计	219993		4.3Bx 碱度 $Ca(OH)_2$：4500～7500mg/L

表 4-26 尾矿碱性污水量和水质表

碱性污水来源	溢流量/m·d^{-1}	水 质
大山选厂	10000	pH 值为 11.6～12.24
泗州选厂	5000	
合 计	15000	4.3Bx 碱度 $Ca(OH)_2$：1577～2056mg/L

4.5.5.2 污水处理工艺

德兴铜矿除了碱性污水外，还有酸性污水。为了达到以废治废的目的，碱性污水和酸性污水一起处理。酸性污水来源于废石场和露天采场，当降水或地下用水流过硫化矿石或废石时，由于细菌的氧化作用，产生酸性污水。目前，扬桃坞废石场、祝家废石场、露天采矿场、堆浸场均产生酸性污水，汇入酸性污水调节库。各源点污水量和水质列于表 4-27。

表 4-27 各源点污水量和水质表

酸性污水来源	水量/m^3·d^{-1}	水 质
扬桃坞废石场	5530	pH 值为 2.4～2.7
祝家废石场	6380	$[Cu^{2+}]$ =13～50mg/L
露天采矿场	20400	TFe=1100～1700mg/L
堆浸场	3700	$[SO_4^{2+}]$ =1000～12000mg/L
合 计	35010	$[Al^{3+}]$ =500～600mg/L

根据污水的水质情况，采用石灰中和沉淀与硫化沉淀联合处理工艺，具体工艺流程见图 4-14。

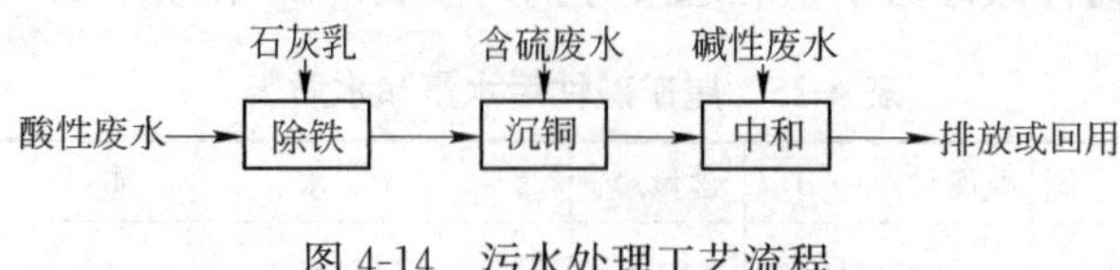

图 4-14 污水处理工艺流程

处理工艺采用一段投加石灰乳（pH 值控制在 3.6～3.8），经两个 ϕ20m 浓密机沉淀去除酸性水中的 Fe^{3+}，含 Cu^{2+} 的上清液投加铜。钼分选工段产生的含硫污水进行硫化反应（pH 值控制在 4.0～4.2），经二段两个 ϕ20m 浓密机沉淀回收硫化铜，上清液和碱性污水混合中和（pH 值控制在 8.0～8.5），经三段两个 ϕ30m 浓密机沉淀，溢流液至澄清水泵房，用泵输送至泗州选矿厂生产回水池，供选矿使用。沉淀的底流渣用渣浆泵送至泗州选矿厂尾矿流槽，自流至砂泵站扬至 2 号尾矿库和 4 号尾矿库。

工艺参数如下：

(1) 一段（除铁）：pH＝3.4～3.6，$K_{CaO}=1.05$（出水 Fe^{3+}＜50mg/L，三段铁去除率＞97%）；

(2) 二段（沉铜）：pH＝3.7～4.0，$K_S=1.05$（二段铜回收率＞99%，铜渣含铜品位＞30%）；

(3) 三段（中和）：pH＝6.5～7.5。

4.5.5.3 运行效果

通过该工艺对污水进行处理，处理后水质达到国家排放标准。到 1999 年底，共处理酸性污水 1196 万 t，碱性污水 4800 万 t，提供选矿回水 4800 万 t，回收金属铜 254t，达到了环境效益和经济效益的统一。

4.5.6 连南铁矿选矿污水处理的工程实例

4.5.6.1 污水来源及水质

广东省连南铁矿原矿需要进行破碎筛分和磁选，选矿厂产出 150t/h 红色污水。此污水以 2m^3/s 的流量流入山溪，使溪流在 5km 内像洪水一样浑浊，污染严重，影响了山溪两旁农民的饮水和农田灌溉。选矿污水的水质指标见表 4-28。

表 4-28 选矿污水的水质指标 mg/L

项 目	外观	pH 值	SS	Fe	Pb	Cu
浓 度	红色	6.2	5.6	21200	380	630

4.5.6.2 污水处理工艺

根据污水水质和工业实验，选用混凝法处理选矿污水，药剂选用 PAM。污水处理工艺流程见图 4-15。

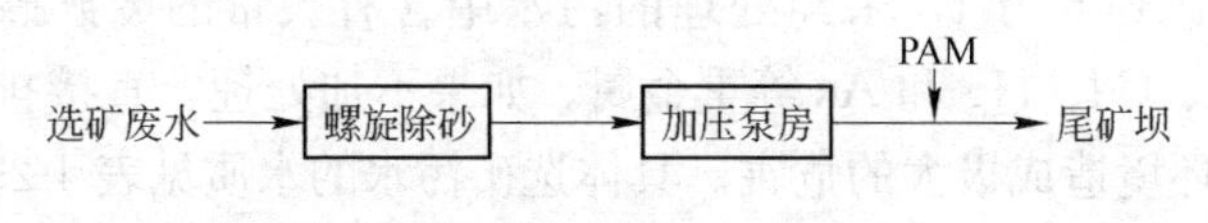

图 4-15 选矿污水处理工艺流程

A 工艺原理

当使用高分子化合物 PAM 作絮凝剂时，胶体颗粒和悬浮颗粒与高分子化合物的极性基团或带电荷基团作用，微颗粒与高分子化合物结合，形成体积庞大的絮状沉淀物。因高分子化合物的极性或带电荷的基团很多，能够在很短的时间内同许多个微颗粒结合，使体积增大的速度加快，因此形成絮凝体的速度快，絮凝作用明显，从而使得颗粒从液体中沉降和分离。

B 工艺条件

(1) 药剂配置。在 $3m^3$ 水池中加入 1.6kg 的 PAM 干粉，搅拌 240min。

(2) 药剂以 125L/h 的流速加入污水中，每天一池。

(3) 溶药中间 1.2m 水池配药顶替，仍然以 125L/h 流速加入污水中。

4.5.6.3 运行效果

经过几年的运行，除山洪暴发把尾矿和沉泥冲起而使溪水变红外，没有出现异常，证明该工艺是成功的。且污水处理成本低，每天只需 40 元。

4.5.7　广东凡口铅锌矿选矿污水处理的工程实例

广东凡口铅锌矿位于韶关市仁化县境内，该区属于潮湿多雨的亚热带气候，海拔高度为100～150m，年平均气温约为20℃，最低为-5℃，最高为40℃，年降雨量平均为1457mm左右，地下水资源丰富，土壤为红壤。

4.5.7.1　污水水质

凡口铅锌矿是中国乃至亚洲最大的同类型矿之一，目前排放污水量达到6万t，未经处理的污水中含有大量的废矿砂以及Pb、Zn、Cd、Hg和As等重金属。如果不加处理，直接排放将给周围环境造成极大的危害。具体选矿污水的水质见表4-29。

表4-29　未处理污水的水质指标　mg/L

项目	pH值	Pb	Zn	Cd	Hg	As
标准	6～9	1.0	2.0	0.01	0.001	0.1
实际	8.225	11.49	14.47	0.049	0.00034	0.0765

4.5.7.2　污水处理工艺

为了治理污水污染，凡口铅锌矿委托中山大学生命科学学院对污水进行处理。中山大学经过细致的调查，根据水质指标，采用人工湿地进行治理。

具体污水处理工艺流程为：污水经过湿地系统处理，停留时间为5d，流入一个深水稳定塘，再经出水口排入周围的农田和池塘，供农田灌溉用水。

在尾矿填充坝上种植了宽叶香蒲，经十余年的自然生长和人工扩种，逐步形成了以宽叶香蒲为主体的人工湿地。工艺原理如下文所示。

A　水生植物的净化作用

（1）水生植物的过滤作用。宽叶香蒲人工湿地生物多样性逐步提高，种群结构渐趋复杂，生产力水平高，大片密集的植株以及它们发达的地下部分形成的高活性根区网络系统和浸水凋落物，使进入湿地的污水流速减慢，这样有利于污水中悬浮颗粒的沉降及吸附于水中的重金属的去除。

(2) 湿地植物发达的通气组织不断向地下部分运输氧，使周围微环境中依次呈现好氧、缺氧和厌氧状态，相当于常规二次处理方式的原理，保证了污水中的N、P不仅被植物和微生物作为营养成分直接吸收，还可有利于硝化作用、反硝化作用及P的积累。同时水生植物对氧的传递释放以及植物凋落物有利于其他微生物大量繁殖，生物活性增加，加速污水中污染物的去除。

(3) 植物本身对重金属的吸收和累积作用。对宽叶香蒲人工湿地的宽叶香蒲根、茎、叶中重金属含量测定可知，它们具有极强的吸收和富集重金属能力。

B 土壤的富集作用

由于土壤的物理、化学、生物协同作用，污水中污染物被固定下来。土壤中黏粒及有机物含量高，对污染物吸附能力强。土壤胶粒对金属的吸附是重金属由液相变为固相的主要途径。

C 微生物降解作用

湿地污水净化过程中，微生物起着重要作用。它们通过分解、吸收污水中的有机污染物，达到改善水质、净化水体目的。

4.5.7.3 运行效果

经人工湿地处理后，出水口水质明显改善，其中Pb、Zn、Cd的净化率分别达到99.0%、97.3%和94.9%（见表4-30）。

表 4-30 处理后污水的水质指标

项 目	pH值	质量浓度/mg·L^{-1}				
		Pb	Zn	Cd	Hg	As
标 准	6～9	1.0	2.0	0.01	0.001	0.1
实 际	7.674	0.111	0.3855	0.00247	0.00014	0.01589
净化率/%		99.0	97.3	94.9	58.5	79.2

通过10年的监测结果表明，湿地受周围环境的影响较小。具体指标如下：

（1）pH 值。pH 值与入水口相比有减小的趋势，年变化范围不大，在 7.6 左右波动。呈弱碱性，符合国家工业污水排放标准。

（2）有害金属元素。对出水口有害金属元素（Pb、Zn、Cd、Hg、As）浓度年动态分析结果表明：水样中不同的重金属元素的质量分数年变化趋势不同，但都已达到国家污水排放标准。

出水口水中 Pb 含量的年变化表明，从 1991～2000 年水中的 Pb 的质量分数年变化较大，上峰接近于 0.25mg/L，下峰接近于 0.05mg/L。

10 年来 Zn 的质量分数年变化在 0.40mg/L 波动，Cd 则在 0.03mg/L 波动。

Pb、Zn、Cd 的波动范围比较大，这可能是由于污水中主要含上述重金属，而每年的排放量有较大的波动性，因此上述重金属的质量分数波动范围大；水样中含 Cd、As 比较微量，因此其质量分数受到上述因素的影响较小，其质量分数比较恒定。

凡口铅锌矿选矿污水经填充坝净化处理后，出水口水样主要指标（pH 值、Pb、Zn、Cd、Hg、As）大大降低，已经达到国家工业污水排放标准，且水质的年变化和月变化较小，最大变幅都在国家工业污水排放标准之内。证明宽叶香蒲湿地处理金属矿污水的稳定性很高，对铅锌矿污水具有明显的净化能力，用人工湿地法处理选矿污水是成功的。

5 有色冶金及稀有金属冶金废水处理及利用

5.1 有色冶金行业和稀有金属冶金废水的来源

5.1.1 有色金属工业废水

有色金属的采矿和冶炼需消耗大量的水，从采矿、选矿到冶炼，以至成品加工的整个生产过程中，几乎所有工序都要用水，都有废水排放。1989 年我国有色冶金行业用水量为 21.32 亿 t，占全国总用水量的 3.5%，而其废水排放量达到 5.18 亿 t。到 1997 年，全国工业废水排放量 415.81 亿 t，冶金企业的废水年排放量增至 25.8 亿 t。我国有色金属冶炼过程中单位产品用水量见表 5-1。

表 5-1 我国有色金属冶炼吨产品用水量

产品名称	铝	铜	铅	锌	锡	锑	镁	钛	汞
吨产品用水量/m^3	230	290	309	309	2633	837	1328	4810	3135

有色金属冶炼废水可分为重有色金属冶炼废水、轻有色金属冶炼废水、稀有色金属冶炼废水。按废水中所含污染物主要成分，有色金属冶炼废水也可分为酸性废水、碱性废水、重金属废水、含氰废水、含氟废水、含油类废水和含放射性废水等。

有色金属工业废水造成的污染主要有无机固体悬浮物污染、有机耗氧物质污染、重金属污染、石油类污染、醇污染、碱污染、热污染等。有色金属采选或冶炼排水中含重金属离子的成分比较复杂，因大部分有色金属和矿石中有伴生元素存在，所以废水中一般含有汞、镉、砷、铅、铜、氟、氰等。这些污染成分排放到环境中去只能改变形态或被转移、稀释、积累，却不能降解，因而危害较大。有色金属排放的废水中的重金属单位体积中含量不是很高，但是废水排放量大，向环境排放的绝对量大。1989 年有色冶金工业向环境中部分重金属的排放量见表 5-2。

表 5-2 1989 年有色冶金行业向环境排放的部分重金属总量

重金属名称	汞	镉	砷	铅
年排放量/t	56	88	137	226
占全国排放总量的比例/%	16	58.8	11.3	20

由于有色金属种类繁多，矿石原料品位贫富有别，冶金工艺技术先进落后并存，生产规模大小不同，所以生产单位产品的排污指标及排水水质的差别是很大的。有色金属工业是对水环境造成污染最严重的行业之一，因此对有色金属工业废水的治理工作是十分重要的。

5.1.2 生产工艺与废水来源

有色金属通常分为重有色金属、轻有色金属、稀有色金属三大类。重有色金属包括铜、铅、锌、镍、钴、锡、锑、汞等；轻有色金属主要指铝、镁；而稀有色金属则是因其在自然界含量很少而命名的，如锂、铷等。

有色冶金废水的来源为设备冷却水、冲渣水、烟气净化系统排出的废水及湿法冶金过程排放或泄漏的废水。其中冷却水基本未受污染，冲渣水仅轻度污染，而烟气净化废水和湿法冶金过程排出的废水污染较严重，是重点治理对象。

5.1.2.1 重有色金属冶炼生产工艺与废水来源

典型的重有色金属如 Cu、Pb、Zn 等的矿石一般以硫化矿分布最广。铜矿石 80%来自硫化矿，冶炼以火法生产为主，炉型有白银炉、反射炉、电炉或鼓风炉以及近年来发展起来的闪速炉；目前世界上生产的粗铅中 90%采用熔烧还原熔炼，基本工艺流程是铅精矿烧结焙烧，鼓风炉熔炼得粗铅，再经火法精炼和电解精炼得到铅；锌的冶炼方法有火法和湿法两种，湿法炼锌的产量约占总产量的75%～85%。

重有色金属冶炼废水中的污染物主要是各种重金属离子，其水质组成复杂、污染严重。其废水主要包括以下几种：

（1）炉窑设备冷却水是冷却冶炼炉窑等设备产生的，排放量大，约占总量的40%；

（2）烟气净化废水是对冶炼、制酸等烟气进行洗涤产生的，排放量大，含有酸、碱及大量重金属离子和非金属化合物；

（3）水淬渣水（冲渣水）是对火法冶炼中产生的熔融态炉渣进行水淬冷却时产生的，其中含有炉渣微粒及少量重金属离子等；

（4）冲洗废水是对设备、地板、滤料等进行冲洗所产生的废水，还包括湿法冶炼过程中因泄漏而产生的废液，此类废水含重金属和酸。

5.1.2.2 轻有色金属冶炼生产工艺与废水来源

铝、镁是最常见也是最具代表性的两种轻金属。我国主要用铝矾土为原料采用碱法来生产氧化铝。废水来源于各类设备的冷却水、石灰炉排气的洗涤水及地面等的清洗水等。废水中含有碳酸钠、NaOH、铝酸钠、氢氧化铝及含有氧化铝的粉尘、物料等，危害农业、渔业和环境。

金属铝采用电解法生产，其主要原料是氧化铝。电解铝厂的废水主要是由电解槽烟气湿法净化产生的，其废水量、废水成分和湿法净化设备及流程有关，吨铝废水量一般在1.5～15m^3之间。废水中主要污染物为氟化物。

我国目前主要以菱镁矿为原料，采用氯化电解法生产镁。氯在氯化工序中作为原料参与生成氯化镁，在氯化镁电解生成镁的工序中氯气从阳极析出，并进一步参加氯化反应。在利用菱镁矿生产镁锭的过程中氯是被循环利用的。镁冶炼废水中能对环境造成危害的成分主要是盐酸、次氯酸、氯盐和少量游离氯。

5.1.2.3 稀有色金属冶炼工艺及废水来源

稀有金属和贵金属由于种类多（约50多种）、原料复杂、金属及化合物的性质各异，再加上现代工业技术对这些金属产品的要求各不相同，故其冶金方法相应较多，废水来源和污染物种类也较为复杂，这里只作一概略叙述。

在稀有金属的提取和分离提纯过程中，常使用各种化学药剂，这些药剂就有可能以“三废”形式污染环境。例如在钽、铌精矿的氢氟酸分解过程中加入氢氟酸、硫酸，排出水中也就会有过量的氢氟酸。稀土金属生产中用强碱或浓硫酸处理精矿，排放的酸或碱废液都将污染环境。含氰废水主要是在用氰化法提取黄金时产生的。该废水排放量较大，含氰化物、铜等有害物质的浓度较高。如某金矿每天排放废水 100～2000m^3，废水中含氰化物（以氰化钠计）约 1600～2000mg/L、含铜 300～700mg/L、硫氰根 600～1000mg/L。此外，某些有色金属矿中伴有放射性元素时，提取该金属所排放的废水中就会含有放射性物质。

稀有金属冶炼废水主要来源为生产工艺排放废水、除尘洗涤水、地面冲洗水、洗衣房排水及淋浴水。废水特点是废水量较少，有害物质含量高；稀有金属废水往往含有毒性，但致毒浓度限制未曾明确，尚需进一步研究；不同品种的稀有金属冶炼废水，均有其特殊性质，如放射性稀有金属、稀土金属冶炼厂废水含放射性物质，铍冶炼厂废水含铍等。

5.2 废水的特点及重金属废水的危害

有色金属冶炼消耗大量的水，随之也产生了大量的冶炼废水。有色金属种类繁多，冶炼过程中产生的废水也种类多样。由于有色金属矿石中有伴生元素存在，所以冶炼废水中一般含有汞、镉、砷、铅、铍、铜、锌等重金属离子和氟的化合物等。此外，在有色冶金过程中还产生相当量的含酸、碱废水。

有色冶金产生的废水中，含有各类不同的重金属离子及其化合物，在土壤、人体、农植物、水生生物中逐渐累积并通过食物链进行传递，对环境的毒性影响很强。未经认真处理的有色冶金废水排入河道、渗入地下，不但会危害农林牧副渔各产业，影响工农业生产，还会污染饮用水源，危及人民的长期健康安全，因此必须充分认识重金属废水的危害，才能加强保护环境的责任心。

5.2.1 对人体的危害

锌是人体必需的微量元素之一，正常人每天从食物中吸收锌10～15mg，肝是锌的储存地，锌与肝内蛋白质结合，供给肌体生理反应时所需要的锌。但过量的锌会引起急性肠胃炎症状，如恶心、呕吐、腹泻，同时伴有头晕、周身乏力。误食氯化锌会引起腹膜炎，导致休克而死亡。

镉及其化合物对人体不是必要元素，环境受到镉污染时，可在生物体内富集，通过食物链进入人体，引起慢性中毒。进入人体的镉主要分布在胃、肝、胰腺和甲状腺内，其次是胆囊和骨骼中。镉在人体的生物半衰期很长，达到10～25年，可使人的染色体发生畸变。众所周知的镉公害病“骨痛病”首先发生在日本的富山省神通川流域，镉代替了患者骨骼中的钙而使骨质变软，最后发生肾功能衰竭而死亡。

汞是一种毒性很强的金属。汞与各种蛋白质的基团极易结合且异常牢固，汞会引起人体消化道、口腔、肾脏、肝等损害。慢性中毒时，会引起神经衰弱症，表现为肾功能损害、眼晶体改变、甲状腺肿大、女性月经失调等。

铅及其化合物对人体是有害元素。对人体的很多系统都有毒害作用，主要损坏骨骼造血系统和神经系统，引起感觉障碍等。铅进入人体消化道后，有5%～10%被人体吸收，当蓄积过量后，在骨骼中的铅会引起内源性中毒。急性铅中毒突出的症状是腹绞痛，肝炎、高血压、中毒性脑炎及贫血。

铜本身毒性很小，是生命所必须的微量元素之一，但是过量的铜对人体也有害，铜过量会刺激消化系统，长期过量促使肝硬化。而且皮肤接触铜可发生皮炎和湿疹，在接触高浓度铜化合物时可发生皮肤坏死。在冶炼铜时发生的铜中毒，主要是由与铜同时存在的砷、铅引起的。

镍进入人体后主要存在于脊髓、脑、五脏和肺中，以肺为主。其毒性主要表现在抑制酶系统，如酸性磷酸酶。镍过量初期中毒者会感觉头晕、头痛，有时恶心呕吐，长期过量则高烧，呼吸困难等，甚至精神错乱，若镍在水体中与羟基化合物结合形成羟基镍则毒性更强。

5.2.2 对农业水产的危害

重金属离子除对人体有危害外，对农业和水产也有很大的影响。用含铜废水浇灌农田会导致农作物遭受铜害，水稻吸收铜离子后，铜在水稻内积蓄，当积蓄的铜量达到农作物的万分之一以上时，不论给水稻施加多少肥料都要减产。铜对大麦的产量影响更严重，当土壤中氧化铜含量占土量的 0.01%时，大麦产量仅为无氧化铜时的 31.6%；而含量为 0.025% 时，产量只有 0.5%，即基本没有收成。锌、铅、镉、镍等重金属对植物都有危害；例如日本某矿山，废水的 pH 值为 2.6，以游离酸为主，还含有少量的锌、铜、铁，混入部分清水后，pH 值为 4.5，用这种水进行灌溉，水稻产量减少 57%，小麦和黑麦没有收成。

当水中含有重金属时，鱼鳃表面接触重金属，鱼鳃因此在其表面分泌出黏液，当黏液盖满鱼鳃表面时，鱼便窒息而亡。重金属对鱼的安全浓度为：铜、汞为 0.2～0.4mg/L，锌、镉、铅、铝为 0.1～0.5mg/L。

5.2.3 冶炼酸碱废水的危害

冶炼过程产生的酸碱废水对水生生物的生存环境和土壤环境产生很大的影响，如果不处理直接外排入水体，将改变水中正常的 pH 值，直接危害生物正常的生长。排入农田的酸碱废水会破坏土壤的团粒结构，影响土壤的肥力及透气、蓄水性，影响农作物的生长。此外酸碱废水还可能使施于农田的化肥失效或影响其溶解性能。

在铜、铅、锌的冶炼过程中，制酸工序还会产生大量的含酸污水，污水中的酸会腐蚀金属和混凝土结构，破坏桥梁、堤坝、港口设备等。

在金的冶炼过程中会产生大量的碱性含氰污水。氰是极毒物质，氰化钾对人体的致死剂量是0.25g，污水中的氰化物在酸性条件下亦会成为氰化氢气体逸出而发生毒害作用。氢氰酸和氰化物能通过皮肤、肺、胃，尤其是从黏膜吸收进入人体内，可使全部组织的呼吸麻痹，最后致死。氰化物对鱼的毒害也较大，当水中含氰量为0.04～0.1mg/L时，就可以使鱼致死；氰化物对细菌也有毒害作用，能影响污水的生化处理过程。

5.3 废水的控制方法分类

有色金属冶金废水水质水量变化十分复杂，但其处理方法基本局限于物理法、化学法或物理化学法联用，迄今为止尚无生物处理法在该领域运用的实例。

5.3.1 重有色金属冶炼废水控制方法

重有色金属冶炼废水的处理常采用石灰中和法、硫化物沉淀法、吸附法、离子交换法、氧化还原法、铁氧体法、膜分离法及生化法等。这些方法可根据水质和水量单独或组合使用。以下仅介绍其中的几种方法。

5.3.1.1 中和法

这种方法是向含重有色金属离子的废水中投加中和剂（石灰、石灰石、碳酸钠等），使金属离子与氢氧根反应，生成难溶的金属氢氧化物沉淀，再加以分离除去。石灰或石灰石作为中和剂在实际应用中最为普遍。

沉淀工艺有一次沉淀和分步沉淀两种方式。一次沉淀就是一次投加石灰乳，达到较高的pH值，使废水中的各种金属离子同时以氢氧化物沉淀析出；分步沉淀就是分段投加石灰乳，利用不同金属氢氧化物在不同pH值下沉淀析出的特性，依次沉淀回收各种金属氢氧化物。石灰中和法处理重有色金属废水具有去除污染物范围广、处理效果好、操作管理方便、处理费用低廉等优点；但其缺点是泥渣量大、含水率高，脱水困难。

5.3.1.2 硫化物沉淀法

这种方法是向含金属离子的废水中投加硫化钠或硫化氢等硫化剂，使金属离子与硫离子反应，生成难溶的金属硫化物，再予以分离除去。硫化物沉淀法的优点是通过硫化物沉淀法把溶液中不同金属离子分步沉淀，所得泥渣中金属品位高，便于回收利用；此外，硫化法还具有适应pH值范围大的优点，甚至可在酸性条件下把许多重金属离子和砷沉淀去除。但硫化钠价格高，处理过程中产生的硫化氢气体易造成二次污染，处理后的水中硫离子含量超过排放标准，还需作进一步处理；另外，生成的细小金属硫化物粒子不易沉降。这些都限制了硫化法的应用。

5.3.1.3 铁氧体法

往废水中添加亚铁盐，再加入氢氧化钠溶液，调整pH值至9～10，加热至60～70℃，并吹入空气，进行氧化，即可形成铁氧体晶体并使其他金属离子进入铁氧体晶格中。由于铁氧体晶体密度较大，又具有磁性，因此无论采用沉降过滤法、气浮分离法还是采用磁力分离器，都能获得较好的分离效果。铁氧体法可以除去铜、锌、镍、钴、砷、银、锡、铅、锰、铬、铁等多种金属离子，出水符合排放标准，可直接外排。

5.3.1.4 还原法

投加还原药剂，可将废水中金属离子还原为金属单质析出，从而使废水净化，金属得以回收。常用的还原剂有铁屑、铜屑、锌粒和硼氢化钠、醛类、联胺等。采用金属屑作还原剂，常以过滤方式处理废水；采用金属粉或硼氢化钠等作还原剂，则通过机械或水力混合、反应方式处理废水。

含铜废水的处理可采用铁屑过滤法，铜离子被还原成为金属铜，沉积于铁屑表面而加以回收。含汞废水可采用钢、铁等金属还原法，废水通过金属屑滤床或与金属粉混合反应，置换出金属汞而与水分离，此法对汞的去除率可达90%以上。为了加快置换反应速度，常将金属破碎成2～4mm的碎屑，除去表面油污和锈蚀层并适当加温。为了减少金属屑与氢离子反应的无价值消耗，用铁屑还原时，pH值应控制在6～9；而用铜屑还原时，pH值在1～10之间均可。

5.3.2 轻有色金属冶炼废水控制方法

铝冶炼废水除氟途径有两种，一是从含氟废气的吸收液中回收冰晶石；二是对没有回收价值且浓度较低的含氟废水进行处理，除去其中的氟。

含氟废水处理方法有混凝沉淀法、吸附法、离子交换法、电渗析法及电凝聚法等，其中混凝沉淀法应用较为普遍。按使用药剂的不同，混凝沉淀法可分为石灰法、石灰—铝盐法、石灰—镁盐法等。吸附法一般用于深度处理，即先把含氟废水用混凝沉淀法处理，再用吸附法作进一步处理。

石灰法是向含氟废水中投加石灰乳，把pH值调整至10～12，使钙离子与氟离子反应生成氟化钙沉淀。这种方法处理后的水中含氟量可达10～30mg/L，其操作管理较为简单，但泥渣沉淀缓慢，较难脱水。

石灰—铝盐法是将废水pH值调整至10～12，投加石灰乳反应，然后投加硫酸铝或聚合氯化铝，使pH值达到6～8，生成氢氧化铝絮凝体吸附水中氟化钙结晶及氟离子，经沉降而分离除去。这种方法可将出水含氟量降至5mg/L以下。此法操作便利，沉降速度快，除氟效果好。如果加石灰的同时加入磷酸盐，则与水中氟离子生成溶解度极小的磷灰石沉淀[$Ca_2(PO_4)_3F$]，可使出水含氟量降至2mg/L左右。

5.3.3 稀有金属冶炼废水处理与控制方法

稀有金属和贵金属冶炼废水的治理原则和方法与重金属冶炼废水有许多相似之处，这里不再赘述。但是，稀有金属和贵金属种类繁多，原料复杂，不同生产过程产生的废水极具“个性”，因而处理和回收工艺要注意针对废水的特点，因地制宜地采取相应的方法。

5.4 有色冶金废水和稀有金属冶金的零排放技术

5.4.1 推行清洁生产工艺

有色金属冶炼企业是“三废”污染排放量极大的工业企业，从水污染控制角度，进行生产环节的清洁生产应采用以下措施。

革新生产工艺才能从根本上消除或减少废水排放，减少生产废水的总量，降低单位产品的排污量并最终降低总排污量。以铅铸生产为例，国外某年产量 39.47 万 t 的铅锌冶炼厂其每小时的废水量为 $270m^3$，而我国株洲冶炼厂年产量只有其 41%，但每小时的废水量却达 $1155m^3$，是前者的 4.3 倍。可见，我国有色冶金企业在降低用水总量及单位产品的耗水量方面尚有很大的潜力，通过企业内部生产工艺革新及提高废水的循环率和复用率等措施，是可以改善目前的现状的。

5.4.2 提高水的循环利用率

提高水的循环率是防止和根治工业企业污染的另一主要措施。为提高废水的循环率和复用率，在企业内部必须做到严格监测，清污分流，通过局部处理及串级供水两项措施尽量减少新鲜水的使用量。

在废水处理之前，一般是首先进行清污分流，把未被污染或污染甚微的清水和有害杂质含量较高的污水彻底分开。清水直接返回生产使用，污水可预先在车间或工序稍加净化，净化水如能满足生产要求，即返回工序使用。也可以将水质要求较高的工序或设备排水作为水质较低的工序或设备的给水，即串级供水。

国外发达国家冶金企业水的循环率都较高，俄罗斯铅冶炼废水循环率达 80%以上；日本铅锌冶炼达 96%以上，其中个别企业已实现工业用水循环率 100%。相比之下，我国工业水的循环利用率与工业发达国家还有一定的差距，多数厂家尚未达到有关规定的要求。在有色金属冶金企业内部应加强生产用水的管理，避免交叉污染，以确保清污分流，从而提高废水的循环率和复用率。

5.4.3 运行实例、处理效果及技术经济指标

水口山矿务局第三冶炼厂是一个具有 80 多年历史的铅冶炼厂，在进行废水治理之前，首先进行了污水的水质水量调查。在此基础上，将水质清污分流，分而治之。

采用的具体措施有如下几种。

5.4.3.1 炉、烟化炉冲渣水实行闭路循环

对鼓风炉、烟化炉冲渣水实行闭路循环，一改以往新水冲渣、冲渣水沉淀后外排的做法。建立集中水池，将冲渣水进行初步沉淀，冷却后溢流进入第二集水池进行沉淀，之后再进入循环冷却水池进行自然沉淀，冷却后再回用于冲渣。这一措施年节约新水 135.42 万 t，减少排污量 135.42 万 t。

5.4.3.2 冶炼炉冷却水实现闭路循环

一般来讲，有色冶炼冷却水占总用水量的 60%～90%。具体操作时是将厂区三个冶炼炉的冷却水混合，混合水水温比进水平均高约 15℃，集中冷却后再进行分炉循环利用。冷却设施采用了玻璃钢逆流机械通风冷却塔。本项措施使得三个冶炼炉的冷却水年复用量为 143.76 万 t，年节约新水 143.76 万 t，即年少排污水 143.76 万 t。

5.4.3.3 湿法铅渣等废水实现闭路循环

湿法铅渣废水经稍为沉淀后实现闭路循环，铅渣送铅冶炼系统回收铅，年获利 40 余万元。另外，对镉电解水等也实现了闭路循环。

5.4.3.4 混合废水的综合治理

通过上述闭路循环的实施，第三冶炼厂的废水年复用率达 78.26%。对其余的废水进行收集并进行混合处理。

通过以上技术的改造，总投资70.5万元，排水达标率达到95%以上，处理后的水质阐述见表5-3。

表5-3　水口山矿务局第三冶炼废水综合治理水质参数

废水名称	质量浓度/mg·L^{-1}									pH值
	SS	Pb	Zn	Cu	Cd	As	Hg	COD	F	
废水站进水	182	16.48	16.64	0.221	1.83	0.375	0.029	3.513	1.368	7.5
废水站出水	17	0.164	0.181	0.028	0.087	0.013	0.0007	1.293		7.8
去除率/%	90.5	99	98.8	87.3	95.2	96.5	97.6	63.2		

5.5 含酸、碱废水处理和利用

5.5.1 废水的酸碱度与pH值

废水的酸度是指化合物在水中解离而产生氢离子的量度。如盐酸、硫酸、硝酸、磷酸等是易解离的强酸，碳酸及大多数有机酸则是不易解离的弱酸。废水的碱度是由化合物在水中解离出氢氧离子所生成。碱度常用废水消耗的酸量来度量，许多无机化合物和有机化合物都能产生碱度。

pH值是用来表示水中氢离子的浓度的，它是氢离子浓度的负对数值，即$pH=\lg 1/[H^+]$。pH值小于6.5为酸性，pH值大于8.0为碱性，pH值在6.5～8.0之间则为中性。pH值是判断水溶液化学和生物学性质的有效参数，但它被广泛地用于工业排水和河流水质标准的表达，代替酸度或碱度的表示方式。大部分水生生物都适于生活在pH值为6.8～9的水中。酸性过强或碱性过强，都不利于生物生长。

5.5.2 酸碱废水的治理技术

5.5.2.1　中和法处理酸性废水

A　处理方式

a　投药

一般用于酸性废水中含重金属盐类、有机物或在有廉价中和剂时使用。投药多采用湿投法，即预先将中和剂（如氢氧化钙）调到一定浓度，然后定量地投入废水中。

b 过滤

一般分为普通过滤、升流过滤、滚筒过滤等方式。

普通过滤一般用于处理含盐酸和硝酸的废水。因其废水中所含的酸与石灰石中和后，产生可溶性盐类，利于滤除。如处理含硫酸废水时，则要求废水中的硫酸不得超过5%，且进水负荷率须小于3.4L/s·m^2。因过量硫酸将使硫酸钙沉淀，使滤料表面结垢、堵塞，以致降低处理效率或失效。普通过滤的工艺流程为：废水先入调节池，再进中和过滤池，过滤后的废水可与其他废水混合排放。普通过滤中和采用的滤层厚度为1～1.5m，滤料直径小于5cm。

B 中和剂选用

a 石灰石处理酸性废水

使酸性废水通过石灰石滤池，酸与碳酸钙反应，生成相应的盐与碳酸。在处理过程，只要保持石灰石过量，使其处于活性状态，反应就能继续进行。并要求避免滤床堵塞，特别在处理含硫酸废水时，应予注意，如前文所述。

石灰石的更新需视酸性废水的量和质的情况而定。当废水中含有机物时，还可能产生泡沫。

b 石灰乳处理酸性废水

化学反应与石灰石滤床相似，但石灰可连续转化为硫酸钙，并与废水分开。石灰与酸的作用较慢，加热或充氧都能使反应速度加快。

c 烧碱处理酸性废水

优点是反应速度快，所需投药量少，中和反应生成物为可溶性的物质，不增加受纳水体的硬度。缺点是费用较高。此法适于小规模酸性废水的处理。

5.5.2.2 酸碱废水中和方法

酸碱废水的混合可在一项处理工序内完成，也可在相邻工厂之间完成。例如：建筑材料厂产生的碱性废水（石灰和氧化镁）

在均化以后，用泵送到另一化工厂，和那里的酸性废水混合，解决了两厂的废水处理问题。

酸碱废水中和是以废治废的好方法，但一般因酸碱废水排放不稳定，直接处理效果不太好，因而常须增设一定容积的贮池，分别储存酸碱废水，到一定程度时再进行中和。

5.5.3 碱性废水处理技术

碱性废水处理也常用中和法。中和剂有烟道气、压缩二氧化碳、硫酸和工业废酸水等。

5.5.3.1 二氧化碳气中和法

（1）在充分燃烧的烟道气中大约含有14%的二氧化碳，将烟道气逼入碱性废水进行中和处理，是比较先进而经济的方法。利用烟道气中和的设备包括：设于烟道气中的鼓风机，输气管道，烟道气中的除硫和未燃炭的过滤器，向废水中布气的扩散器等。废水中有一定数量的硫时，通入烟道气会产生硫化氢臭气，因而应将其烧掉、吸收或通过高烟囱排放掉。

（2）压缩二氧化碳处理法作用原理同压缩空气作用于曝气池一样，将二氧化碳溶于水形成碳酸，碳酸进而与碱作用生成盐。本法操作简单，但处理的废水量较大时费用较高。

5.5.3.2 浸没燃烧法

浸没燃烧法是使空气和天然气的混合物在水下燃烧，生成的二氧化碳溶于碱性废水中，起中和作用。该法曾用于处理尼龙生产废水，作为生化处理前的预处理手段。

5.5.3.3 酸中和法

常用的酸中和剂为硫酸，用硫酸中和碱性废水的应用较广。但其缺点是：价格较贵，硫酸有腐蚀性，操作不便。硫酸中和碱性废水时，所用硫酸量可根据滴定曲线来求得，滴定曲线可用不同剂量硫酸中和碱性废水求出。在实际应用中，各工厂可通过实验求出本厂条件的滴定曲线，供日常工作使用。

此外，利用某些酸性废水，亦可中和碱性废水。例如煤矿坑废水常为酸性，并含有硫酸铁和硫酸铝用此废水洗涤原煤时，由于原煤中含有碳酸钙和碳酸镁，因而可获得中性出水。用废酸水和废碱水混合，是一种以废制废、趋利避害的有效措施，其主要问题是要掌握酸与碱的种类、浓度，以便做到适量地中和。

5.5.3.4　生物处理法

含碱废水往往含有大量有机物，可利用生物发酵产生 CO_2，使碱性降低，同时去除有机物。生物脱碱常用生物滤池和生物转盘法。

生物脱碱法曾用于造纸黑液处理，在黑液中投加底泥，用蒸汽升温至37℃，经48～72h消化，黑液变为中性。将母液吸出25%～30%，补进同样量的新黑液，再经16～24h，黑液再次呈中性，处理后的黑液可用于肥田。生物滤池也曾应用于造纸碱性废水的处理，处理后其五日生化需氧量可由300～350mL/L降至60～80mL/L。此外，还有生物转盘曾用于煮麻废水处理。

5.5.3.5　回收或重复利用

（1）燃烧法回收造纸黑液中的碱。造纸黑液经蒸发处理，浓度达45%以上，放入燃烧炉，在燃烧炉中浓缩，有机化合物钠盐（NaOR）加热分解为无机钠盐（Na_2O），进而与碳反应，生成熔融物。产物自炉中取出，溶于水，主要生成碳酸钠，加石灰转化成氢氧化钠，重新用于造纸。本法适用于大、中型木浆造纸。

（2）电渗析法回收碱。采用电渗析器，碱回收率达到70%～90%。本法适用于小型造纸厂，存在问题是电耗太大，回收1t片碱约耗电5000kW·h。

（3）反渗透法回收，无机碱分离率达84%，粗碱液可回用。

（4）印染废水蒸浓碱回收法。碱回收量较大可采用三效蒸发回收碱，小厂可用薄膜蒸发器回收碱。采用薄膜蒸发器，废碱液被送入薄膜蒸发器上部的分配盘，使其沿内壁向下流动，由内部的旋转刮板形成薄膜，内外筒通入蒸汽，使废碱液中的水分蒸发，碱被浓缩。该法设备少、占地小，但使用蒸汽，用水量亦较大。

5.6　含金废水处理和利用

金是一种众所周知的贵金属，从含金废液或金矿沙中回收和提取金，既做到了合金资源的充分利用，又可创造出极好的经济效益。常用的含金废水处理和利用方法有电沉积法、离子交换法、双氧水还原法以及其他技术。

5.6.1　电沉积法

电沉积法是利用电解的原理，利用直流电进行溶液氧化还原反应的过程，利用阴极上还原反应析出贵金属，如金、银等。

采用电沉积法回收金的过程，是将含金废水引入电解槽，通过电解可在阴极沉积并回收金。阴极、阳极均采用不锈钢，阴极板需进行抛光处理；电压为 10V，电流密度为 0.3～0.5A/dm^2。电解槽可与回收槽兼用，阴极沿槽壁设置，电解槽控制废水含金浓度大于 0.5g/L，回收的黄金纯度达 99%以上，电流效率为 30%～75%。为提高导电性，可向电解槽中加少量柠檬酸钾或氰化钾。采用电解法可以回收废水中金含量的 95%以上。

上述电解法回收金是普遍应用的传统方法。利用旋转阴极电解法提出废水中的黄金，回收率可以达到 99.9%以上，而且金的起始浓度可低至 50mg/L，远远低于传统法最低 500mg/L 的要求。该方法可在同一装置中实现同时破氰，根据氰的含量，向溶液中投加 NaCl 1%～3%，在电压 4～4.2V，电解 2～2.5h，总氰破除率大于 95%。进一步采用活性炭吸附的方式进行深度处理，出水能实现达标排放。

旋转阴极电解回收黄金的工艺流程见图 5-1。

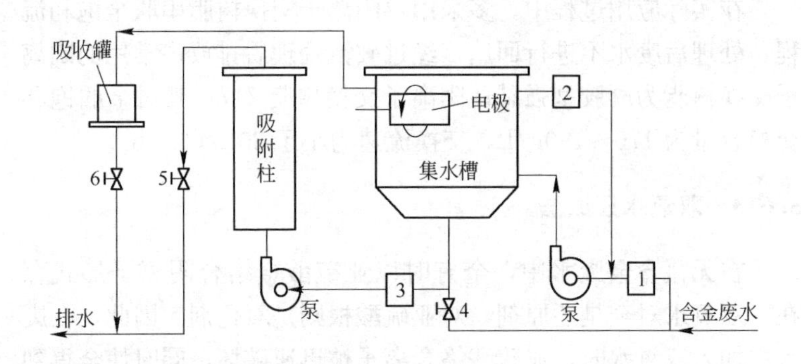

图 5-1 旋转阴极电解回收黄金工艺流程

5.6.2 离子交换树脂法

具有离子交换能力的物质通称为离子交换体。离子交换体分为有机和无机两类，有机离子交换体又有碳质和树脂交换体之分。离子交换树脂是由单体聚合和缩聚而成的人造树脂经化学处理，引入活性基团而成的产物。因活性基团的交换性能不同，可分为阳离子交换树脂合阴离子交换树脂。

离子交换树脂的具体应用可以归为五种类型：转换离子组成、分离提纯、浓缩、脱盐以及其他作用。采用离子交换树脂处理含金废水即是利用其转换离子组成的作用进行的。在氰化镀金废水中，金是以 $KAu(CN)_2$ 的络合阴离子形式存在的，可以采用阴离子交换树脂进行处理，工作原理如下：

$$RCl+KAu(CN)_2 \longrightarrow RAu(CN)_2+KCl$$

交换后的树脂由于 $Au(CN)_2$ 络合离子的交换势较高，采用丙酮－盐酸水溶液再生可以获得满意的效果，洗脱率可达到95％以上。在洗脱过程中，$Au(CN)_2$ 络合离子被 HCl 破坏，变成 AuCl 和 HCN，HCN 被丙酮破坏，AuCl 溶于丙酮中，然后采用蒸馏法回收丙酮，而 AuCl 即沉淀析出，再经过灼烧过程便能回收黄金。

在实际应用过程中，多采用双阴离子交换树脂串联全饱和流程，处理后废水不进行回用，经过破氰处理后排放。常用的阴离子交换树脂为凝胶型强碱性阴离子交换树脂 717，其对金的饱和交换容量为 170～190g/L，交换流速为小于 20L/(L·h)。

5.6.3　双氧水还原法

在无氰含金废水中，金有时以亚硫酸金络合阴离子形式存在。双氧水对金是还原剂，对亚硫酸根则是氧化剂。因此，在废水中加入双氧水时，亚硫酸络合离子被迅速破坏，同时使金得到还原。反应过程如下：

$$Na_2Au(SO_3)_2 + H_2O_2 \longrightarrow Au\downarrow + Na_2SO_4 + H_2SO_4$$

双氧水用量根据废水的含金量而定。一般投药比为 $Au : H_2O_2 = 1 : (0.2 \sim 0.5)$，加热 10～15min，使得过氧化氢反应完全析出金。

5.6.4　其他处理和回收技术

含金废水的处理还可以采用萃取、还原、活性炭吸附的方法进行处理，广东某金矿采用萃取后，碱液体中和，并采用特定还原剂（简称 B）回收废液中金，再采用活性炭吸附后外排，处理后的排放水中金含量小于 $0.1g/m^3$，pH 值接近中性。

此外，采用硼氢化钠、氯化亚铁、新型活性炭纤维可以从含金废水中回收金。含金废水还可以采用生态的方法进行富集，早在 1900 年，Lungwitz 就提出利用指示植物可以寻找金矿。有报道表明，植物中富集的金含量可以达到土壤的 10～100 倍，苦艾树、蓝藻类均具有很强的富金能力。戴全裕等人采用水芹菜进行废水中金富集的试验，结果表明，在污水停留时间 5 天的条件下，其净化效率达到 97%以上，这为含金废水的绿色治理技术的发展和资源回收提供了有力的科学依据，有着广阔的市场应用前景和环境效益。

5.7 含铅废水处理和利用

含铅废水的处理方法主要有沉淀法、离子树脂交换法、吸附法等。冶炼工业的含铅废水产生量大，铅离子浓度较低；铅是一种毒性很强的重金属，加强含铅废水的综合防治，推行清洁生产工艺，进行减排和资源回收，是含铅废水处理的根本原则，本节对含铅废水的处理和利用进行讨论。

5.7.1 化学沉淀法

化学沉淀法是利用铅化合物的溶度积原理进行废水中重金属铅的分离、处理的过程，主要针对废水中 Pb^{2+} 的处理。

由于氢氧化铅的容度积较小（4.2×10^{-15}），在含氢氧化铅的废水中可以加入药剂生成氢氧化铅沉淀，达到沉淀除铅的目的，其最适宜的 pH 值为 9～10，出水中铅浓度小于 0.03mg/L。pH 值高时铅有返溶现象，使处理效果下降。常采用的药剂一般采用石灰和氢氧化钠，同时投加无机絮凝剂（碱式氯化铝等）作为凝聚剂，投加量为 10mg/L 左右；反应时间 1～2h；为使反应均匀应设置搅拌装置。废水经过中和反应、沉淀、过滤后，可实现达标排放。

含 Pb^{2+} 废水亦可以投加碳酸盐，形成碳酸铅沉淀，其反应的最佳 pH 值应控制在 8～9.2；亦可以使得含铅废水通过白云石滤床，形成碳酸盐沉淀，酸得到中和，用清水冲洗，可使得过滤床得到再生。在实践中，一般采用升流式中和滤池，进水含酸浓度应控制在 2g/L 以下，处理后出水 pH 值在 5 左右，废水中铅离子不能达到排放标准，还需投加石灰或氢氧化钠使废水的 pH 值达到 8 左右，才能使得铅离子浓度达到 1mg/L 以下。

5.7.2 离子交换树脂法和吸附除铅法

离子交换树脂法对处理无机铅和有机铅都有效，一般用于二级或深度处理上，以保证废水达标排放。

吸附法亦是含铅废水处理的常用方法，常用的吸附剂有活性炭、腐殖酸煤等，许多无机絮凝剂在水中形成的矾花絮体具有巨大的比表面积，对含铅废水的吸附去除作用亦较强。用腐殖酸煤吸附处理含铅废水和有机废水可以得到很好的效果，其饱和容量能达到340mg/g；活性炭对含铅废水的处理亦具有很好的效果，在适当的前处理条件下，含铅废水经过活性炭过滤后，排放废水中铅含量能达到0.1mg/L以下，活性炭处理含铅废水，在实际应用中，常作为末端把关措施使用。

5.7.3 含铅废水的综合防治工艺

含铅废水中铅的形态包括有机铅、无机铅化合物以及铅粉。不同铅形态的含铅废水其处理方法亦不尽一致。有机铅废水常采用离子交换的方法处理，无机铅离子多采用化学沉淀的主体处理工艺，而铅粉废水则采用过滤、吸附的方法处理是有效的。在实际含铅废水中，铅的形态往往是多形态存在的，其处理工艺是多种单元的组合。下面介绍两种典型的含铅废水的处理工艺。

5.7.3.1 含铅粉废水的处理与利用

由于铅粉颗粒较细、沉降难，因此，当含铅粉浓度较低时，需投加凝聚剂进行吸附、网捕沉降。当采用碱式氯化铝凝聚剂时，铅粉与碱式氯化铝的投药比(质量比)约为1∶(2～0.5)。铅粉浓度越高，投药量越少，当铅粉浓度超过1000mg/L时可不加凝聚剂，在垂直沉降速度为0.05～0.1mm/s时，铅粉的去除效率可达到90%以上。废水经过沉淀后需进行过滤才能排放。过滤有以下两种方式。

A 无烟煤-硅沙双层滤料和硅沙过滤

滤池一般采用压力式滤池，也有采用重力式快滤池的。滤层厚度在以硅沙单层过滤时为600～700mm；以无烟煤-硅沙双层过滤时，滤层厚各为400mm。

重力过滤滤速采用 6～8m/h，反冲洗强度为 $15m^3/(m^2 \cdot s)$，反冲洗时间 6～7min。压力滤池的滤速采用 15～18m/h，反冲洗强度为 $17m^3/(m^2 \cdot s)$，反冲洗时间 7～8min。

B 微孔滤管过滤

微孔滤管宜采用聚乙烯为原料烧制而成，滤速采用 0.5～1.0m/h，正压进水。废水进入滤管后，铅粉被截留在滤管外壁，净化后水从滤管内壁排除，过滤器的滤管脱泥有自动和间歇两种方式。当滤管使用几个周期后，过水通量会逐步下降，说明有堵塞现象，此时，停机用酸浸泡使滤管复原。

选用滤管时，要注意选用的滤管壁厚不宜大于 5mm，过厚会增加阻力，过薄则强度不够。

5.7.3.2 铅、酸混合废水的处理与利用

铅酸混合废水的处理，常采用“废水、调节、反应、沉淀、过滤”的工艺进行，处理流程中调节废水 pH 值的控制和检测过程一般采用自动控制，pH 值一般控制在 8～9 之间。沉淀设备多采用斜板式。一般工艺如图 5-2 所示；对于大型含铅废水处理，其流程一般见图 5-3。

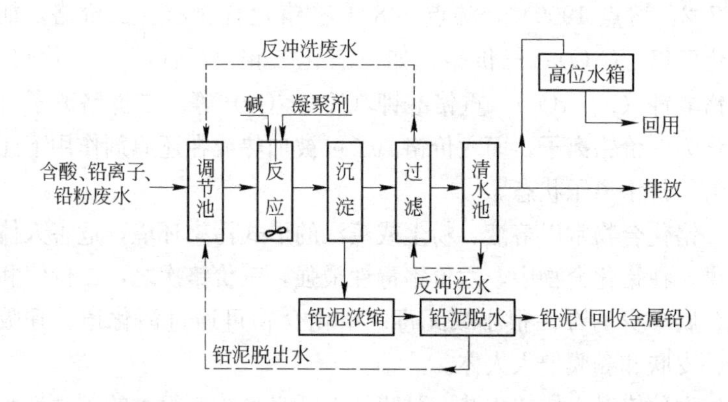

图 5-2 含酸、铅离子、铅粉混合废水处理流程

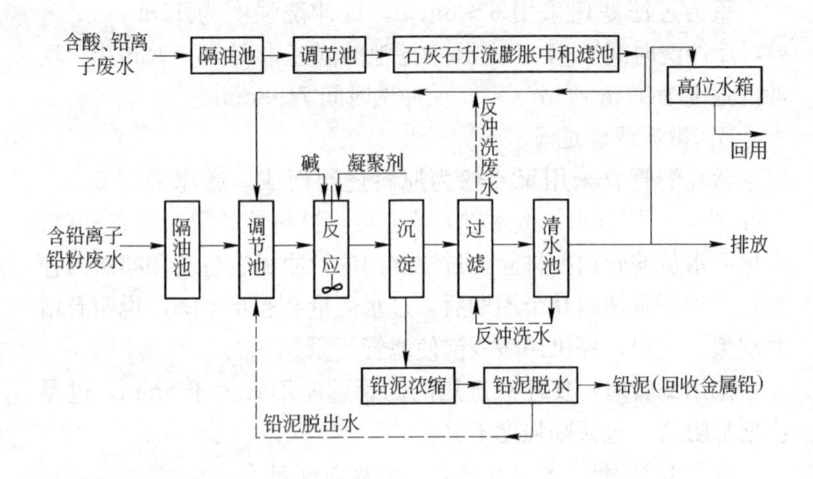

图 5-3　含酸、铅离子、铅粉混合废水处理流程

5.8　含铬废水处理和利用

5.8.1　铬及其化合物的性质与危害

铬（Cr）是一种银白色有光泽，坚硬而耐腐蚀的金属。比重 7.2，熔点 1900℃，沸点 2480℃。铬化合物有：二价铬，如氧化亚铬（CrO）；三价铬，如三氧化二铬（Cr_2O_3）；六价铬，如铬酸钾（K_2CrO_4），重铬酸钾（$K_2Cr_2O_7$）等。二价铬离子可氧化为三价铬离子，而六价铬离子可被加热或在还原剂作用下还原为三价铬离子状态。

铬化合物常以溶液、粉尘或蒸汽的形式污染环境，危害人体健康。在铬化合物中，六价铬毒性最强，三价铬次之，二价铬和铬金属本身的毒性很小或无毒。铬化合物可通过消化道、呼吸道、皮肤和黏膜侵入人体。

六价铬对人体的皮肤、黏膜、上呼吸系统有很大的刺激性和腐蚀作用。铬及其化合物是一种较常见的致敏物质。如引起接触性皮炎和湿疹，对鼻黏膜损害，形成萎缩性鼻炎，鼻隔膜充血，糜烂溃疡以致穿孔。当铬被机体吸收到血液后，遇血中氧即形成氧化铬，夺取血中部分氧气，使血红蛋白变为高铬血红蛋白，致使血红细胞携氧机能发生障碍，血中氧含量减少，就会发生窒息。铬盐对胃、肠黏膜有极强的刺激作用，对中枢神经系统有毒害作用，可能出现头痛、贫血、消化障碍以及肾脏损害。国外报道，六价铬和三价铬都有致癌作用，特别是肺癌和支气管癌发病率最高。六价铬对人的致死量约6～8g。铬在地面水中最高允许浓度：三价铬为0.5mg/L，六价铬为0.1mg/L；生活饮用水最高允许浓度（六价铬）为0.05mg/L。

铬及其化合物在工业生产各个领域广泛应用，是冶金工业、金属加工、电镀、制革、油漆、颜料、印染、制药、照相制版等行业必不可少的原料。以上工业部门分布点多而面广，每天排出大量含铬废水、粉尘和蒸汽，必须加以有效的治理，否则会造成对环境的污染和危害人体健康。

5.8.2 铬及其化合物的治理技术

目前，含铬废水的处理方法很多，主要有化学还原法、离子交换法、电解还原法、活性炭处理法、蒸发浓缩法、逆流漂洗法以及电渗析法等。

5.8.2.1 化学还原法

A 药剂还原法

利用化学药剂如硫酸亚铁、亚硫酸氢钠、二氧化硫等为还原剂，将电镀废水中六价铬离子还原成三价铬离子，然后投加碱剂（如石灰、氢氧化钠等）调节pH值，使三价铬形成氢氧化铬沉淀除去。当采用硫酸亚铁时，投药比为：$FeSO_4 \cdot 7H_2O : Cr = 28 \sim 30 : 1$（质量比）；亚硫酸氢钠投药比为：$NaHSO_3 : Cr = 8 : 1$（质量比）为最佳。

B 铁氧体法

此法实际上是硫酸亚铁法的演变和发展。它的特点是加热至60～80℃，长时间鼓风氧化，并控制反应条件，如硫酸亚铁投入量、反应温度、pH 值、搅拌等。最后生成铬铁氧体沉淀。铁氧体是指具有铁离子、氧离子及其他金属离子所组成的氧化物晶体，其分子式可简写成：AB_2O_4，其中 A、B 分别表示金属离子在晶格中的位置。其占据 A 位置或 B 位置的优先趋势不尽相同。经 X 射线衍射分析，沉渣的主体属尖晶石结构。

铁氧体法是投加硫酸亚铁来还原六价铬成三价铬的，其反应为：

$$Cr_2O_2^{7-}+6Fe^{2+}+14H^+ \longrightarrow 2Cr^{3+}+6Fe^{3+}+7H_2O$$

在反应过程中，由于投入过量的硫酸亚铁，因此还存在着未参加反应的二价铁离子。然后给生成铁氧体所必须的其他条件，如反应温度、pH 值和金属离子的浓度以及进行空气搅拌等，最后生成铬铁氧体，其反应为：

$$(2-x)Fe^{3+}+xCr^{3+}+Fe^{2+}+8OH^- \longrightarrow FeO \cdot Fe_{2-x}Cr_xO_3+4H_2O$$

按理论计算，要生成铬铁氧体其硫酸亚铁投药比应为：

$FeSO_4 \cdot 7H_2O : CrO_3 = 13.9 : 1$。在实际使用中投加比为 16∶1 已能满足需要，试验温度以 60～70℃为宜，中和的 pH 值在 8 左右。

C　铁粉和铁屑处理法

用铁粉或铁屑等处理含铬废水的原理主要是利用铁的标准电位低、化学活性强以及在酸性溶液中容易释放出大量电子而生成亚铁离子的特性，将废水中六价铬还原成三价铬。对其他重金属也同时存在置换反应。

铁粉法处理含铬废水。该法效果良好，其进水含总铬均为 40mg/L 左右，pH 值经用再生酸调整后为 5 左右，出水 pH 值在 6.5～7，含总铬在 0.5mg/L 以下，含 Cr^{6+} 可小于 0.1mg/L，并可去除部分其他金属离子。采用铁粉处理含铬废水，常采用铁粉过滤罐：内装粒径 10～15 目铁粉。铁粉可采用金属加工废料。滤速 3m/h 左右，废水与铁粉接触时间 30min。

当铁粉除铬达到一定容量时，除铬能力下降，就需进行再生。再生用 5% HCl 溶液，打入过滤罐浸泡 20min，将废酸放出，反复进行两次。再用自来水反冲 15min 左右，即可重复使用。再生液可用以降低含铬废水的 pH 值，这样可提高铁粉的除铬效果。同时利用废再生液中的亚铁离子，把进水中六价铬还原为三价铬，然后进入过滤罐前进行预沉淀，降低进水含铬量，延长过滤周期，一般再生周期在 150h 左右。

D 钡盐法

利用碳酸钡或氯化钡与含铬废水接触时，由于铬酸钡的溶度积比碳酸银小，所以进行了置换反应。由于处理后水中尚有一定量的残钡，因此必须用石膏过滤进行除钡。

根据一些工厂的运转经验，反应后 3h 以上的沉淀时间，可不用设置微孔滤管过滤装置，因为微孔滤管易堵塞。另一种办法将微孔滤管改为立式安装，这样可利用管内存水反冲，并加强管理，经常用水反冲或酸洗，保持滤管不堵或延长堵塞周期。另外，铬酸钡污泥初次失效后仍可回用几次，以提高药效和污泥的回收效果。

采用钡盐法处理含铬废水产生的污泥量较大且不好处理。因此，解决好污泥回收问题是此法的关键。另外药剂货源以及技术上和管理上都要认真解决和对待，否则会影响钡盐法的运行。钡盐法即通过投加钡盐使废水中铬酸转变为铬酸钡沉淀，从而得以分离除去，此法已得到较多的应用。上海光明电镀厂、上海开关厂、重庆红岩机械厂、北京北郊木材厂、沈阳电镀厂、杭州电镀卡采用钡盐法处理含铬废水。

E 中和沉淀法

a 沉淀法处理含铬废水

上海印染十厂，废水来源于少量镀铬后的淋洗液，含三价铬离子以及六价铬离子。处理时先用焦亚硫酸钠和亚硫酸作还原剂，把六价铬离子还原成三价铬离子，再在不断搅拌下加入浓烧碱，控制 pH 值至 7.5～8.5，使生成氢氧化铬沉淀；在严格控制 pH 值至 7.5～8.5 时，残液铬离子浓度为 0.1～0.2mg/L，低于国家排放标准。

b　硫酸亚铁—石灰法处理含铬废水

广州七五零厂利用硫酸亚铁的还原作用，把废水中的六价铬还原为三价铬，又加石灰使 Cr^{8+} 在 pH 值为 8.5～9 的条件下，以氢氧化铬的形成沉淀分离，硫酸亚铁用量为六价铬含量的 16 倍。处理后出水含铬达到国家排放标准。该法适用于含铬浓度变化大的废水，但沉渣量大且含铁，不易找出路。

c　硫酸亚铁＋漂白粉法处理铬氰混合废水

沈阳市金属制品一厂的电镀废水含氰化物 200mg/L，含 Cr^{8+} 100mg/L。经用硫酸亚铁＋漂白粉法处理后，出水含 Cr^{8+} <0.1mg/L，氰化物<0.1mg/L。此法处理效果好、费用低，但产生的污泥量大，装置要求严密，以防氢氰酸气逸出。

5.8.2.2　离子交换法

本法是将废水通过离子交换树脂，利用树脂对废水中的铬酸根和其他离子的吸附交换作用，达到净化和回收的一种物理化学方法。树脂分类较多，可处理不同的含铬废水。在处理中可采用单柱、双柱、三柱等流程，其中三柱流程较方便，树脂利用率高，此法主要用于废水的预处理。

目前，离子交换法的装置类型很多，主要有固定床、移动床和流动床。使用较多的还是固定床、复床和多床类型。随着离子交换法的应用，目前国内许多环保设备厂生产了成套的离子交换装置，对中小型电镀厂（点）的废水治理起了一定的推动作用。

5.8.2.3　电解还原法

电解还原法的基本原理是：铁阳极在电解槽液中，通入直流电，使其析出的亚铁离子将一部分六价铬还原成三价铬。电解法在国外主要用以回收浓度高的废液，如金、银、铜、锡、钡等金属。

此法的优点是处理水质稳定，操作工艺简便，同时在设备的设计方面具有较成熟的经验。电解还原法产生的污泥是当前亟待解决的问题，有的用污泥试验制作抛光膏、炼铁、做磁性材料以及制造化工厂触媒等。另外，电解还原法尚需减少电耗，降低处理成本。

5.8.2.4 活性炭等吸附法

活性炭具有良好的吸附性能及稳定的化学性能。它在工业上的用途很广，用于水和废水处理已有几十年历史。用活性炭处理含铬废水，根据处理水质的条件和要求，主要有两种情况，一种是利用活性炭的吸附作用；另一种是利用活性炭的还原作用。

吸附作用：活性炭是一种多孔结构的物质。它具有很大的比表面积，一般高达 700～1600m^2/g，用于水处理的活性炭一般在 1000m^2/g 左右。由于有这样大的比表面积，因此对水中的溶质就有很大的吸附能力。有资料认为活性炭对吸附钾、钠、钙、镁等金属及其化合物无效，或效果甚微。但对某些金属及其化合物，如六价铬、银、汞、铅、镍等却有较强的吸附能力。还原作用：活性炭在酸性条件下，可能是一种还原剂。

活性炭吸附法处理含铬废水，应该说在技术上还不成熟，存在许多问题需一一解决。例如活性炭品种的选择，设计使用的有关参数，吸附容量、流速、废水的 pH 值、处理流程、设备材料的选用以及活性炭的使用寿命和经济效果等等。

腐植酸类物质也可作为吸附剂，也用于含铬废水的处理。最近国外开始研究一些天然的吸附剂，用于处理含铬废水，如玉米棒子能有效去除水中的六价铬，而且吸附性能较好，为含铬废水的治理提供了捷径。

5.8.2.5 其他技术

除以上技术外，膜分离技术对含铬废水的处理亦有研究和应用，膜分离技术是对物质进行分离的技术总称，主要包括电渗析、反渗析、液膜法。在含铬废水治理方面正处在研究和试用阶段，此法具有广阔的应用前景。

生物化学法是通过细菌的生长繁殖，将含铬废水中的 Cr^{6+} 还原为 Cr^{3+}，此工艺的重要环节是保证功能菌的生长状态良好及调整好菌与废水的配比。研究显示，兼性厌氧菌，如脱色假单胞菌、憎色假单胞菌、脱色气单胞菌等可使可溶的六价铬还原成三价铬（氢氧化铬）。铬还原菌分布相当广泛，其他菌种如蜡状芽胞杆菌、枯草芽胞杆菌、铜绿假单胞菌、无色杆菌等都在一定程度上具有铬还原的功能。1981 年，孙国玉等人用自己分离出来的 81001 菌株在青岛一中的电镀车间进行了中间扩大试验，在工艺条件范围内，出水可达标排放。虽然此法处于开始阶段，但充分显示了生物化学法的投资少、运行费用低、解毒彻底、无二次污染等优点，该法具有广阔的发展前景。

5.9 含砷废水的处理和利用

含砷废水的处理方法大体可分为化学法和物理法两大类：第一类方法就是使废水中呈溶液状态的砷变为不溶的砷化物，经过沉淀或是上浮的方法从水中除去，其中包括铁氧化法、石灰铁盐中和硫化法等；第二类方法就是将水中的砷在不改变其化学形态的条件下进行浓缩或分离，其中包括离子交换法、活性吸附法、反渗透法等。

5.9.1 化学法

5.9.1.1 铁氧体法

采用铁氧体法处理废水的工艺工程，是在含砷的废水中加入一定数量的硫酸亚铁，然后加碱调节 pH 值到 8.5～9.0，反应的温度为 60～70℃，鼓风氧化 20～30min，可生成咖啡色的铁氧体渣。此种方法可使含砷 500mg/L 的废水达到 0.5mg/L 以下。此方法适合于废水量不大时，若处理大量的废水时，使用该方法则不经济。

5.9.1.2 石灰乳硫酸亚铁法

大连化工厂硫酸车间，废水中含砷的量达到 200mg/L。采用石灰乳（苛化废泥）硫酸亚铁法脱除废水中的砷，可使处理后的水质达到国家的废水排放标准。

5.9.1.3 石灰铁盐中和法

在含砷的废水中，按铁砷摩尔数比为 2～4 的条件下加入硫酸亚铁，用石灰乳调节 pH 值至 7.0～7.5，鼓风搅拌，利用空气中的氧将三价砷氧化成五价，从而提高砷的去除率。鼓风搅拌的另一个目的就是利用空气中的氧将二价铁离子氧化生成三价的铁，从而提高对砷的吸附率。应用表明，在温度为 38～42℃，铁砷比为 2.4 左右，pH 值为 7.0～7.5 时，鼓风搅拌 40～60min，仅用一级处理，能使含砷 200～300mg/L 的废水净化后达到 0.5mg/L。该法在沈阳冶炼厂等重有色冶炼工厂中得到广泛应用。

5.9.1.4 二次沉降处理硫酸厂含砷废水

苏州某厂大量产生含砷和氟的废水，该厂采用二次沉降处理废水。采用的流程为：废水→一级沉降池→中和池（加石灰乳）→斜管沉降池→清水池→排放，在一级沉降池和斜管沉降池中都含有污泥（沉降物）排出。当废水的 pH 值为 1.9 时，含矿尘 10250mg/L，砷为 4.2mg/L，处理后排出的水的 pH 值为 8.9，含矿尘 16mg/L，砷为 0.2mg/L，均达到国家排放标准。

5.9.1.5 高分子凝聚剂处理含砷废水

应用实例表明，用高分子凝聚剂进行处理，原废水的含泥量为 3940mg/L，含砷 4.8mg/L。经过处理后含砷的量为 0.7～0.8mg/L，沉 2～5min 后含泥 5～16mg/L。高分子凝聚剂的投量为 1%，聚冰烯酰胺投量为 0.1%，该法能除去大部分的砷，并且矿泥下沉很快。

5.9.2 离子交换法

一般情况下，OH 型的阴离子交换树脂可有效地从废水中除去砷离子，其选择性以中性溶液为佳，废水 pH 值等于 7 时，选择性不断提高，铁型和钼型阳离子树脂也可除去废水中的砷离子。用苯乙烯季胺型强碱性阴离子交换树脂，处理废水中的砷，在直径 70mm，高 1700mm 的交换柱中，采用固定床流吸附，交换容量为 17.55mg 砷/mL 树脂，吸附流速为 10m/h，出水含砷为 0.025mg/L。再生过程用 5%浓度的氢氧化钠效果较好，再生效率在95%以上。

5.9.3 反渗透法处理含砷废水

反渗透法在处理含砷废水时也有应用，为了使去除率达到80%以上，流量在5mL/cm²·h，制膜液配方：以纤维素25g，甲酰胺50g，丙酮视纤维素黏度而定，蒸发时间以230s为宜。进水砷含量为500～700mg/L，操作压力为25kg/cm²，透水速度为5.7mL/cm²，出水含砷量为12.8mg/L，除砷效率为97.9%，用硫酸调至pH值为5，可使膜上沉淀溶解并使膜得到再生。

5.10 含锌废水的处理和利用

很多重金属废水处理的方法均可应用于含锌废水的处理，包括电解法、铁氧化法、电渗析、反渗透等。本节主要介绍常用的含锌废水处理法，如化学沉淀法、混凝沉淀法、离子交换法、吸附法等以及含锌废水的生物处理技术的发展动态。

5.10.1 化学沉淀法

锌是一种两性元素，其氢氧化物的化学式可分为碱式和酸式两种，即碱式：$Zn(OH)_2$、酸式：H_2ZnO_2。

锌的氢氧化学不溶于水，可溶于强酸或强碱。反应式：

$$Zn^{2+} + 2OH^- \longrightarrow Zn(OH)_2$$

$$Zn(OH)_2 + 2OH^- \longrightarrow ZnO_2^{2-} + 2H_2O$$

$$Zn(OH)_2 + H_2SO_4 \longrightarrow ZnSO_4 + 2H_2O$$

上述原理为化学法除锌创造了有利条件，将废水的pH值调至8.5～9，氢氧化锌很快沉淀下来，进行沉淀分离后可实现化学除锌。在化学法沉淀除锌过程中，除了严格控制废水的pH值外，反应沉淀时间亦有一定要求，一般需达到20min以上。废水的含锌浓度不受限制，处理出水可达到较高的排放要求。

硫化物沉淀法利用弱碱性条件下 Na_2S、MgS 中的硫离子与重金属离子结合，生成溶度积极小的硫化物沉淀而达到沉淀除锌的目的。

5.10.2 混凝沉淀法

混凝沉淀法除锌，其原理是在含锌废水中加入混凝剂，如石灰、铁盐、铝盐等，在 pH 值为 8～10 的弱碱性条件下，形成氢氧化物絮凝体，对锌离子有絮凝作用，而后沉淀析出。江门粉末冶金厂锰锌铁氧体生产废水的处理结果表明，在 30～80m^3/d 的规模下，处理效果较好，悬浮物去除率达到 99.9%。出水达到 GB 8979—1996 一级标准。

5.10.3 离子交换法

通过离子交换树脂对废水中的锌离子的吸附交换作用，从而达到净化和回收目的。在处理中可采用单柱、双柱、三柱等流程，其中三柱流程较方便，树脂利用率较高。两性离子交换树脂对锌离子的吸附研究表明，酸度越大吸附量越小，盐的存在在一定的范围内反而有利于锌离子的吸附。

5.10.4 吸附法

吸附法是应用多孔吸附材料吸附处理含锌废水的一种方法。传统吸附剂有活性炭和磺化媒等，近年来人们逐渐开发出多种具有吸附能力的吸附材料。这些材料包括陶粒、硅藻土、浮石、泥煤等，其中有些材料已经应用到工业生产中。

陶粒对含锌废水的试验研究表明，在废水 pH 值为 4～10，锌离子质量浓度为 0～200mg/L 的范围内，按锌与陶粒质量 1∶80的比例投加陶粒处理含锌废水，锌的去除率可达到 99%以上，处理后的含锌废水能达到排放标准。天然硅藻土在废水 pH 值为 4～7、锌质量浓度为 0～100mg/L、锌与硅藻土质量比为 1∶30条件下，锌去除效率可达到 98%，处理后的废水近中性。

5.10.5 生物法

生物法是通过生物有机体或其代谢产物与金属离子之间的相互作用达到净化废水的目的，具有低成本、环境友好等优点，采用生物法处理废水中的重金属已成为行业的学术研究焦点。锌是人体与生物的必需元素之一，生物处理含锌废水的研究已有较多报道，其方法包括生物吸附法和生物沉淀法两大类。

生物吸附法是利用生物絮体的大比表面积对金属离子实现吸附去除；生物沉淀法主要是利用微生物代谢活动将废水的锌等离子转化为水不溶物而去除。在生物系统中主要以硫酸盐还原菌（SBR）为代表。在厌氧条件下将硫酸盐还原成硫离子，从而使得锌等重金属离子得以沉淀去除。采用市政污泥进行含锌废水的处理已经在小规模的范围和条件下得到一定的应用，该技术具有广阔的发展空间。

5.11 含铜废水的处理和利用

5.11.1 铜及其化合物的性质与危害

铜（Cu）是带红色而有光泽的金属，富延展性，密度 8.92、熔点 1083℃、沸点 2695℃。铜在有二氧化碳的湿空气中，表面上容易生成铜绿。铜化合物中的氯化铜、硫酸铜均易溶于水。

铜的用途较广，用作各种家用电器、仪表、零件、各种合金、化学药品以及电镀等，氯化铜用作颜料、农药。硫酸铜用作颜料、农药和搪瓷等。含铜废水产生于一系列加工利用铜的工业中，如矿山、冶炼的酸性废水及加工电镀过程中各种含铜的废水。

5.11.2 含铜废水的治理技术

5.11.2.1 置换法

在弱酸性的含铜废水中，铜可以被正负电性的金属如锌等置换出来。置换的关键是必须保持铁有尽可能大的表面与溶液接触。为改进铁屑法置换效果，应增进搅拌装置，或者采用振动器，改进后的置换速率比一般高8～10倍，但此法的去除效率只能达到95%～96%左右；残留的铜需要用5%的石灰乳中和pH值至8.5，使铜沉淀析出。

5.11.2.2 离子交换法

离子交换法可以除铜，日前市场上的离子交换树脂产品一般较适用于处理浓度低于200mg/L的含铜废水。对于阳离子交换树脂，在多种金属共存的条件下会对铜离子与树脂之间的离子交换产生影响，树脂在处理工程中的选择性不佳，目前的研究显示，已出现专用于铜离子吸附的树脂。

而在焦磷酸盐镀铜废水中，主要含有$Cu(P_2O_7)_2^{6-}$等阴离子，可以用碱性阴离子交换树脂去除。树脂使用后再生时，采用15%的硫酸铵与3%的氢氧化钾混合液作为再生剂，可以取得满意的再生效果。

实例工艺参数为：

树脂型号：D－231；

饱和交换容量：15.54mg/mL；

交换线速度：20～30m/h；

再生线速度：0.3～0.5m/h；

再生周期：80～200h；

再生剂用量：离子交换树脂体积的1.5倍。

处理效果：进水Cu^{2+}为20mg/L时，出水无色透明。

5.11.2.3 化学中和法

一般酸性含铜废水经pH值调整后，再进行沉淀、过滤，能达到出水Cu^{2+}小于0.5mg/L的效果。由于焦磷酸铜离子在酸性条件易于离解，因此可将废水先进行酸化，酸化pH值调整到2后，再用碱中和，碱化pH值一般在9左右。

5.11.2.4 吸附法

吸附有无机型、有机型两种，有机型以离子交换树脂为主。

无机吸附剂吸附过程发生的推动力是固体表面分子或原子因受力不均衡而具有剩余的表面活性能。水中的铜离子碰撞固体表面时受到这些不平衡的吸引力作用而停留在固体表面上。

吸附剂的选取是处理过程的关键环节。天然海泡石、改性蛭石、沸石分子筛等被研究显示均具有较高的铜吸附能力。有研究者探讨了热改性膨润土对铜离子的吸附性能和条件并与粉煤灰以及活性炭进行了比较，结果表明，当铜离子初始浓度小于100mg/L时，吸附剂用量为5g/L，pH值为7，搅拌速度为300r/m，吸附时间为30min，去除率达到99.5%以上。

5.11.2.5 其他技术

太原化肥厂在合成氨工艺中，以铜液精华原料气中的一氧化碳，每年铜消耗严重，该厂研究利用合成氨水洗排放的二氧化碳中所含的硫化氢（含量为0.4～0.5g/m^3）与铜洗废水反应，使生成的硫化铜沉淀回收铜。新的研究表明，采用生物材料可以对铜离子进行吸附去除，此类技术尚未达到生产应用的程度，还有待于进一步的研究开发。

5.12 含镉废水的处理和利用

含镉废水的处理方法较多，但迄今为止，国内外对此还没有较完善的处理方法，除沿用老的方法外，大多处于研究和探求阶段。硫化物沉淀法、铁氧体法、浮选法、黄原酸酯适用于处理少量含镉废水，大量的含镉废水的处理可用化学沉淀法作为一级处理，然后采用吸附法、浮选法为二级处理。

5.12.1 化学法

5.12.1.1 中和沉淀法

中和沉淀法是指向含镉离子废水中投加适量的石灰、电石渣，将其调至pH值不小于10，使镉离子变成难溶的氢氧化镉沉淀而加以除去。

采用此法应注意当废水中含有卤素离子、氰离子、硫氰离子、铵离子时，则易生成络合物而使生成的氢氧化镉再度溶解，故需调整 pH 值以除去镉离子。为了进一步提高沉淀效果，一般需加入凝聚剂，加速沉淀速度。此法适用范围较广，有较高的去除率，但是出水不易达到排放标准，劳动条件差，沉淀物量大，污泥利用较困难。

5.12.1.2 硫化物沉淀法

由于硫化镉具有较氢氧化镉小得多的溶解度，故往含镉废水中加入硫化钠或硫化氢等，使之生成难溶的硫化镉沉淀。由于硫化镉颗粒极细，沉淀缓慢，需加入凝聚剂，加快沉淀速度。

由于加入的硫化钠或硫化氢量不易控制准确，过量时镉沉淀较完全，但硫离子过剩，会造成二次污染。为此，可将含镉废水调至碱性，加入稍过量的硫化钠或硫化氢，然后加入可溶性铁盐，使铁离子与过剩的硫离子反应生成硫化铁沉淀。此法适用范围较广，处理效果好。但硫化物的成本较高，加入金属共沉剂后，生成的沉淀中有多种金属，故污泥处理较为困难。

5.12.1.3 铁氧体法

该法用于处理含镉废水是一种比较有效的方法。铁氧体法的操作过程为：在含镉离子的废水中添加亚铁盐，亚铁离子的添加量为镉离子的 2 倍，然后调整 pH 值至 8～9，在 60～70℃下通空气氧化半小时后，即得黑色铁氧体沉淀。

大连无线电三厂采用铁氧体法混合处理含锌镍镉铜废水。铁氧体法用含铬废水作氧化剂混合处理各种电镀废水的基本原理，是按一定比例将废水混合，加入一定量的硫酸亚铁溶液，使六价铬还原成三价铬，此时整个溶液里含有 Cr^{3+}、Fe^{3+}、Fe^{2+}、Zn^{2+}、Ni^{2+}、Cd^{2+}、Cu^{2+} 等离子。迅速加入氢氧化钠，调 pH 值至 9～10，经放置后，即形成有磁性的黑褐色或黑色沉淀物 $Fe^{3+}_{1-x}M^{2+}_{x}$（$M^{2+}_{1-x}Cr^{3+}_{y}Fe^{3+}_{1-y+x}$）$O_4$，式中 M 为某种金属离子。

5.12.2 吸附法

活性炭吸附具有吸附力强、比表面积大、去除率高的特点，但由于价格昂贵，一般都选用代用品，如草炭、风化煤、磺化媒等，其处理效果较好。据资料报道，将草炭碎成粉末，投加至pH 值为 5.3～5.4，在含铅、镉、锌等离子各 20mg/L 浓度的废水中，当草炭投加量为 5g/L 时，其去除效果为：铅离子 99%、镉离子 98%、锌离子 96%。当草炭投加量为 1g/L，pH 值为 7.2 时，镉离子去除率为 93%。

5.12.3 离子交换法

镉离子与阳离子交换树脂有较强的结合力，可以使含 Cd^{2+} 废水通过阳离子交换树脂（钠型），使镉离子富集在树脂上，从而使废水中的镉离子得到净化。

5.12.3.1 离子交换法处理氰化镀镉废水

哈尔滨建工学院进行了离子交换法处理氰化镀镉漂废水的试验。试验采用强碱性阳离子交换树脂，树脂经预处理转为钠型后装柱。试验用的漂洗水 Cd^{2+} 含量为 10～20mg/L，CN^- 含量为 20～30mg/L，pH 值为 10。废水先经滤柱去除有机杂质和悬浮物，然后被分配到各离子交换柱，试验表明，717 * 树脂交换容量最大。饱和树脂宜用 5%的 H_2SO_4 作洗脱剂。在洗脱剂和曝气作用下，镉氰络合物被破坏，产生 HCN 和 Cd^{2+}，HCN 用碱液吸收可返回电镀槽，Cd^{2+} 溶入洗脱液，也可返回电镀槽。洗脱后树脂可重新使用，交换能力为原树脂的 80%。

5.12.3.2 用 370 型树脂处理含镉废水

370 型树脂强度较好，在大量游离氰根存在下对四氰络镉离子有优先吸附性能。使用前先转型为 OH^- 型或转四氯基型进行交换。处理流程为：废水先用吸附剂进行预处理，然后先后进入阳离子交换柱和阴离子交换柱，使四氰络离子得到交换。流出的无镉水再进入除氰槽中，集中除去氰根离子。

树脂饱和后可用 BHX-77 型洗脱剂洗脱。一次洗脱率平均达 81.8%，洗脱后的树脂不必再转型即可再交换。洗脱液中的镉可加入硫化钠使生成硫化镉，再与盐酸作用生成氯化镉，氯化镉与浓碳酸生成碳酸镉，碳酸镉经灼烧后，最后得到氧化镉，可作为电镀镉的原料。

5.12.3.3 732离子交换树脂处理含镉废水

武汉染料厂硬脂酸盐车间生产硬脂酸镉，其外排母液含镉220mg/L。该厂采用732苯乙烯强酸性阳离子交换树脂处理含镉废水并回收硫酸镉。经过处理，含镉离子平均含量可降至0.16mg/L，并可从再生液中回收原料硫酸镉。

5.12.4 其他方法

除上述方法外，还有反渗透法、电渗析法、浮选法、电解浮上法等，这些方法在目前的工业化生产中还不多见。

5.13 含汞废水的处理

从废水中除汞的方法很多，一些方法除汞效果较好，但有的方法对汞的分离回收有困难，因此不能实现工业化。现将几种主要方法简单介绍如下。

5.13.1 化学沉淀法

化学沉淀法能处理不同浓度的含汞废水，是应用较普遍的一种汞处理方法，不同种类的汞，尤其当水溶液中汞离子浓度较高时，应首先考虑用化学沉淀法处理。

常用的方法有混凝沉淀法和硫化物沉淀法两种，混凝沉淀法其原理是在含汞废水中加入混凝剂（石灰、铁盐、铝盐），在pH值为8～10的弱碱性条件下，形成氢氧化物絮凝体，对汞有絮凝作用，使氢氧化物絮体与汞同时沉淀（共沉淀亦可），沉淀析出。一般铁盐的效果比铝盐要好。

硫化物沉淀法利用弱碱性条件下NaS、MgS中的S^{2-}与Hg^{2+}之间有较强的亲和力，生成溶度积极小的硫化汞沉淀而从溶液中除去。硫加入量按理论计算过量50%～80%。过量太多不仅带来硫的二次污染，而且过量的硫与汞生成溶于水的络合离子反而降低处理效果，为避免这一现象可加入亚铁盐。

吉林电石厂醋酸车间，在采用铼触媒制取乙醛的过程中，每小时排出50～60m^{3}的酸性含汞废水，含汞量约5～12mg/L。采用化学沉淀法进行处理，流程为：pH值为3的含汞废水用NaOH中和至pH值大于9，加入Na_2S溶液24mg/L，加入硫酸亚铁溶液38～45mg/L，再加入聚丙烯酰胺0.5～1mg/L，搅拌1min，静置40～60min。处理后废水含汞量由5～12mg/L降至0.5mg/L，汞去除率达90%以上。经离心过滤后的含汞渣，采用焙烧回收金属汞。

5.13.2 还原法

汞盐的水溶液通过金属滤床或者和有机还原剂反应，使之生成金属汞或沉淀于金属表面，或沉淀析出。这是一种处理含汞废水中比较有效而易行的方法。已广泛地用于酸性含汞废水的一级处理，其中有如下常用的方法。

5.13.2.1 铁屑还原法

根据化学元素金属活泼性顺序，在酸性介质下，铁屑与汞离子起氧化还原反应而生成金属汞，经过滤后除去汞。反应式如下：

$$Fe + Hg^{2+} \longrightarrow Fe^{2+} + Hg\downarrow$$

$$Fe + 2H^{+} \longrightarrow Fe^{2+} + H_2$$

$$H_2 + Hg^{2+} \longrightarrow 2H^{+} + Hg\downarrow$$

5.13.2.2 锌粒、铜屑还原法

此法适于在较高pH值下处理的溶液，可用金属锌作为还原剂。虽然锌容易从较弱的碱性溶液中还原出游离汞，但在较低的pH值下，汞损失量显著增大。在此时金属锌的表面游离出汞而产生锌汞齐，在物理性质上比同样方式产生的铁汞齐更稳定。铜屑还原法一般应用在含酸浓度较大的工艺过程中。

5.13.2.3 硼氢化钠还原法

硼氢化钠是一种强还原剂，可在比较低的温度下和不太严格

的 pH 值条件下，使汞离子还原为金属汞。

在保持碱性条件下（pH 值为 9～11），往废水中加入 12% 硼氢化钠溶液，在静态混合器中使汞离子还原成金属汞，并放出氢气。氢气中的汞用稀硝酸洗涤。来自混合器的浆状物经旋液分离器，有 80%～90% 的汞随浆状物流出，清液经过滤器排出。处理后的出水含汞可降到 10mg/L 以下。

5.13.3 离子交换树脂法

用离子交换树脂处理含汞工业废水，适用于浓度低而排放量大的废水，配合硫化法和混凝沉淀法作为二级处理，可达到排放标准。

5.13.3.1 大孔巯基离子交换树脂法

北京化工二厂用巯基离子交换树脂处理含汞废水，取得了良好效果。含汞废水先用混凝沉淀法作一级处理，大孔巯基离子交换树脂作为二级处理。排出水的汞含量可达到 0.05mg/L。此种树脂具有选择性强，交换容量高，易于洗脱等特点。

5.13.3.2 沉淀法与离子交换纤维法两级处理含汞废水

用沉淀法与离子交换纤维法相结合的两级处理，可将含汞 200mg/L 的废水降到 0.05mg/L 以下，达到了排放标准。

一级处理采用 $NH_4Cl-Na_2CO_3$ 为沉淀剂，能使汞含量降到 10mg/L 以下，并具有沉淀渣小、含汞量高的特点；沉渣主要为碱式碳酸汞，易于分解回收金属汞。

二级处理采用羧基型→氨基型→巯基型三种型号纤维，厚度各为 300mm，按上顺序串联时，出水含汞可降到 0.018mg/L，除汞率达 99.72%。每千克纤维能处理的水量，羧基型为 15～20t，基型为 100t；巯基型为 800t。

5.13.4 活性炭吸附法

在含汞废水成分单一，浓度较低的情况下，采用吸附法处理含汞废水是一种好办法。用在二级和三级处理上，更能显示出优越性，它能得到纯度比较高的净化水，而且还有占地小、不产生泥渣以及吸附剂的回收和再生也比较容易的优势。

5.14 铀矿山废水的处理

5.14.1 铀矿山废水来源及危害

铀矿山坑道污水一般是由井下岩石裂隙渗水、打钻等作业用水和矿壁淋洗水汇合而成，污水成分复杂，不仅含铀、镭、钍等放射性核素，而且还含砷、镉、铅等有毒有害的非放射性元素，若不经处理直接外排，就会对周围环境造成污染。

在铀矿开采过程中，坑道排出的废水由于受矿床水文地质和工程地质的影响，均含有有害物质。表 5-4 列出了 6 个铀矿山废水中放射物质和非放射性有害物质的含量，从表中可见，坑道废水中放射性核素铀、镭的含量最高（分别超过国家规定的露天水源限制浓度的 1～2 个数量级和 3～7 倍），非放射性有害物质含量超过国家规定的饮用水最大容许浓度的 1～2 个数量级。

坑道废水不仅影响矿区的水质，还影响着矿区的植物、农田和土壤，某矿对受矿区废水污染的农田土壤与非矿区的农田土壤中的铀含量进行对比研究，结果见图 5-4。

由图 5-4 可见，被矿区废水污染的农田土壤中铀含量比非矿

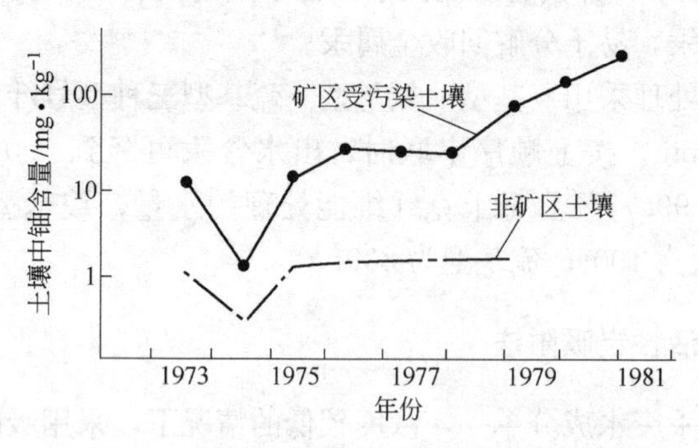

图 5-4 受污染土壤中铀含量逐年变化情况

表 5-4 铀矿坑道废水及有害物质分析结果

矿名	废水量 /m³ · d⁻¹	放射性核素			非放射性核素/mg · L⁻¹						
		铀/mg · L⁻¹	镭/mg · L⁻¹	ΣA/Bq · L⁻¹	镉	锰	砷	镁	锌	铁	硫酸根
A	2500	1～30	～4.2	40.7～384.1	0.01～0.85	39.5	0.2～3.8	79.0	14.0	330～420	700～2000
B	8000	0.3～0.7	1.45～2.5	8.1～211.0							
C	1600	10～18	3.3～7.3	6.5～251	0.81～10.2	1.85～11.5		11.0	16.5	100～150	2592～2820
D	8300	1.1～3.8	0.3～1.1	～95.5						0.25	25
E	1480	～0.36	～0.22								
F	3000	0.4～20	2.5～22.6		0.01	0.15～0.62	0.15～0.65				50～178

表 5-5 受矿区废水影响农田及稻谷中放射性核素含量

矿名	稻谷水（污染）			稻谷土壤			稻 谷		
	铀×10⁻⁵/ g · L⁻¹	镭/ Bq · L⁻¹	ΣA/ Bq · L⁻¹	铀×10⁻²/ g · kg⁻¹	镭/ Bq · kg⁻¹	ΣA/ Bq · kg⁻¹	铀×10⁻²/ g · kg⁻¹	镭/ Bq · kg⁻¹	ΣA/ Bq · kg⁻¹
A	45.0	17	214.5	8.0～24.0	15.9～59.2	7.8～48.0	0.09～0.42	0.6～1.5	2.9～14.0
B	8.1～41.0	1.2～14	2.2～12.9	2.3～5.0	2.7～24.0	3.3～23.1	1.4～3.1	0.2～1.4	2.8
C	1.3～32.5	3.7	3.8	2.8～33.0			0.6～6.1	2.2	5.2
D	0.62	0.30	0.33	39.0	31.5	3.5	3.8		

区的农田土壤中的铀含量均高出1个数量级，且由于铀在废水中的沉淀积累，土壤中的铀含量还有逐年升高的趋势；受废水污染的农田其中生长的稻谷的放射性核素含量比非矿区高2～5倍(见表5-5)。无控制地排放坑道废水，不仅影响农田土壤、影响农作物生长，根据希金斯的迁移公式，各种放射性核素还会流过地表造成池塘、河流及水生物的污染，影响生物的生存和公众的健康。

由于铀矿山点多面广，大约85%以上分布在湘、赣、粤地区。这些地区人口稠密，可达200～400人/km^2；气温高，年平均气温可达14～20℃；雨量充沛，年平均降雨量可达1200～2000mm；并且铀厂矿与农村、稻田、鱼塘、河溪相邻。因此生产过程产生的废水对环境影响范围广。

5.14.2 铀矿山废水处理的基本方法

在矿山生产时期，矿坑水一般在井下被水仓收集后，由泵提升至地表集中处理后排放。矿坑水处理分为矿坑水流出前的处理和流出后的处理。流出前的处理包括淹井前井下采场的清洗、密闭、井下设备的拆除以及在淹井过程中往矿坑水中投加石灰等进行处理等；流出后的处理一般使用矿山原有的废水处理设施。

当废水处理的代价—效益比极不合理时，对于各种有害元素浓度较低的矿坑水或地表水体流量较大、有足够的稀释能力且人烟稀少的地区，经优化分析，可以将矿坑水直接排至地表水体。如新疆某铀矿的矿坑水就是采用直接排放、加强监测的办法解决的。对有些铀矿山，可以采用封堵墙加壁后注浆等堵水方法，封堵矿山的坑(井)口或钻孔，切断矿坑水的流出通道，如湖南某铀矿就采取了全部坑井口封堵的措施。

溶浸矿区地下水污染的净化方法主要有化学处理法、生物处理法、抽水净化法、自然净化法等。化学处理法是将化学试剂投入到含水层中，使之与污染质发生还原、沉淀等作用，以达到净化目的；抽水净化法即不断抽出被污染的矿层水，未被污染的地下水从四周流入含矿含水层冲洗矿层，从而使含矿含水层的水质逐渐被净化；自然净化法是利用残留于地下水中的污染质在天然水动力作用下随着地下水流动被地下水稀释，并在运动过程中与岩石发生化学反应如离子交换、吸附及沉淀等自然净化作用使污染质浓度逐渐降低达到净化的效果，是一种最经济的地下水治理方法，但所需时间长。为了同时获得较好的净化效果和最大的经济效益，主要考虑采用注入碱性溶液清洗法来降低污染物的浓度。

(1) 溶解与沉淀。对于钙、铁、锰、铜、铀等污染物来说，其溶解过程即是地下水的污染过程。溶解作用使地下水中污染组分浓度增加，而沉淀作用可使这些污染离子从地下水中沉淀析出，是一种净化的过程。污染物的溶解度对其在水中的迁移和沉淀起着控制作用，其他影响因素还包括污染物浓度、水化学成分、水的 pH 值、Fh 值以及温度等因素。采用碱性法来降低这些污染物的浓度就是通过控制地下水体的 pH 值，使其中的部分金属离子生成氢氧化物沉淀、硫酸盐、碳酸盐沉淀，从地下水中析出而去除。

(2) 酸碱中和。地浸开采场地的注酸活动是造成当地地下水酸化的重要原因，天然水的 pH 值通常介于 4～9 之间，当地下水所含的酸性污染物超过其缓冲能力时，即被酸化。酸性矿山废水不仅造成矿山附近地下水酸化，而且可污染流经矿区的河水，造成更大范围的酸污染。酸污染一般含酸 3%～4%以上，治理时首先应当考虑综合利用，对于低浓度的含酸废水，在没有经济有效的回收利用方法时，应考虑采用中和法进行治理。

(3) 吸附作用及离子交换。含水岩石颗粒表面电荷分布不均而使其带负电荷或正电荷，从而具有吸附地下水中阳离子或阴离子的能力。吸附能力的大小主要取决于颗粒的比表面积，所以一些细颗粒岩石具有很大的吸附容量，能够阻止污染物的迁移，它主要对污染水中的铝、铜、锰、一价铁等金属离子起作用。U、Ra 等易被黏上矿物和有机质吸附，所以吸附作用对于阻止放射性元素的迁移有着重要意义。污染组分被吸附强度取决于其浓度和水的 pH 值，一般随着组分浓度的增加，其吸附量增加，阴离子的吸附量随着 pH 值降低而增加，阳离子则随着 pH 值升高吸附量增加。

(4) 氧化—还原作用。氧化—还原作用可以改变污染质的迁移能力，许多变价元素的迁移与沉淀都与氧化—还原作用密切相关，在氧化环境中，铀元素由难溶低价态 U^{4+} 氧化成易溶的高价态 U^{6+}，从而大大提高了铀的迁移能力。铜、铅、锌、钒、铬等重金属元素在强酸性氧化环境中也易于溶解迁移而造成污染，为降低污染质的迁移能力，还应适当控制碱性清洗液的电位值。

在回收铀矿山废水和铀矿石浸出液的铀工艺和设备中，穿流式筛板塔流化床逆流离子交换回收铀工艺和装置，因其适应性广、处理量大、结构简单、加工维修方便、操作性能稳定等优点，多年来它的研究与应用得到迅速发展，并在我国铀矿山获得成功应用。这是一种颇有发展前途的新型塔设备，有望在湿法冶金、生物分离工程、环境污染控制等方面得到应用。

随着国民经济战略重点的调整以及资源枯竭等因素，我国早期建设的一批铀矿山从 1985 年起陆续进入退役阶段。但到目前为止，前后共分两批、十余个矿井，除个别矿井已完成退役外，绝大部分仍在进行中。我国大部分铀矿山分布于人口较稠密的南方地区，且处于各大江河的上游；这些地区年降雨量大，地下水位高，水文地质条件较复杂；矿山由于多年的地下开采，形成了大量的采空区，而且有些通地表的坑（井）口或低于原始地下水位的未封钻孔，在停产后仍有大量的矿坑水流出，对环境造成一定的污染，同时也给全矿的退役工作带来极大的难度。因此，矿坑水治理成为铀矿山退役治理的重要一环，必须引起足够重视。

5.14.3 离子交换法提取铀矿山废水中的铀

在铀矿石开采及加工生产过程中，产生大量的工业废水。这种废水中含有大量的有价放射性元素铀，用离子交换树脂吸附法可有效地从这种废水中除去铀，并可选择适宜的工艺技术从负载铀树脂上解吸回收铀。这种方法的优点是可处理大量的含铀矿坑废水及采冶工艺废水，不仅可回收有价金属铀，而且可极大地降低外排工业生产废水中的总放射性活度，以达到铀工业废水的排放标准。

负载铀树脂的淋洗方法研究较多，主要采用的淋洗剂有：氯化物、硝酸盐、稀硫酸（或加硫酸盐）和碳酸盐等。当用氯化物和硝酸盐时，树脂被转化为 Cl^- 和 NO_3^- 型。在贫树脂返回吸附工序时，Cl^- 和 NO_3^- 进入吸附尾液，该尾液的外排可造成环境污染。当含 Cl^- 和 NO_3^- 吸附贫液返回浸出工序时，Cl^- 和 NO_3^- 离子将大量累积于浸出液中，这将造成吸附工序离子交换树脂容量降低。用稀硫酸（或加硫酸盐）作淋洗剂时，淋洗尾液和吸附尾液均可返回工艺过程（配制新的浸出剂和淋洗剂）。可通过多分部淋洗技术提高稀硫酸（或加盐）的淋洗效率。

多分部淋洗技术（The Intense Fractionation Process）是在一个固定床淋洗柱中进行的，是将上一柱负载树脂的大量低浓度的淋洗液依次贮存于一组贮槽中，在再淋洗新的负载树脂时，将各个贮槽内淋洗液依次返回淋洗，使淋洗剂与负载树脂多次重复接触，因而该技术有逆流的特点，可以获得高浓度的合格淋洗液。

离子交换技术作为一种先进而独特的新型化学分离技术被广泛应用于铀的提取工艺中。离子交换法和萃取法是从水相中提取铀的两大主要方法，采用离子交换法既能从铀矿石浸出液及浸矿浆中提取铀，也能从铀矿山废水中回收铀。到目前为止，在我国从矿石提取铀的全部企业中（不含碱法水冶厂），离子交换法与萃取法大致上各占一半（其中尚有部分企业是采用离子交换、萃取联合法），并且随着今后所处理矿石品位的日益下降，必然会使离子交换法所占比例日益上升；而从矿山废水回收铀的所有企业中，则全部采用离子交换法（这是因为该类废水中铀浓度低的缘故）。

离子交换法的工业应用是通过以离子交换设备为主体组合配套而成的离子交换装置来实现的。经过数十年的发展，当今已投产应用的离子交换设备种类繁多，特点各异。比如：按操作制度分，有间歇式（含周期性循环式）和连续式（含半连续式）；按树脂床层形态分，有固定床、搅拌床、流化床和密实移动床等。在我国铀水冶厂和铀矿山废水处理厂中应用的离子交换设备主要有以下五种：水力悬浮床、密实固定床、空气搅拌床、塔式流化床和密实移动床。

我国采用离子交换树脂处理铀矿山废水已有较多的生产实践经验：无论是酸性或碱性废水，也无论铀浓度高或低，采用阴离子交换树脂回收铀，都可获得满意的结果。如我国一矿山采用201×7强碱性阴离子交换树脂流化床，处理铀浓度为0.4mg/L的弱碱性矿坑废水，树脂吸附铀的饱和容量为10mg/g干树脂，处理尾液铀浓度小于0.05mg/L；采用7% NaOH + 0.3% $NsHCO_3$淋洗剂，当液固比为1.5∶1时，铀回收率为95%；同样的采用通型树脂固定床处理，铀的回收率亦达到95%的效果。

5.14.4 铀矿山废水中镭的去除

5.14.4.1 二氧化锰吸附法

二氧化锰吸附法除镭方法中应用最多的是软锰矿吸附法。软锰矿是一种天然材料，来源广，容易得到，适合处理碱性含镭废水。

天然软锰矿吸附废水中镭的过程属于金属氧化物的吸附过程，软锰矿中的二氧化锰与废水接触时，软锰矿表面水化，形成水合二氧化锰，它带有氢氧基，这些氢氧基在碱性条件下能离解，离解的氢离子成为可交换离子，对碱性水中镭表现出阳离子交换性能。

影响软锰矿除镭的因素包括：粒度、接触时间、pH值等，粒度、接触时间以及pH值的变化对废水中镭的去除均产生相应的影响。研究表明，在碱性条件下，pH值对软锰矿去除镭的影响很大，当进水 pH 值为 8.8 时，穿透体积为 1500 床体积；当进水 pH 值为 9.25～9.90 时，穿透体积为 6000 床体积，后者比前者大 3 倍。

软锰矿除镭的工艺见图 5-5。

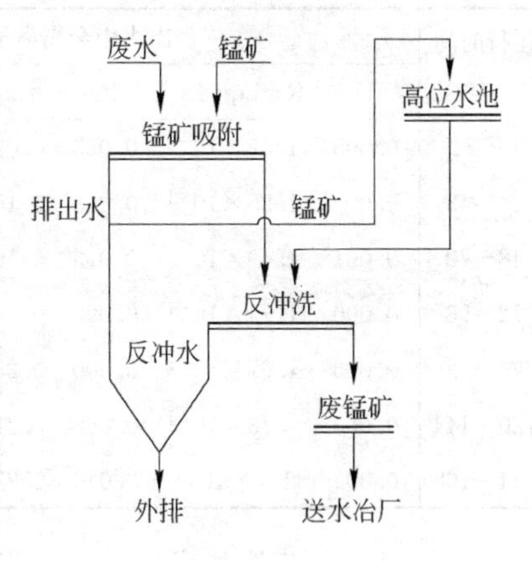

图 5-5　软锰矿除镭工艺流程

5.14.4.2　石灰沉渣回流处理含镭废水

就低放射性废水而言，核素质量浓度常常是微量的，其氢氧化物、硫酸盐、碳酸盐、磷酸盐等化合物的浓度远小于其溶解度，因此它们不能单独地从废水中析出沉淀，而是通过与其常量的稳定同位素或化学性质近似的常量稳定元素的同类盐发生同晶或混晶共沉淀，或者通过凝聚体的物理或化学吸附而从废水中除去，这即为采用石灰沉渣处理微量含镭废水的理论基础。

长沙有色冶金设计院提出了图 5-6 的含镭废水处理工艺流程。矿井废水首先进入沉淀槽，加入氯化钡进行一级沉淀，二级沉淀采用石灰乳沉淀；在两级沉淀中间设一混合槽，将二级沉淀的石灰沉渣回流进入混合槽，在废水进行二级沉淀前与沉渣混合。

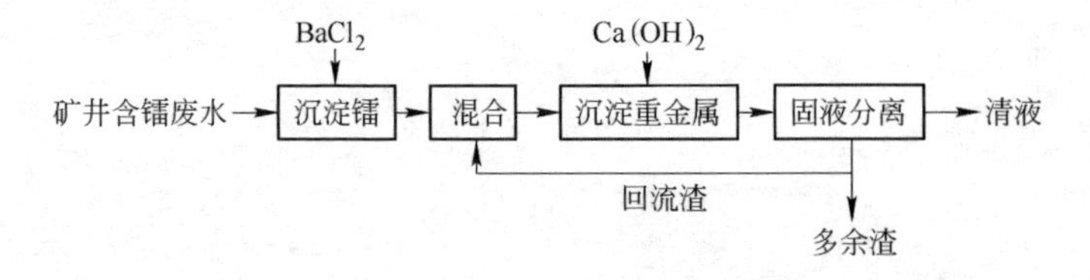

图 5-6　石灰沉渣回流处理含镭废水工艺流程

实际长期运行的结果（表 5-6）表明，采用石灰沉渣回流处理铀矿山含镭废水是可行的，处理出水中的各种有害元素的含量均低于国家标准。

表 5-6 某实例石灰沉渣处理含镭废水长期运行结果

运行时间/h	出水中金属离子浓度/$mg \cdot L^{-1}$							
	U	Ra/$Bq \cdot L^{-1}$	Pb	Zn	Cu	Cd	Mn	浊度
0～24	0.005	1.49×10^{-1}	0.063	0.090	0.016	0.000	0.050	2.3°
24～48	0.000	1.25×10^{-1}	0.063	0.150	0.026	0.003	0.000	0°
48～72	0.001	1.49×10^{-1}	0.073	0.193	0.013	0.003	0.070	0.7°
72～96	0.000	1.74×10^{-1}	0.090	0.200	0.000	0.000	0.170	5.5°
96～120	0.000	1.67×10^{-1}	0.000	0.256	0.006	0.000	0.180	5.3°
120～144	0.000	1.78×10^{-1}	0.050	0.310	0.010	0.000	0.013	5.8°
144～168	0.000	1.7×10^{-1}	0.040	0.220	0.000	0.000	0.000	5.8°

5.14.4.3 其他技术

除软锰矿吸附除镭、石灰一钡盐法除镭以外，除镭的方法还有重晶石法等，这些方法的特点这里仅作一简单介绍。这些除镭方法各有利弊，具体应用时可根据所处理的对象而加以选择。软锰矿来源广，适合处理碱性废水；硫酸钡一石灰沉淀法能有效地去除镭，适合处理铀矿山酸性废水；而重晶石法适合处理 SO_4^{2-} 含量高的碱性废水；相比之下，重晶石的价格稍微低于软锰矿；硫酸钡沉淀法的工艺操作过程要比吸附法复杂。

此外，沸石、树脂、其他天然吸附剂、乳蒙脱土、蛭石、泥煤或一些表面活性剂，都可从废水中吸附或从泡沫中分离镭。

6 黑色冶金过程中废水的处理与利用

6.1 钢铁冶金废水的来源

现代钢铁工业的生产过程包括采选、烧结、炼铁、炼钢（连铸)、轧钢等生产工艺。钢铁工业废水主要来源于生产工艺过程用水、设备与产品冷却水、烟气洗涤和场地冲洗等，但70%的废水还是源于冷却用水，生产工艺过程排除的只占一小部分。间接冷却水在使用过程中仅受热污染，经冷却后即可回用；直接冷却水因与产品物料等直接接触，含有随水流失的生产用原料、中间产物和产品以及生产过程中产生的污染物质，需经处理后方可回用或串级使用。钢铁工业废水量很大，每炼1t钢，约用200～250m^3水。高炉冲渣用水量比较大，例如炼铁冲渣用水量平均为每吨用水 3.2m^3，炼钢冲渣用水量平均为每吨钢渣用水0.347m^3，铸铁机冷却水每吨铸铁用水200m^3。这些水的污染物质主要是悬浮物，含量为300～1650mg/L，当然也会含有微量重金属元素，这些水经处理后都能循环利用，并根据蒸发和其他损失情况补充新鲜水。

现将钢铁工业主要生产厂、车间污水的来源情况介绍如下。

6.1.1 铁矿矿山废水的来源

炼铁的矿石有四种：赤铁矿、磁铁矿、褐铁矿和菱铁矿。低品位的铁矿经过精选（湿式筛选、重力选矿、磁选、浮选）得到高品位的铁矿石。矿山废水的形成主要通过以下两个途径：

(1) 矿床开采过程中，大量的地下水渗流到采矿工作面，这些矿坑水经过泵提升排至地表，是矿山废水的主要来源。

（2）矿石生产过程中排放大量含有硫化矿物的矿石，在露天堆放时不断与空气和水或水蒸气接触，产生金属离子和硫酸根离子，当遇到雨水或堆置于河流、湖泊附近，形成的酸性废水会迅速大面积扩散，形成矿山废水。

6.1.2 烧结厂废水来源

烧结厂废水包括生产废水、设备冷却排水、少量的生活污水以及雨水等。烧结厂生产废水主要来自湿式除尘器产生的废水、冲洗地坪产生的废水和冲洗输送皮带产生的废水等。有的烧结厂以上三种废水兼有，有的厂只有其中一到两种废水，一般情况下烧结厂有湿式除尘、冲洗地坪两种排水。生产废水中含有大量粉尘，粉尘中含铁量约 40%，同时还含有焦粉、石灰料等有用成分。

6.1.3 焦化废水的来源

焦化废水来源与钢铁工业中的其他行业不同，主要有三个方面：首先是装入炼焦炉煤的水分。炼焦煤中水分是煤在高温干馏过程中，随着煤气逸出、冷凝形成的。煤气中有成千上万种有机物，凡能溶于水或微溶于水的物质均在冷凝液中形成极其复杂的剩余氨水，这是焦化废水中最大一股废水。其次是煤气净化过程中，如脱硫、除氨和提取精苯、萘和粗吡啶等过程中的形成的废水。再次是焦油加工和粗苯精制中产生的废水，这股废水数量不大，但成分复杂。

6.1.4 炼铁厂废水来源

炼铁厂是钢铁工业的重要组成部分，炼铁就是将铁矿石还原成生铁。炼铁厂废水来源主要有三个方面。

6.1.4.1 设备间接冷却废水

高炉炉体、风口、热风炉以及其他不与产品或物料直接接触的冷却废水都属于设备间接冷却废水。这种废水因不与产品或物料接触，使用过后只是水温升高，如果直接排放至水体，有可能造成一定范围的热污染，因此这种间接冷却用水一般多设计成循环供水系统，炼铁厂可以利用生产工艺对水质的不同要求，将间接冷却系统的排污水排至其他可以承受的系统加以利用。

6.1.4.2 设备及产品的直接冷却废水

设备的直接冷却主要指高炉炉缸的喷水冷却、高炉在生产后期的炉皮喷水冷却以及铸铁机的喷水冷却。产品的直接冷却主要指铸铁块的喷水冷却。直接冷却废水特点是水与设备或产品直接接触，不但水温升高，而且水质被污染，但由于设备的直接冷却，尤其是产品的直接冷却对水质要求一般都不高，对水温控制也不十分严格，所以废水一般经过沉淀、冷却后即可循环使用。这一类系统的供水原则应该是尽量循环，其补充水只是循环过程中损失的水量。

6.1.4.3 生产工艺过程废水

炼铁厂生产工艺过程用水以高炉煤气洗涤和炉渣粒化为代表。高炉在冶炼过程中，由于焦炭在炉缸内燃烧，而且是一层灼热的厚焦炭由空气过剩而逐渐变成空气不足的燃烧，结果产生了一定量的一氧化碳气体，故称为高炉煤气。从高炉引出的煤气，先经干式除尘器除掉大颗粒灰尘，然后用管道引入煤气洗涤系统进行清洗冷却。清洗、冷却后的水就是高炉煤气洗涤废水。

如上所述，炼铁厂的各种废水，如果不加处理任意排放是既不经济也不合理的，而且造成环境污染，是绝不允许的。

6.1.5 炼钢厂废水

炼钢要把铁中的较多碳元素和硅、锰、硫、磷等杂质去除，同时加入镍、锡、铜、铬、钼等合金元素。目前炼钢主要分为转炉炼钢（以纯氧顶吹转炉炼钢为主）、电炉（炼特殊钢），炼钢包括了连铸机生产工艺，将熔融的钢水浇入铸模，用水冷却成型，轧成一定长度的铸块。由于连铸工艺的实施，连铸机广泛的使用是钢铁工业的一次重大工艺改革，所以炼钢厂包括了连铸这一部分工艺过程。炼钢废水的水量由于其车间组成、炼钢工艺、给水条件的不同，而有所差异。

炼钢废水来源主要分为三类。其一是设备间接冷却水；其二是设备和产品的直接冷却废水；其三是生产工艺过程的废水，就是指转炉除尘废水（烟气洗涤废水）、冲渣废水。

6.1.6 轧钢厂废水

钢锭通过轧制制成板、管、型、线材。轧钢分热轧和冷轧，热轧是经加热后轧制成材，冷轧是在常温下轧制。对于热轧厂，其污水来源于热轧生产过程中的直接冷却水（又称作浊环水），是直接冷却轧辊、轧辊轴承等设备及轧件时产生的。热轧产品经过酸洗才能作为冷轧生产的原料，冷轧过程中需要用乳化液或棕榈油作为润滑剂、冷却剂，因此冷轧生产过程中将产生废酸、酸洗废水及含油、含乳化液的废水，有时还有含铬废水及含氰酸盐等废水。

6.2 钢铁冶金废水的种类及危害

6.2.1 钢铁冶金废水的种类

钢铁工业生产过程包括采选、烧结、炼铁、炼钢（连铸）、轧钢等工艺。钢铁冶金废水通常按下述方法分为三类：

第一类，按所含的主要污染物性质通常可以分为含有机污染物为主的有机废水和含无机污染物（主要为悬浮物）为主的无机废水以及仅受热污染的冷却水。例如焦化厂的含酚氰污水是有机废水，炼钢厂的转炉烟气除尘污水是无机废水。

第二类，按所含污染物的主要成分分类有：含酚氰污水、含油废水、含铬废水、酸性废水、碱性废水和含氟废水等。

第三类，按生产和加工对象分类有：烧结厂废水、焦化厂废水、炼铁厂废水、炼钢厂废水和轧钢厂废水等。

现将主要生产厂、车间污水水质及所含污染物质的成分情况介绍如下。

6.2.1.1 铁矿的矿山采选废水

铁矿的矿山采选废水主要包括采矿场废水和工业场地废水，采矿废水主要是大气降水和地下渗水。工业场地废水主要分两种：一种是冲洗地坪、湿式除尘废水；一种是生产废水。选矿主要产生废水和废渣污染，由于硫、铁元素会生成硫酸盐，呈酸性废水，且多含有高浓度悬浮物、多种金属离子、选矿药剂等。选矿厂用水量很大，应提倡一水多用，提高废水处理回用率；废水中有用金属回收；减少废水排放量。

6.2.1.2 烧结厂废水

烧结的加工过程分两步，把矿粉、燃料、溶剂配混成球，并烧结成块。烧结废水主要来自湿式除尘排水、冲洗地面水、设备冷却水排水。除尘水和冲洗水悬浮物含量高，净化后可循环使用；冷却水水温高，一般应回收重复使用。

6.2.1.3 焦化厂废水

焦化厂废水主要分为两类：一类来自化工产品回收、焦油等车间，主要是剩余氨水、煤气水封溢流水和冷凝水、冲洗设备和地面用水以及焦油车间排水等，即通常所谓焦化酚氰污水。这部分水中含有大量的酚和悬浮物、氨及其化合物、氰化物、硫氰化物、油类等多种有毒物质，必须经过处理后方可排放。另外一类是熄焦污水，主要含有大量悬浮物，经沉淀处理后可循环使用，也可用于地面抑尘。

6.2.1.4 炼铁厂废水

炼铁是把铁矿石、溶剂、焦炭按一定比例填入高炉内，熔炼成生铁，同时产生炉渣和高炉煤气的生产工艺。

炼铁厂废水主要有高炉煤气洗涤水、冲渣废水、铸铁机排水以及冷却水。废水水质特点水温较高，悬浮物浓度大，可高达1000～3000mg/L。高炉煤气洗涤水中含有大量悬浮物以及酚、氰、硫酸盐等，经过处理后方可循环使用。间接冷却水可冷却后循环使用，亦可与其他冷却设备串级使用。

6.2.1.5　炼钢厂废水

炼钢废水主要分为三类。

(1) 设备间接冷却水。这种废水的水温较高，水质不受到污染，采取冷却降温后可循环使用，不外排。但必须控制好水质稳定，否则会对设备产生腐蚀或结垢阻塞现象。

(2) 设备和产品的直接冷却废水。主要特征是含有大量的氧化铁皮和少量润滑油脂，经处理后方可循环利用或外排。

(3) 生产工艺过程废水。实际上就是指转炉除尘废水（烟气洗涤废水）、冲渣废水。烟气洗涤废水中主要含有大量的悬浮物及各种可溶物质。

6.2.1.6　轧钢厂废水

钢锭通过轧制制成板、管、型、线材。轧钢废水主要包括含酸废水、含碱废水、含油废水、直接和间接冷却水。含酸废水中有各种酸类，如盐酸、硫酸以及相应的铁盐和重金属离子等。含碱废水除含有碱性物质外，还含有悬浮物、油类等。含油废水中含有各种油类、乳化液、悬浮物和氧化铁皮等。

轧钢分热轧和冷轧。热轧和冷轧产品过程中需要大量直接冷却水，冲洗钢材和设备。热轧废水含有大量氧化铁和油，水温高、水量大。经冷却、除油、过滤、沉淀处理后，可循环利用。冷轧废水中主要污染物有油（包括乳化液）、酸碱和铬离子，应分流处理注意回收利用。

6.2.2　钢铁冶金废水的特点

6.2.2.1　钢铁冶金废水的特点

A　废水量大，污染面广

钢铁工业生产过程中，从原料准备到钢铁冶炼以致成品轧制的全部过程中几乎所有工序都要用水，都有废水排放。

B　废水成分复杂、污染物质多

表6-1列出了钢铁冶金废水的污染特征和主要污染物质，从表中可以看出钢铁工业废水污染特征不仅多样，而且往往含有严

表 6-1 钢铁工业废水的污染特征和主要污染物质

排放废水单元	污染特征						主要污染物															
	浑浊	臭味	颜色	有机污染物	无机污染物	热污染	酚	苯	硫化物	氟化物	氰化物	油	酸	碱	锌	镉	砷	铅	镍	铬	铜	锰
烧结	✓		✓		✓																	
焦化	✓	✓	✓	✓	✓	✓	✓	✓	✓		✓	✓	✓	✓			✓					
炼铁	✓		✓		✓	✓	✓		✓		✓				✓			✓				✓
炼钢	✓		✓		✓	✓				✓		✓										
轧钢	✓		✓		✓	✓						✓										
酸洗	✓		✓		✓					✓			✓	✓	✓	✓			✓	✓	✓	
铁合金	✓		✓		✓	✓	✓		✓											✓		✓

重污染环境的各种重金属和多种化学毒物。

C 废水水质变化大，造成废水处理难度大

钢铁冶金废水的水质因生产工艺和生产方式不同而有很大的差异，有的即使采用同一种工艺，水质也有很大变化。例如，氧气顶吹转炉除尘污水，在同一炉钢的不同吹炼期，废水的pH值在4～13之间，悬浮物可在250～2500mg/L之间变化。间接冷却水在使用过程中仅受人员污染，经冷却后即可回用。直接冷却水因与物料等直接接触，含有同原料、燃料、产品等成分有关的各种物质。由于钢铁冶金废水水质的差异大、变化大，无疑加大废水处理工艺的难度。

6.2.2.2 钢铁工业废水产污水平

钢铁工业废水产污水平见表6-2。

表6-2 钢铁工业废水产污水平（废水单位：t/t，其他单位：kg/t）

生产工艺	废水量	悬浮物	钢渣	油	氰化物
铁矿采选					
坑矿	0.3～1	0.3～3			
露矿	0～0.4	0.12～1.2			
浮选[铁精矿]	12～30	30～300			
重磁选[铁精矿]	10～30				
炼铁					
烧结	0.9	18			
高炉炼铁	13	15.6			
冲天炉炼铁	8	1.8			
炼钢					
转炉	2	29	0.2		
连铸	10	3.1		0.15	
轧钢					
钢板[特厚板]	10～25	25～50	1.2～5		
[中厚板]	30～60	60～100	3～15		
[热轧薄板]	15～35	36	1.7～7.5		
[冷轧薄板]	30～40	3～4	8～9		
管材	50～70	6	14		
线材	30～40	40～100	2～15		
型材	15～30	25～100	1～10		
铁合金					
锰铁合金	40～70	10～70			
钒铁合金	20～25		[铬0.2]		0.6
钨钼合金生产	270		[铜48.6]		

6.2.3 钢铁冶金废水的危害

钢铁冶金工业废水中主要含有酚及其化合物、氰化物、酸、悬浮物以及各种重金属离子，如铁、锰、铬、铅、锌等，其中毒性较大的是铬、铅、锌。下面介绍几种主要污染物的毒性和危害。

6.2.3.1 酚及其化合物

钢铁冶金工业含酚废水主要来自焦化厂、煤气发生站，高炉煤气洗涤水也含有酚。

酚类化合物有较大的毒性，它可使蛋白质凝固，其溶液极易被皮肤吸收，而使人中毒。高浓度酚可引起剧烈腹痛、呕吐和腹泻、血便等症状，重者甚至死亡。低浓度酚可引起积累性慢性中毒，有头痛、头晕、恶心、呕吐、吞咽困难等反应。酚可引起皮肤灼伤，小量接触也可引起接触性皮炎。酚溅入眼睛立即引起结膜及角膜灼伤、坏死。

酚类对给水水源的影响也特别严重。长期饮用被酚污染的水会引起头晕、贫血以及各种神经系统病症。我国政府在“地面水中有害物质的最高允许浓度”中规定挥发酚的最高允许浓度为0.01mg/L；在生活饮用水卫生规程中规定挥发酚类不得超过0.002mg/L。加氯消毒的水，当酚量超过0.001mg/L时，则产生令人不愉快的氯酚味。

酚污染严重影响水产品的产量和质量，能使贝类减产、海带腐烂，养殖的砂贝、牡蛎等逐渐死亡。水体中含酚浓度低时能影响鱼类的洄游繁殖；浓度为0.1～0.8mg/L时，鱼肉有酚味；浓度更高时，引起鱼类大量死亡，甚至绝迹。我国“渔业水体中有害物质的最高容许浓度”中规定，挥发酚的最高允许浓度为0.01mg/L。

酚的毒性还可抑制一些微生物如细菌、海藻等的生长。用含酚浓度高于100mg/L的废水直接灌溉农田，会引起农作物枯死和减产，特别是在播种期和幼苗发育期，会使幼苗霉烂。含酚浓度低时直接影响虽然不大，但酚在粮食中的富集值得重视。

6.2.3.2 氰化物

钢铁冶金工业的氰化物主要来自选矿废水、氰化物浸金废液、高炉煤气洗涤水、焦化厂的含酚含氰废水等。水中大多数氰化物是氢氰酸，毒性很大。当 pH 值在 8.5 以下时，氰化物的安全浓度为 5mg/L，人食用氢氰酸的平均致死量为 30～60mg，氰化钠为 0.1mg/L，氰化钾为 0.12mg/L。

氰化物对鱼类的毒性较大，当 CN 浓度为 0.04～0.1mg/L 时，就可使鱼类致死。除此之外，氰化物的安全浓度为 5mg/L，氰化物对细菌也有毒害作用，能影响废水的生化处理过程。其含量在 1mg/L 就会干扰活性污泥法的使用。

6.2.3.3 酸

冶金工业的含酸污水主要来自矿山的矿坑和堆石场、轧钢酸洗过程中的冲洗水。采矿污水中的酸为硫酸，轧钢污水中的酸有硫酸、盐酸、硝酸和氢氟酸或其混合酸。

含酸污水不加处理排入水体，危害较大。一方面，会对水中有机物的生长带来不利影响，破坏污水生化处理设施的正常运行；另一方面，酸还能腐蚀金属和混凝土构筑物，如桥梁、堤坝、港口设施和其他水中构筑物。

6.2.3.4 悬浮物

水中含有大量悬浮物会妨碍水中生物（如鱼类、贝类、藻类）的正常生长。悬浮物的有机物还会腐败变质，散发出难闻气味，破坏环境。大量的悬浮物沉积于河底、海底，又可能对航运带来不利影响。

6.2.3.5 重金属离子

含有各种重金属离子的污水排入天然水体会破坏水体环境，危害渔业和农业生产，污染饮用水源。钢铁冶金工业废水中重金属离子对人体危害较大的主要是铬和锌等。

A 铬

铬有三价和六价之分。人们认为三价铬是生物所必须的微量元素，有激活胰岛素的作用，可以增加对葡萄糖的利用。三价铬不易被消化道吸收，在皮肤表层和蛋白质结合而形成稳定络合物。实验证明三价铬的毒素仅为六价铬的1%。六价铬对人体的危害主要有三个方面：一是对皮肤有刺激和过敏作用，容易引起皮炎和铬疮；二是对呼吸系统的损害，表现是鼻中隔膜穿孔、咽喉炎和肺炎；第三是对内脏的损害。六价铬经消化道侵入，会造成味觉和嗅觉减退甚至消失。

B 锌

锌是人体必需的微量元素之一，正常人每天从食物中吸入锌10～15mg。肝是锌的储存池，锌与肝内蛋白结合成锌硫蛋白，供给机体生理反应时所必需的锌，人体缺锌会出现不少不良症状。误食可溶性锌盐对消化道黏膜有腐蚀作用，过量的锌会引起急性肠胃炎症状，如恶心、呕吐、腹痛、腹泻，偶尔腹部绞痛，同时伴有头晕、全身乏力；误食氯化锌会引起腹膜炎，导致休克而死亡。

6.3 钢铁冶金废水治理方法概述

钢铁冶金工业生产过程中的废水一般经过适当的处理都可回用，下面简单介绍各种污水的主要处理方法。

6.3.1 焦化污水

焦化污水含有高浓度的酚和其他污染物，因为酚是一种重要的化工原料，因此必须在进行必要的预处理后，进行酚的回收。回收酚以后的污水要进行二级处理，以达到达标排放的目的。然后视具体情况进行深度处理，以提高出水水质。

焦化污水的预处理的目的是去除水中的苯、焦油等生化处理有害的物质，通常包括水的均和、吹脱（以除去氮）、除油。

除油主要采用重力沉降法和过滤法。重力沉降法多采用各种类型的沉淀池，密度低于水的清油浮在水面，而密度较大的焦油沉于池底。一般重力沉降法的效率可达到70%，而对于污水中粒径较小的焦油，一般可采用过滤法进行处理，滤料可使用重焦油、炉渣、铁屑、焦炭等。

高浓度含酚废水中酚的回收目前较常用的方法是溶剂萃取法和汽提法。萃取法脱酚的主要优点是处理量大、脱酚效率高，目前得到了广泛的应用。在萃取法中，萃取剂的选择是一个关键因素，进行广泛研究和实际应用的萃取剂包括苯、清油、醋酸丁酯、异丙醚、磷酸三甲酚、苯乙酮等。蒸汽脱酚法适用于挥发酚含量较高的污水（一般在1000mg/L以上），主要优点是处理量大、回收酚的质量好，但是回收效果较差。蒸汽脱酚法是利用水酚间的沸点差加热，将污水中的挥发酚蒸发到蒸汽中，然后用氢氧化钠溶液与蒸汽中的酚作用生成酚钠而进入液相。

一般高浓度含酚污水经过脱酚处理后，仍需要进行二级生化处理。焦化污水的二级处理主要采用活性污泥法，水中酚、氰、油、BOD均能得到有效的控制，但COD仍然较高，一般在300～700mg/L，远远不能满足排放要求，是目前冶金工业污水处理中的一个难题。主要原因是焦化污水中存在大量的苯、甲苯、二甲苯、二联苯、吡啶和甲基吡啶、联苯、烷基吡啶等，这些有机物难以生物降解。某些有毒物质浓度较高时会抑制生化处理过程中的微生物的生长。此外，焦化污水中的NH_3-N也比较难以去除，比较经济的去除污水中NH_3-N的方法是生物脱氮法，目前尚处于试验研究阶段。

6.3.2　高炉煤气洗涤废水

高炉煤气洗涤废水是炼铁厂的主要废水，每生产1t铁会产生大约3～20m^3的废水，其中的主要污染物为烟尘、无机盐及少量的酚、氰等有害物质，其处理目的主要是达到水的回用。为此目的，需要进行悬浮物去除、水质稳定、冷却处理以达到水的循环使用。目前我国多数大型炼铁厂在废水中投加混凝剂，沉淀池采用辐流式，沉淀污泥经过浓缩和过滤脱水后成为滤饼，可作为烧结原料。处理后的废水可循环使用，若外排需要去除氰化物。

6.3.3 炼钢烟气除尘废水

炼钢烟气除尘废水主要含有大量的悬浮物，如一般中型氧气顶吹转炉烟气净化废水中悬浮物含量可高达3000～20000mg/L。悬浮物的主要成分是铁、钙、硅和镁的氧化物。处理炼钢烟气除尘废水主要采用自然沉降、絮凝沉降和磁力分离。

6.3.4 轧钢废水

轧钢废水分为热轧废水和冷轧废水，由于其性质不同处理方法各具特点。

6.3.4.1 热轧废水处理

热轧废水中的主要污染物是氧化铁皮、悬浮物和油类。热轧废水的处理主要采用药剂混凝沉淀以除去悬浮物和油类，经过冷却后循环使用。

在热轧废水处理系统中，主要包括调节池、沉淀池和铁皮坑。设置调节池的目的主要是调节水温，减轻水温波动以防止沉淀池内产生对流，干扰沉淀池内的沉降过程。铁皮坑的作用是除去大颗粒的氧化铁皮。沉淀池一般设计成平流式沉淀池。废水中的浮油一般由附设在沉淀池上的除油装置除去。

6.3.4.2 冷轧废水处理

冷轧废水主要污染物包括悬浮油、乳化油两类。悬浮油的处理比较简单，采用刮油机一类装置即可简单除去。对于含乳化油的废水首先必须破乳，然后浮选去除油类。常用的破乳方法有加热法、pH值调节法、加药凝聚法以及超声波法。

6.3.4.3 酸洗废水处理

钢材酸洗过程形成的废水中主要含有酸和铁盐。当废水中游离酸和铁盐浓度较高时，一般以回收为主；而当酸和铁盐的浓度比较低时，一般采用中和处理。在中和法处理中，常用的碱性药剂有石灰、石灰石及白云石等。石灰石中和处理时可采用中和反应池和过滤法两种方法。回收的方法也很多，后面专门介绍。

在冶金工业废水处理的各种工艺中，无论是中间处理还是最终处理，多数都采用投加药剂的辅助处理方法并且取得显著效果。下面仅就冶金工业废水处理常用的药剂加以阐述：

无机高分子絮凝剂主要有：聚合氯化铝，碱式氯化铝，通称为 PAC；

有机高分子絮凝剂主要有：聚丙烯酰胺，简称 PAM。

上述 PAC 及高分子絮凝剂 PAM 多用于有色金属废水处理、冶金工业高浊度废水处理，如选矿废水处理，烧结厂除尘废水处理、焦化除尘废水处理、氧气顶吹转炉除尘废水处理、高炉煤气洗涤废水等。对于高分子絮凝剂可单独使用，如与 PAC 复配使用效果会更加显著。

经多次实验表明，对于有些废水，若在投药前先采用加酸或加碱调整 pH 值在最佳状态或对酸碱废水进行中和处理，即在酸性废水中投加石灰或 NaOH，而碱性废水中投加 H_2SO_4 使之趋于中性，则可达到最佳效果。

6.4　焦化酚氰污水的处理和利用

6.4.1　焦化酚氰污水的处理技术

6.4.1.1　活性污泥法

我国自 1960 年陆续建起了一批以活性污泥法处理焦化废水的工程，由于焦化废水成分复杂，含有多种难以生物降解的物质，因此，在已建的活性污泥法处理工程中，大多数采用鼓风曝气的生物吸附曝气池，少数采用机械加速曝气池。近几年来，有的新建或改建成了二段延时曝气处理设施。由于活性污泥法的处理工艺有多种组合形式且所采用的预处理方法也有较大差异，因而其处理流程和设计、运行参数也不尽相同。一般情况下，活性污泥法处理焦化含酚废水的流程是：废水先经预处理——除油、调匀、降温后，进入曝气池，曝气后进入二次沉淀池进行固液分离，处理后废水含酚质量浓度可降至 0.5mg/L 左右，废水送回循环利用或用于熄焦，活性污泥部分返回曝气池，剩余部分污泥进行浓缩脱水处理。活性污泥处理的关键是保证微生物正常生长繁殖，为此须具备以下条件：一是要供给微生物各种必要的营养源，如碳、氮、磷等，若以 BOD_5 代表含碳量，一般应保持 BOD_5 ∶N∶P=100∶5∶1（质量比）。焦化废水中往往含磷量不足，一般仅 0.6～1.6mg/L，故需向水中投加适量的磷；二是要有足够的氧气；三是要控制某些条件，如 pH 值以 6.5～9.5、水温以 10～25℃为宜。另外，应将重金属离子和其他破坏生物过程的有害物质严格控制在规定的范围之内，以保证微生物生长的有利环境。

6.4.1.2 生物铁法

生物铁法是在曝气池中投加铁盐，以提高曝气池活性污泥浓度为主，充分发挥生物氧化和生物絮凝作用的强化生物处理方法。生物铁法是冶金部建筑研究院于 20 世纪 70 年代研究开发的技术，已被国内普遍用于焦化废水的处理。

由于铁离子不仅是微生物生长必需的微量元素，而且对生物的黏液分泌也有刺激作用。铁盐在水中生成氢氧化物与活性污泥形成絮凝物共同作用，使吸附和絮凝作用更有效地进行，从而有利于有机物富集在菌胶团的周围，加速生物降解作用。该法大大提高了污泥浓度，由传统活性污泥法的 2～4g/L 提高到 9～10g/L，降解酚氰化物的能力也大大加强。当氰化物的质量浓度在高达 40mg/L 条件下，仍可取得良好的处理效果，对 COD 的降解效果也较传统方法好。该法处理费用较低，与传统法相比，只是增加一些处理药剂费。

生物铁法工艺包括 3 个部分：废水的预处理、废水的生化处理和废水的物化处理。废水预处理包括重力除油、均调、气浮除油。此工序的目的在于通过物理方法去除废水中的焦炭微粒、煤尘、焦油和其他油类。这些被除去的污染物对活性污泥中的微生物有抑制和毒害作用。

废水的生化处理过程包括一段曝气、一段沉淀、二段曝气、二段沉淀。这是生物铁法的核心工序。由鼓风机供给曝气池中的好氧菌足够的空气，并使之混合均匀，这样含有大量好氧菌和原生动物的活性污泥对废水中的溶解状和悬浮状的有机物进行吸附、吸收、氧化分解，从而将废水中的有机物降解成无机物（CO_2、H_2O 等）。经过一段曝气池降解的废水和污泥流入一段二沉池，将废水与活性污泥分离。上部废水再流入二段曝气池，对较难降解的氨氮等进一步降解。一段二沉池下部沉淀的污泥再回到一段曝气池的再生段，经再生后进入曝气池与废水混合，多余污泥通过污泥浓缩后混入焦粉中供给烧结配料用。二段曝气池、二段沉淀池的工况与一段相仿、二段生化处理可使活性污泥中的微生物菌种组成相对较为单纯、能处理含不同杂质的废水。

废水的理化处理工艺流程包括旋流反应、混凝沉淀和过滤等工序。经过二段生化处理后的废水还含有较高的悬浮物，为此，又让二段二沉池上部的废水自流旋流反应槽，再投加适量的 $FeCl_3$ 混凝剂，经混合后流入混凝沉淀池，经过沉淀后的上部废水自流入至吸水井，再经泵将水送至单阀滤池，过滤后再外排或回用。

6.4.1.3 炭—生物法

目前，国内一些焦化厂生化处理装置由于超负荷运行或其他原因，处理后的水质不能达标，炭—生物法是在原传统的生物法的基础上再加一段活性炭生物吸附、过滤处理。老化的活性炭采用生物再生。

某钢铁总厂焦化厂的废水处理分两个部分：一是普通生化处理装置；二是继生化处理后的炭—生物法处理装置。生化处理后废水中污染物尚未达到排放标准，采用了炭—生物法进一步处理而提高废水的净化程度。其废水处理工艺流程如图 6-1 所示。

在实际运行中，生化处理装置的运行情况直接影响到炭—生物法的处理效果。除负荷变化外，开始时需要用生化处理的活性污泥，可缩短其挂膜驯化时间；投入运行后则应减少生化处理中的活性污泥对炭—生物法的影响，改善炭—生物塔进水水质。

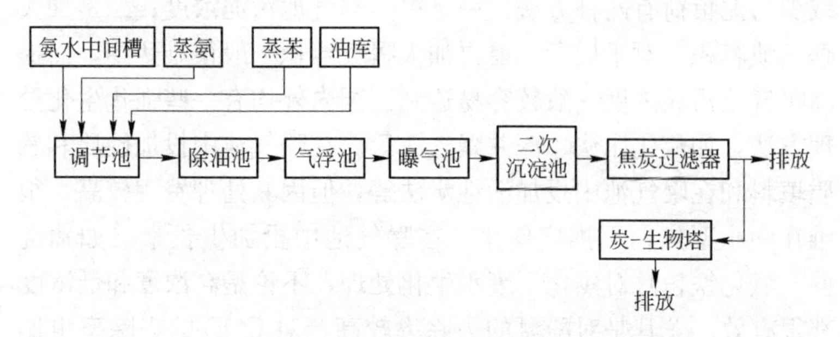

图 6-1 某焦化厂酚氰废水炭—生物法治理工艺流程

炭—生物法中的生物膜的新陈代谢，也会因生物膜脱落而增加阻力，所以，要定时反冲洗。为了减少阻力和堵塞，炭—生物塔宜采用升流膨胀床。

该工艺简便，操作方便，设备少，投资低。由于炭不必频繁再生，故可减少处理费用。对于已有生物处理装置处理后水质不符合排放标准的处理厂，采用炭—生物法进一步处理以提高废水净化程度也是一种有效的方法。

6.4.1.4 投加生长素强化生化法

投加生长素强化生化法是在现有焦化厂生化处理曝气池容积偏小，酚、氰化物和 COD 降解效率较低的情况下，用投加生长素来提高活性污泥的活性和污泥浓度，强化现有装置的处理能力。此法为冶金部鞍山焦化耐火材料设计研究院开发的专利技术，已在多家中小型焦化厂推广使用。表 6-3 是几个投加生长素强化生化法处理效果。

表 6-3 投加生长素强化生化法处理效果

名　称	进水的质量浓度/$mg \cdot L^{-1}$	出水的质量浓度/$mg \cdot L^{-1}$	处理效率/%
挥发酚	120～500	0.01～0.16	99.3～99.9
氰化物	4.3～11.4	0.03～0.29	90～99.9
COD	750～2100	140～340	72～87

对于提高焦化废水处理效果，其主要途径是减少污泥负荷。

减少污泥负荷有两种方法：一是提高曝气池污泥浓度；二是加大曝气池容积。对于后者，要再加大曝气容积一般很难达到，而提高曝气池污泥浓度一般较容易达到。国内外均有一些强化生化处理方法，如流化床法、深井曝气法等。在曝气池中投加硬质和软质填料和在曝气池中投加活性炭法等，但因其处理费用较高，很难在中小型焦化厂推广使用。在曝气池中投加生长素（如葡萄糖一氧化铁粉）对焦化厂废水生化处理，不论是高浓度和低浓度都很有效。尤其是对酚氰的去除率较高，对COD的去除率也比普通方法高。该法不仅能提高容积负荷和降低污泥负荷即增加污泥浓度，而且成本低，适宜在中小型焦化厂废水处理中推广使用。该项生化处理技术的关键是细菌的繁殖与生长。细菌内存在着各种各样的酶，酶分解污染物的过程，主要是借助于酶的作用，因为酶是一种生物催化剂，若酶系统不健全，则生物降解不彻底。投加生长素的目的不仅是对微生物细胞起营养、供碳、提供能源作用，而且是为了健全细菌的酶系统，从而使生物降解有效进行。投加氧化铁粉的目的是降低SVI值，显著提高MLSS。

该法运行成本低、工艺简单、操作容易，比较适用于焦化厂污水处理装置挖掘设备潜力，提高处理效果所进行的废水处理系统的强化和改造。该法已用于徐州钢铁总厂、北台钢铁厂、薛城焦化厂和宣钢焦化厂等同类废水处理装置上，收到较好的效果，但COD和NH_3-N的去除不够理想，有待进一步研究探索。

6.4.1.5 高温好氧微生物处理焦化废水

生化法处理焦化废水工艺对温度的要求非常严格，一般水温控制在10～40℃。但在实际生产中，由于各种原因，有时温度较高，特别是地处南方的高温夏季，生化进水水温常在50℃左右，最高可达55℃。上海梅山冶金公司焦化厂为了保证生化进水水温不超过40℃，只得靠向生化池集水井大量掺混工业水来调节生化进水温度，但由于地处南京地区，高温季节的工业水本身温度就达到30℃，100mm的工业阀门全部开启，仍然不能达到生化进水应小于40℃的要求。而且由于大量掺混工业水，使处理水量超过设备允许的范围，造成集水井经常溢流，而影响总排水口水质。

解决生化水进水温度过高的问题：一是可以大量投资增加设备，进一步冷却酚氰废水；二是可以设法找到耐高温的微生物，从而可以允许生化进水温度的提高。前者投资费用较高，梅山公司焦化厂选择了后者，直接在生产装置上进行将中温微生物驯化成高温微生物的试验。即将中温微生物经过驯化，使其保留原来脱酚脱氰的遗传性，同时又有逐步适应较高温度的生存环境变化条件的变异性。试验采用了分段缓慢升温的方法，使生化进水温度逐步提高到60～65℃，曝气池温度逐步提高到55～60℃。在一年多的驯化试验过程中，没有发生过因提高生化进水温度而引起污泥上浮流失现象，酚氰、COD去除率基本正常。经过高温生化试验后，生化进水温度不大于65℃时，一般不需掺工业冷却水，解决了焦化废水高温生化问题。

6.4.2 酚、氰等物质脱除与回收利用

6.4.2.1 酚的脱除与回收

回收废水中的酚的方法很多，有溶剂萃取法、蒸汽脱酚法和吸附脱酚法等。新建焦化厂大都采用溶剂萃取法，高浓度含酚废水的处理技术趋势是液膜技术、离子交换法等。

A 蒸汽脱酚

蒸汽脱酚是将含酚废水与蒸汽在脱酚塔内逆向接触，废水中挥发酚转入气相被蒸汽带走，达到脱酚的目的。含酚蒸汽在再生塔中与碱液作用生产酚盐而回收。该方法操作简单，不影响环境。但脱酚效率仅约为80%，效率偏低，而且耗用蒸汽量较大。

B 吸附脱酚

吸附脱酚是采用一种液固吸附与解吸相结合的脱酚方法，将废水与吸附剂接触，发生吸附作用达到脱酚的目的。吸附饱和的吸附剂再与碱液或有机溶剂作用达到解吸的目的。随着廉价、高

效、来源广的吸附剂的开发，吸附脱酚法发展很快，是一种很有前途的脱酚方法。但焦化废水处理中采用吸附法（如活性炭吸附）回收酚存在一定困难，因有色物质的吸附是不可逆的，活性炭吸附有色物质后，极难再生将有色物质洗脱下来，从而影响活性炭的使用寿命。

C　萃取脱酚

萃取脱酚是一种液－液接触萃取、分离与反萃取再生结合的方法。该法是在废水中加入一种能够溶解大量酚而不溶于水的萃取溶剂，两者在萃取设备中经过一段时间的充分接触，废水中一部分酚转移到溶剂中而得到净化。该法脱酚效率高，可达95%以上，而且运行稳定、易于操作，运行费用也较低，在我国焦化行业废水处理中应用最广。新建焦化厂都采用溶剂萃取法，萃取剂多为苯溶剂油（重苯）和N-503煤油溶剂，萃取效果的好坏与所用的萃取剂和设备密切相关。

萃取脱酚的工艺流程如图6-2所示。

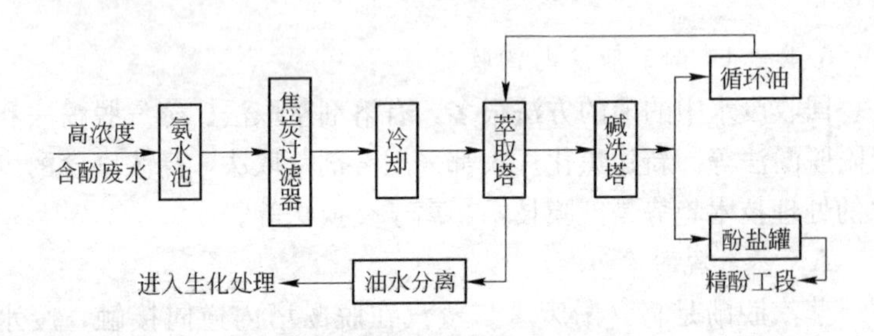

图6-2　萃取脱酚的工艺流程图

从厂区送来的焦化废水经氨水池调节，在焦炭过滤器中过滤焦油后，经冷却器冷却至55℃。冷却后的废氨水进入萃取塔的焦油萃取段，与部分轻油逆流接触，进一步除去氨水中的焦油。从焦油萃取段出来的氨水，自流入酚萃取段，而含焦油轻油自流入废苯槽。在酚萃取段，氨水与轻油逆流接触，氨水中的酚被轻油所萃取，萃取后的氨水经分离油后，用泵送往氨水蒸馏装置进一步处理。由酚萃取段排出的含酚轻油进入脱硫塔上段的油水分离段，分离水后的轻油流入中段，经与碱或酚盐作用除去油中的H_2S。脱硫后的轻油流入富油槽，再用泵经管道混合器送入分离槽，在此轻油中的酚被NaOH中和生成酚钠盐，并与轻油分离后，一部分送到脱硫塔，另一部分送到化产品酚精制装置进一步加工。离开分离槽的轻油再送入萃取塔循环使用。为保证循环油质量，连续抽出循环油量的2%～3%与废苯槽废苯一起送到溶剂回收塔处理，所得到轻油送回循环溶剂油中。

为防止放散气对大气的污染，将各油类设备的排放气集中送入放散气冷却器，使之冷凝成轻油，加以回收利用。

6.4.2.2 氰的脱除与回收

若煤气净化工艺采用饱和器生产硫酸铵，在脱苯前无脱硫脱氰工序时，煤气的最终直接冷却水中氰化物的质量浓度较高。可达200mg/L。目前将终冷排放的废水送至脱氰装置，吹脱的氰与铁刨花和碱反应，产生亚铁氰化钠（又名黄血盐钠），予以回收。该工艺蒸汽耗量大，质量符合要求的刨花不易获得，设备易腐蚀。因此，最适合的解决脱氰的途径是增加煤气终冷前的脱硫脱氰工序。

6.5 高炉煤气洗涤水的处理和利用

6.5.1 高炉煤气洗涤废水来源

从高炉顶引出的煤气称为荒煤气，一般荒煤气的温度在350℃以下，含尘量（标准状态下）为5～60g/m³。荒煤气要经过洗涤、降温才能使用，其成分中除含有大量灰尘外，气体组成大约是：CO为23%～30%、CO_2为9%～12%、N_2为55%～60%、H_2为1.5%～3%、O为0.2%～0.4%、烃类为0.2%～0.5%以及少量的SO_2、NO_x等。荒煤气先经过干式除尘（重力除尘），去除大颗粒的灰尘，含尘量大大减少，此时煤气含尘量一般已降到常压高炉约为12g/m³，高压高炉不大于6g/m³，然后进入煤气洗涤设备，经过清洗后煤气温度应小于45℃，其含尘量（标准状态下）应小于 10mg/m³。煤气的洗涤和冷却是通过在洗涤塔和文氏管中水、气对流接触而实现的，由于水与煤气直接接触，煤气中的细小固体杂质进入水中，水温随之升高，一些矿物质和煤气中的酚、氰等有害物质也被部分地溶入水中，形成了高炉煤气洗涤水。两种常用的高炉煤气洗涤系统及其基本组成如下：

（1）洗涤塔⟶文氏洗涤器⟶减压阀；

（2）文氏洗涤器⟶文氏洗涤器⟶余压发电装置。

高炉的炉顶冶炼有高压和常压之分。现代化大高炉炉顶煤气压力都在 0.19MPa 以上。为了有效地利用余压，应设置余压发电装置。当设有余压发电装置时，洗涤系统对水温要求不严，从而引起对洗涤水处理流程的重大变化。其原因如下所述。

6.5.1.1　煤气洗涤水循环系统

高炉煤气洗涤水系统一般应设置烟气除尘、污水沉淀、水的冷却、水质稳定、污泥脱水和系统监控等设施。

为保证循环率达到 95%以上，一般新建高炉煤气湿式除尘系统采用的是先进的用水量少的双文氏管串联洗涤工艺，其工艺流程见图 6-3。

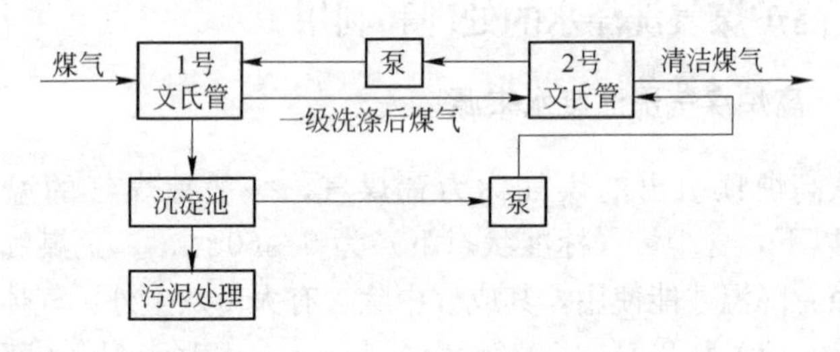

图 6-3　双文氏管串联洗涤工艺

用双文氏管串联供水再加余压发电的煤气净化工艺，高炉煤气的最终冷却不是靠冷却水，而是在经过两级文氏管洗涤之后，进入余压发电装置，在此过程中，煤气骤然膨胀降压，煤气自身的温度可以下降 20℃左右，达到了使用和输送、贮存时的温度要求。所以清洗工艺对洗涤温度无严格要求，可以不设置冷却塔。但没有高炉煤气余压发电装置的两级文氏管串联洗涤系统，仍要设置冷却塔。

采取洗涤塔、文氏管和减压阀组成的并联供水系统，应设置冷却塔，以保证洗涤水供水温度不高于 35℃，工艺流程见图6-4。

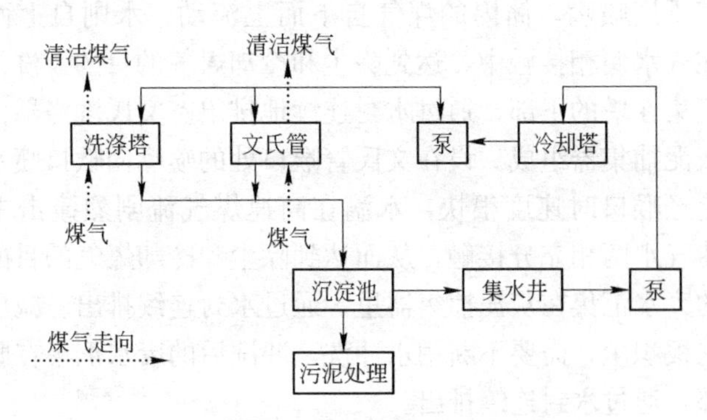

图 6-4 洗涤塔、文氏管并联供水洗涤工艺流程

串联供水洗涤工艺比并联供水洗涤工艺用水量小。双文氏管串联供水加余压发电煤气净化工艺每 1000m^3煤气（标准状态下）耗水 1.6m^3，而并联供水洗涤工艺每 1000m^3煤气（标准状态下）耗水 4.3m^3。

6.5.1.2 洗涤水的供水温度控制

煤气洗涤水的温度与煤气质量、热风炉的热风温度乃至高炉的生产都是相关的。实践证明，水温高时，洗涤器内的饱和蒸汽压亦高，这时水的表面张力小，有利于湿润煤气中的尘粒并把它们捕捉起来，于是除尘的效果就好一些。而水温低，相应的效果就差些。因此，对一级洗涤器的供水水温应适当高些。

从处理洗涤污水角度分析，水温高时，溶解在水中的CO_2就会少些，根据重碳酸盐在水中的溶解平衡关系，水中的重碳酸盐含量会减少，这样就减轻了处理洗涤废水的负荷。由此看来，在第 1 级洗涤器内，供水温度高些是有利的。第 2 级洗涤器内，供水仍然起着除尘和冷却煤气两个作用。但经过第1级洗涤后，进入第2级洗涤器时，煤气已经比较干净而且不太热，如果没有余压发电装置的煤气洗涤流程，经过第2级洗涤后的煤气就将被使用，其供水温度应低些，故应该由冷却塔来控制水温。

在清洗和冷却煤气的过程中，产生了大量的洗涤废水，主要来源于洗涤塔和文氏洗涤器。洗涤塔是一个圆柱形的钢筒，筒内装有若干层喷嘴，筒内的煤气自下而上流动，水则自上而下喷淋，在气水两相接触中，达到除尘和冷却煤气的目的。洗涤后的污水汇集在塔的下部，通过水封连续地排出。文氏洗涤器由文氏管和灰泥捕集器组成。设在文氏管喉口处的喷嘴向喉口喷水，煤气在流经喉口时速度很快，水滴在高速煤气流剧烈撞击中被雾化，使气水两相充分接触，从而达到除尘和冷却煤气的目的。洗涤后的废水汇集在灰泥捕集器里，通过水封连续排出。减压阀为防止阀板积尘，需要不断用水冲洗，冲洗后的废水汇集在脱水器的下部，通过水封连续排出。

6.5.2 高炉煤气洗涤废水特点

6.5.2.1 废水水量

由洗涤塔 → 文氏洗涤器 → 减压阀组成的洗涤系统，每清洗 $1000m^3$ 煤气（标准状态下），其用水量依次为 $3.5\sim4.5m^3$、$0.5\sim1.0m^3$、$0.24\sim0.27m^3$。该系统的污水排放总量约为用水总量的98%。

由一级可调文氏洗涤器 →二级可调文氏洗涤器 → 余压发电装置组成的洗涤系统，当文氏洗涤器串联供水时，每清洗 $1000m^3$ 煤气（标准状态下），所需用水量为 $1.6\sim2.0m^3$，其污水量约为用水总量的97%。当文氏洗涤器并联供水时，其总用水量约为串联供水的2倍。

6.5.2.2 废水水质

高炉煤气洗涤污水的成分很不稳定。不同高炉或即便同一座高炉在不同工矿下产生的煤气洗涤污水，其成分的变化也很大。

污水的物理化学性质虽与原水有一定关系，但主要还是取决于高炉炉料的成分、状况、炉顶煤气压力、洗涤用水量以及洗涤水的温度等。当高炉100%使用烧结矿时，可减少煤气中的含尘量，并相应地减少由灰尘带进洗涤水的碱性物质。溶解在洗涤污水中的CO的含量与炉顶煤气压力以及洗涤水的温度有关，炉顶压力小，洗涤水温度高，则污水中的CO含量就少，反之亦然。另外，当炉顶煤气压力高时，煤气中含尘量相应减少，洗涤污水中的悬浮物含量也相对减少，而且粒度较细。

煤气洗涤污水的一般物理化学成分见表6-4。煤气洗涤污水的沉渣成分、颗粒分析见表6-5。

表6-4 煤气洗涤污水的物理化学成分

项目	高压操作		常压操作	
	沉淀前	沉淀后	沉淀前	沉淀后
水温/℃	43	38	53	47.8
pH值	7.5	7.9	7.9	8.0
总碱度/mg·N·L^{-1}		214.8		
全硬度/dH	19.18	19.04		19.32
暂硬度/dH	21.42	20.44	13.87	13.71
钙/mg·L^{-1}	98	98	14.42	13.64
耗氧量/mg·L^{-1}	10.72	7.04		25.50
硫酸根/mg·L^{-1}	144	204	232.4	234
氯离子/mg·L^{-1}	161	155	108.6	103.8
二氧化碳/mg·L^{-1}	25.3			38.1
铁/mg·L^{-1}	0.067	0.067	0.201	0.08
酚/mg·L^{-1}	2.4	2.0	0.382	0.12
氰化物/mg·L^{-1}	0.25	0.23	0.847	0.989
全固体/mg·L^{-1}	706	682		
溶固体/mg·L^{-1}			911.4	910.2
悬浮物/mg·L^{-1}	915.8	70.8	3448	83.4
油/mg·L^{-1}				13.65
氨氮/mg·L^{-1}	7.0	8.0		

注：dH—德国度符号，1德国度=10（以CaO计）。

表 6-5　煤气洗涤污水的沉渣分析、颗粒分析

(a) 煤气洗涤污水的沉渣成分

成　分	总 Fe	Fe_2O_3	FeO	SiO_2	CaO
质量分数/%	11.8～31.99	约 40	5.1～12.1	10.95～15.89	8.95～12.28
成　分	Al_2O_3	MgO	S	P	烧损
质量分数/%	4.43～6.72	1.5～15.38	约 0.5	约 0.05	约 20

(b) 煤气洗涤污水的沉渣颗粒

粒径/μm	>600	600～300	300～150	150～105	105～74	<74
质量分数/%	0.3～1.88	3.8～8.84	约 35	约 20	约 12	15.7～72.5

6.5.3　高炉煤气洗涤水处理工艺

6.5.3.1　废水处理现状

我国 20 世纪 50、60 年代建设的冶炼普通生铁高炉，大部分配置高炉煤气洗涤水平流式沉淀池或辐流式沉淀池。由于水质稳定技术未解决和污泥回收设施不配套，废水仅仅经过沉淀处理后外排，很少循环利用。污泥有的随着废水外排，有的堆弃。进入 70 年代后期，随着我国冶金环境保护科学技术的发展，高炉煤气洗涤水水质稳定技术有所突破。首都钢铁公司高炉煤气洗涤水系统自 1979 年起采用了“石灰-碳化法”进行水质稳定处理，并采用二次浓缩一盘式真空过滤机进行污泥脱水的新工艺，实现了高炉煤气洗涤水循环利用和高炉污泥回收利用，为我国开展高炉煤气洗涤水治理打开了新的局面。

近年来，大部分炼铁厂的高炉煤气洗涤水系统在各钢铁厂技术改造的同时进行了治理。各设计研究单位和企业积极开展环保科研和大力吸收引进技术，高炉煤气洗涤水水质稳定技术又有新的发展，并取得显著成效，治理率和废水重复利用率有很大提高。

高炉煤气洗涤水处理工艺主要包括沉淀（或混凝沉淀）、水质稳定、降温（有炉顶发电设施的可不降温）、污泥处理四部分。

洗涤废水的沉淀处理方法可分为自然沉淀和混凝沉淀。攀枝花钢铁公司、湘潭钢铁公司和上海第一钢铁厂等的高炉煤气洗涤水均采用以自然沉淀为主的处理方法。莱芜钢铁厂高炉煤气洗涤废水过去靠两个 $D=12$m 的浓缩池处理，未达到工业用水及排放标准，后来改为平流式沉淀池进行自然沉淀，沉淀效率达90%左右，出水悬浮物含量小于 100mg/L，冷却以后水温约40℃，水的循环率达 90%左右，除了个别指标（如 Pb、酚）有时超标外，处理后的废水基本可达标排放。

6.5.3.2 废水处理与水质稳定工艺

高炉煤气洗涤废水治理的基本原则应从经济运行、节约水资源和保护水环境三方面考虑，对污水进行适当处理，最大限度地予以循环使用。为保证高炉煤气洗涤废水循环系统正常运行，必须采取水质稳定措施，改革洗涤工艺，以干法净化代替湿法净化，减少用水量和废水排放量。

A 循环废水处理

如前所述，对于双文氏管串联煤气洗涤工艺，第二级洗涤器用过的水可不经过处理（如果第二级洗涤后的废水水中，仍然含有大量悬浮物，也必须进行处理）直接用泵送至第一级洗涤器循环使用。而经第一级洗涤器用过的洗涤废水，则必须进行处理方能保证系统正常运行。是否将两级洗涤器用后的洗涤废水合并处理，需要具体研究。大量测定资料表明，不同工厂的高炉煤气洗涤水悬浮物的粒度和组成差别很大。即使同一工厂，污水悬浮物的粒度和组成也不一致。高炉煤气洗涤水中部分悬浮物的沉降速度比较缓慢，要求沉淀出水悬浮物含量小于 150mg/L 时，沉降速度宜按不大于 0.25mm/s 考虑，相应的沉淀池的水力负荷为 $1\sim1.25m^3/(m^2\cdot h)$。采用投加絮凝剂的混凝沉淀工艺，其沉淀池的水力负荷可适当提高，以 $1.5\sim2.0m^3/(m^2\cdot h)$为宜，相应的沉淀池出水悬浮物含量可小于 1000mg/L。采用聚丙烯酰胺絮凝剂，可加速沉降过程。如果聚丙烯酰胺与铝盐或铁盐并用，可进一步提高悬浮物的沉降速度(可达 3mm/s 以上)，水力负荷为

$2m^3/(m^2 \cdot h)$时，其相应的沉淀池出水悬浮物含量仍可小于80mg/L。

大、中型高炉煤气洗涤水净化，一般采用普通的辐流沉淀池。如果采用带絮凝池的沉淀池，效果更好。沉淀池应设机械排泥装置。

B 水质稳定

经过沉淀和冷却的水，直接在煤气洗涤系统中循环使用，往往会出现严重的结垢现象。

炼铁厂高炉煤气洗涤系统中产生的水垢成分与冶炼用的原料有关。矿石不含锌时，垢的成分以Ca^{2+}和Mg^{2+}为主；当矿石含锌时，ZnO约占40%～50%，Fe_2O_3约占20%～25%，CaO和其他成分约占25%～40%。从高炉顶引出的煤气具有一定的压力，在煤气洗涤过程中，上述成垢盐类和煤气中的CO_2一起溶解在水中。CO_2的溶解使水的pH值降低，上述成垢盐类在酸性条件下，达到溶解平衡。Zn是一种两性金属。在酸性条件下，其盐类的溶解度远远大于中性偏碱性条件下的溶解度，在大量CO_2存在或加酸的情况下均是这样。洗涤污水在沉淀池中，只能除去悬浮杂质，而在冷却塔中，溶解在水中的CO_2被吹脱，盐类物质的溶解平衡遭到破坏，大量超过其溶度积的部分被析出、结晶，形成水垢。解决水垢和腐蚀的方法即在污水进入沉淀池前加碱(一般加NaOH)，提高污水的pH值，使其控制在7.8～8.5之间。在这种弱碱性的环境下，CO_2溶于水所形成的弱酸得到中和，这样使得水中的HCO_3^-和CO_3^{2-}浓度升高，从而产生各种不溶性或微溶性的碳酸盐类，与悬浮杂质一道被沉积于沉淀池底。在沉淀池前还可以同时投加助凝剂或絮凝剂，以帮助去除悬浮杂质和成垢盐类。沉淀处理以后的水中再投加水质稳定剂，彻底消除水在循环过程中的结垢因素，实现高度循环供水。

C 工艺流程

国内采用的工艺流程有如下几种。去除悬浮物多采用辐射式沉淀池，效果较好。

a 石灰软化—碳化法工艺流程

洗涤煤气后的废水经辐射式沉淀池加药混凝沉淀后，80%的出水送往降温设备（冷却塔），其余20%的出水泵进入加速澄清池进行软化，软化水和冷却水混合流入加烟井，进行碳化处理，然后由泵送回煤气洗涤设备循环使用。从沉淀池底部排出泥浆，送至浓缩池进行二次浓缩，然后送真空过滤机脱水。浓缩池溢流水回沉淀池或直接去吸水井供循环使用。瓦斯泥送入贮泥仓，供烧结作原料。

b 投加药剂法工艺流程

洗涤煤气后的废水经沉淀池进行混凝沉淀，在沉淀池出口的管道上投加阻垢剂，阻止碳酸钙结垢，同时防止氧化铁、二氧化硅、氢氧化锌等结合生成水垢，在使用药剂时应调节 pH 值。为了保证水质在一定的浓缩倍数下循环，定期向系统外排污，不断补充新水，使水质保持稳定。

c 酸化法工艺流程

从煤气洗涤塔排出的废水经辐射式沉淀池自然沉淀（或混凝沉淀），上层清水送至冷却塔降温，然后由塔下集水池输送到循环系统，在输送管道上设置加酸口，废酸池内的废硫酸通过胶管适量均匀地加入水中。沉泥经脱水后，送烧结利用。

d 石灰软化—药剂法工艺流程

本处理法采用石灰软化（20%～30%的清水）和加药阻垢联合处理。由于选用不同水质稳定剂进行组合配方，达到协同效应，增强水质稳定效果。

D 排污水处理

不论采用哪一种循环水处理方法，即使达到95%以上的循环率，高炉煤气洗涤循环水系统中也总有一定的排污产生。排污水的处理，首先应在炼铁厂或整个钢铁厂中找不到不外排的综合治理办法，如直接排入冲渣系统作补充用水等。如果厂内无法综合利用这一部分排污水时，必须严格处理后排放，主要是去除其中的氰化物。

E 污泥处理

a 一般污泥处理

高炉煤气洗涤水在沉淀处理时，沉淀池内积聚了大量的污泥。污泥的主要成分是铁的氧化物和焦炭粉。这些污泥如果不加处理任意弃置，既浪费资源又给环境带来严重污染。通过污泥处理，可以回收含铁分很高的、相当于精矿粉品位的有用物质，国内外的炼铁厂都十分注意对这部分污泥的处理和利用。常用的处理方法是用泥浆泵抽取沉淀池下部的污泥，送至真空过滤机脱水，然后将脱水后的泥饼运至烧结厂，作为烧结矿的掺和料加以利用。真空过滤机的滤液返回到沉淀池再处理。

b 含锌污泥处理

在结垢物质中，有时 ZnO 的含量很高，说明洗涤水中有时含有锌。洗涤污水处理后，水中 ZnO 大部分转移到污泥中，最终进入脱水后的泥饼中。由于烧结和高炉对入炉中的锌含量有一定的要求，锌一方面与耐火材料发生化学反应并侵蚀之；另一方面，附着在高炉内壁的耐火材料上形成“结瘤”，极易损坏高炉内的耐火砖。高炉内耐火材料的损坏意味着缩短高炉寿命，因此高炉对于其原料烧结矿中的锌含量有比较严格的要求，从而对作为掺和料的回收污泥的锌含量也有一定的要求。一般要求回收污泥的锌含量应小于1%。为此，世界上不少大型高炉都在纷纷增加污泥脱锌设施，我国宝钢 1 号高炉亦有这种设施。所谓脱锌，就是将沉淀池污泥中的锌与铁进行分离的装置。

脱锌的原理是利用铁和锌密度的不同，把沉淀池的污泥浆充分搅拌，以一定的浓度将其送入一种压力式水力旋流器，当铁和锌的混合泥浆沿切线方向进入旋流器时，密度较大的含铁泥浆下降到旋流器底部，并通过一定的方式，使其在受控的条件下流出来；密度较小的含锌泥浆，则汇集到旋流器底部，并通过一定的方式，使其在受控的条件下溢流出去。经过旋流器的分离作用，分别获得铁和锌。经一级旋流分离，可使脱锌率达到 70%。如经三级分离，则脱锌率可达 90%以上。分离后的含铁和含锌的泥浆，分别进行脱水处理，含铁泥饼送至烧结厂，含锌泥饼另外开发利用。

脱锌和过滤脱水后的滤液以及冲洗水，都应返回到沉淀池再处理，不应随意外排。

F 改革生产工艺

国内外都在研究高炉煤气干法净化技术，干法净化代替湿法净化可从根本上解决用水和污水问题。目前国内 300m^{3}以下的高炉煤气干法净化技术已过关。

6.6 炼钢除尘废水的处理和利用

6.6.1 炼钢除尘废水

众所周知，炼钢过程是一个铁水中的碳和其他元素氧化的过程。铁水中的碳与吹氧发生反应，生成 CO，随炉气一道从炉口冒出。回收这部分炉气，作为工厂能源的一个组成部分，这种炉气称为转炉煤气；这种处理过程，称为回收法，或叫未燃法。如果炉口处没有密封，从而大量空气通过烟道口随炉气一起进入烟道，在烟道内，空气中的氧气与炽热的 CO 发生燃烧反应，使 CO 大部分变成 CO_2，同时放出热量，这种方法称为燃烧法。这两种不同的炉气处理方法，给除尘废水带来不同的影响。含尘烟气一般均采用两级文丘里洗涤器进行除尘和降温。使用过后，通过脱水器排出，即为转炉除尘废水。

6.6.1.1 废水排放量

转炉除尘废水的排放量，一般为 5～6m^3/t 钢。但对于每一个炼钢厂，由于除尘工艺不同，水处理流程不同，其污水量亦有很大的差别。原则上，除尘污水量相当于其供水量。但在供水流程上，如果采用串联供水，则较之并联供水，其水量几乎减少一半。如宝钢炼钢厂 300 t 纯氧顶吹转炉，采用二文——文串联供水，其污水量设计值仅约为 2m^3/t 钢。仅就污水量而言，水量小，污染也小，治理起来比较容易。所以水量问题与工艺密切相关的，不研究工艺，是做不到减少污水量的。

6.6.1.2 废水成分及特性

纯氧顶吹炼钢是个间歇生产过程，它是由装铁水－吹氧－加造渣料－吹氧－出钢等几个步骤组成。这几个步骤完成后，一炉钢冶炼完毕，然后再按上述顺序进行下一炉钢的冶炼。目前先进的纯氧顶吹转炉炼一炉钢大约需要40min左右，其中吹氧大约18min。由于这些工艺方面的特点，使得炉气量、温度、成分等都在不断变化，因此除尘废水的性质也在随时发生相应的变化。

转炉烟气除尘废水的特性主要包括水质、水温、含尘量、烟尘粒度、沉降特性等。其特性与烟气净化方式（除尘设备、除尘工艺）是密切相关的。同时，在整个过程中，随着不同冶炼期的炉气变化而变化。烟气净化系统中各净化设备（一文、二文、喷淋塔）的废水特性也有较大的差异，一文的废水含尘量及水温最高。

6.6.2 转炉除尘废水治理

转炉除尘废水的治理，以实现稳定的循环使用为目的，最终达到水的闭路循环。转炉除尘污水经沉淀处理后循环使用，其沉淀污泥由于含铁量较高，具有较高的应用价值，应采取适当的方法加以回收利用。

6.6.2.1 转炉除尘废水处理技术要点

对于转炉除尘废水，其处理的关键技术主要有三个方面：一是悬浮物的去除；二是水质稳定问题；三是污泥的脱水与回收。

A 悬浮物的去除

纯氧顶吹转炉除尘废水中的悬浮物杂质均为无机化合物，采用自然沉淀的物理方法，虽能使出水悬浮物含量达到150～200mg/L的水平，但循环利用效果不佳，必须采用强化沉淀的措施。一般在辐射式沉淀池或立式沉淀池前加混凝药剂，或先通过磁凝聚器经磁化后进入沉淀池。最理想的方法应使除尘废水进入水力旋流器，利用重力分离的原理，将大于60μm的大悬浮颗粒去掉，以减轻沉淀池的负荷。废水中投加 1 mg/L 的聚丙烯酰胺，即可使出水悬浮物含量达到 100mg/L 以下，效果非常显著，可以保证正常的循环利用。由于转炉除尘废水中悬浮物的主要成分是铁皮，采用磁凝聚器处理含铁磁质微粒十分有效，氧化铁微粒在流经磁场时产生磁感应，离开时具有剩磁，微粒在沉淀池中互相碰撞吸引凝成较大的絮体从而加速沉淀，并能改善污泥的脱水性能。

B 水质稳定问题

由于炼钢过程中必须投加石灰，在吹氧时部分石灰粉尘还未与钢液接触就被吹出炉外，随烟气一道进入除尘系统，因此，除尘废水中 Ca^{2+} 含量相当多，它与溶入水中的 CO_2 反应，致使除尘废水的暂时硬度较高，水质失去稳定。采用沉淀池后投入分散剂（或称水质稳定剂）的方法，在螯合、分散的作用下，能较成功地防垢、除垢。投加碳酸钠（Na_2CO_3）也是一种可行的水质稳定方法。Na_2CO_3 和石灰[$Ca(OH)_2$]反应，形成 $CaCO_3$ 沉淀：

$$CaO + H_2O \longrightarrow Ca(OH)_2$$

$$Na_2CO_3 + Ca(OH)_2 \longrightarrow CaCO_3 \downarrow + 2NaOH$$

而生成的 NaOH 与水中 CO_2 作用又生成 Na_2CO_3，从而在循环反应的过程中，使 Na_2CO_3 得到再生，在运行中由于排污和渗漏所致，仅补充一些量的 Na_2CO_3 保持平衡。该法在国内一些厂的应用中有很好效果。

利用高炉煤气洗涤水与转炉除尘废水混合处理也是保持水质稳定的一种有效方法。由于高炉煤气洗涤水含有大量的 HCO_3^-，而转炉除尘废水含有较多的 OH^-，使两者结合，发生如下反应：

$$Ca(OH)_2 + Ca(HCO_3)_2 \longrightarrow 2CaCO_3 \downarrow + 2H_2O$$

生成的碳酸钙正好在沉淀池中除去，这是以废治废、综合利用的典型实例。在运转过程中如果 OH^- 与 HCO_3^- 量不平衡，可以适当在沉淀池后加些阻垢剂做保证。

总之，水质稳定的方法是根据生产工艺和水质条件，因地制宜地处理，选取最有效、最经济的方法。

C 污泥的脱水与回收

转炉除尘废水经混凝沉淀后可实现循环使用，但沉积在池底的污泥必须予以恰当处理，否则循环仍是空话。转炉除尘废水污泥含铁高达70%，有很高的利用价值。处理此种污泥与处理高炉煤气洗涤水的瓦斯泥一样，国内一般采用真空过滤脱水的方法，由于转炉烟气净化污泥颗粒较细、含碱量高、透气性差，真空过滤机脱水性能比较差，脱水后的泥饼很难被直接利用，如果制成球团可直接用于炼钢，如图6-5所示。目前真空过滤脱水使用较少，而采用压滤机脱水，由于分批加压脱水，因此对物料适用性广，滤饼含水率较低，但设备费用较贵。

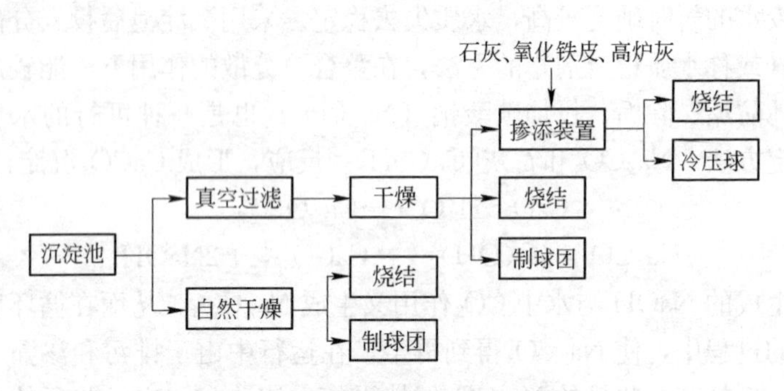

图6-5 污泥的处理与利用途径

6.6.2.2 废水处理工艺流程

目前，转炉烟气除尘废水处理流程一般有以下几种流程。

A 混凝沉淀—水稳定剂处理流程

从一级文氏管排出的含尘量较高的废水经明渠流入粗粒分离槽，在粗粒分离槽中将含量约为15%的、粒径大于60μm的粗颗粒杂质通过分离机予以分离，被分离的沉渣送烧结厂回收利用；剩下含细颗粒的废水流入沉淀池，加入絮凝剂进行混凝沉淀处理，沉淀池出水由循环水泵送二级文氏管使用。二级文氏管的排水经水泵加压，再送一级文氏管串联使用，在循环水泵的出水管内注入适量防垢剂（水质稳定剂），以防止设备、管道结垢。加药量视水质情况由试验确定。沉淀池下部沉泥经脱水后送往烧结厂小球团车间造球回收利用。

B 药磁混凝沉淀一永磁除垢工艺

转炉除尘废水经明渠进入水力旋流器进行粗细颗粒分离，粗铁泥经二次浓缩后，送烧结厂利用；旋流器上部溢流水经永磁场处理后进入污水分配池与聚丙烯酰胺溶液混合，随后分流到立式（斜管）沉淀池澄清，其出水经冷却塔降温后流入集水池，清水通过磁除垢装置后加压循环使用；立式沉淀池泥浆用泥浆泵提升至浓缩池，污泥浓缩后进真空过滤机脱水，污泥含水率约达40%～50%，送烧结利用。具体流程见图 6-6。

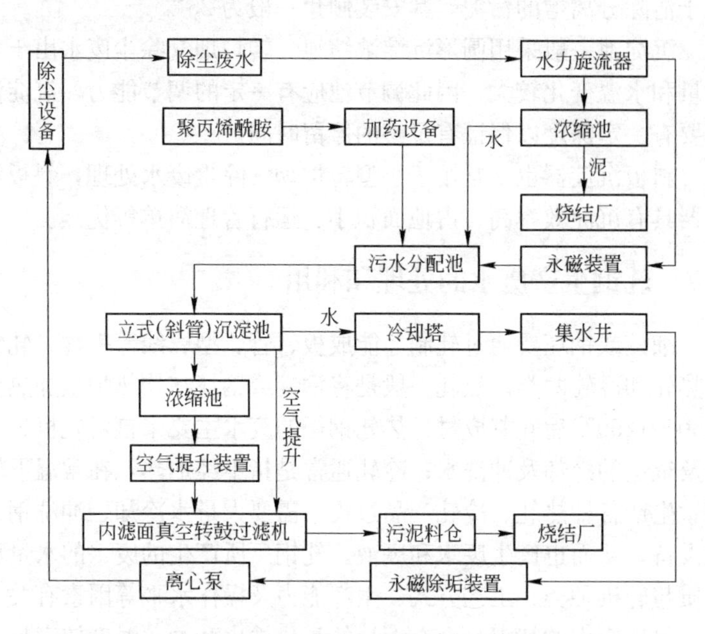

图 6-6 药磁混凝沉淀-永磁除垢装置工艺流程图

C 磁凝聚沉淀—水稳药剂工艺

转炉除尘废水经磁凝聚器磁化后，流入沉淀池，沉淀池出水中投加 Na_2CO_3 解决水质稳定问题，沉淀池沉泥送过滤机脱水

(厢式压滤机已在转炉除尘废水处理工艺流程中应用，泥饼一般可使含水率为25%～30%，优于真空过滤机)。

6.6.2.3　主要构筑物

转炉烟气除尘废水处理构筑物主要有粗颗粒分离装置、沉淀浓缩池等。

粗颗粒装置主要作用是去除废水中大于等于60μm的粗颗粒，以减轻沉淀池负荷，防止污泥管道和脱水设备堵塞。

粗颗粒分离组合设备包括分离槽、耐磨螺旋分级输送机、料斗和料罐等。分离槽停留时间一般2～5min，停留时间过长会使细颗粒沉降，影响分离机正常操作。螺旋分离机设在分离槽内，用于清除分离槽的污泥，其安装倾角一般为25°。

沉淀池一般采用圆形沉淀浓缩池。转炉烟气除尘废水由于含尘量和水温变化较大，因此调节池应有一定的调节能力，沉淀池需要有一定深度以保证有足够的停留时间。

斜板沉淀器也常常用于小型转炉烟气除尘废水处理，斜板沉淀器具有沉淀效率高、占地面积小、运行管理简单等优点。

6.7　轧钢生产废水的处理和利用

细锭或钢坯要通过轧制才能成板、管、型、线等钢材。轧钢分热轧和冷轧两类。热轧一般是将钢锭或钢坯在均热炉里加热至1150～1250℃后轧制成材，热轧钢厂的废水主要来自对轧机、轧辊及辊道的冷却及冲洗水；冷轧通常是指不经加热，在常温下轧制。生产各种热轧、冷轧产品过程中需要大量水冷却、冲洗钢材和设备，从而也产生废水和废液。轧钢厂所产生的废水的水量和水质与轧机种类、工艺方式、生产能力及操作水平等因素有关。

热轧废水的特点是含有大量的氧化铁皮和油，温度较高且水量大。经沉淀、机械除油、过滤、冷却等物理方法处理后，可循环利用，通称轧钢厂的浊环系统。冷轧废水种类繁多，以含油(包括乳化液)、含酸、含碱和含铬（重金属离子）为主，要分流处理并注意有效成分的利用和回收。

6.7.1 热轧废水的处理

热轧厂一般包括钢板车间、钢管车间、型钢车间、线材车间以及特种轧钢车间等，各厂情况不一。完整的热轧厂的给排水，一般包括净环水和浊环水两个系统。净环水主要用于空气冷却器、油冷却器的间接冷却，与一般循环水系统一样，这里不再赘述。含氧化铁皮和油的浊循环水是主体废水，所谓热轧厂废水的处理，就是针对这部分废水。主要技术问题是固液分离、油水分离和沉渣的处理。

热轧污水处理应主要解决两个方面的问题，一是通过多级净化和冷却，提高循环水的水质，以满足生产上对水质的要求，同时减少排污和新水补充量，使水的循环利用率得到提高。热轧污水处理的另一个方面是回收已经从污水中分离的氧化铁皮和油类，以减少其对环境的污染。因此，完整的热轧污水处理系统还应包括废油回收和对二次铁皮沉淀池和过滤器分离的氧化铁皮的浓缩、分离。

6.7.1.1 浊环水处理系统

热轧浊环水系统需要解决的问题是固液分离、油水分离。另外还需要解决循环水的冷却。浊环水系统在满足工艺对水质、水温、水压的要求及环境保护的前提下，根据一次投资、运行费用及占地面积等因素进行选择。

热轧浊环水系统主要由净化、冷却构筑物和泵构成。常用的净化构筑物按治理深度的不同有不同的组合，有一次铁皮坑或水力旋流沉淀池、二次铁皮沉淀池、重力或压力过滤器等，但总的都要保证循环使用条件。常用热轧浊环水工艺流程大致有以下几种。

A 一次沉淀工艺流程

仅仅用一个旋流沉淀池来完成净化水质，既去除氧化铁皮，又有除油效果，国内还是比较常见的流程。在沉淀池的一定深度，水自侧面以切线方向进水旋流而上，从筒体周边溢流出水，如图 6-7 所示。旋流沉淀池设计负荷一般采用 25～30m^3/(m^2·h)，废水在沉淀池的停留时间可采用 6～10min。与平流沉淀池相比，占地面积小，运行管理方便。

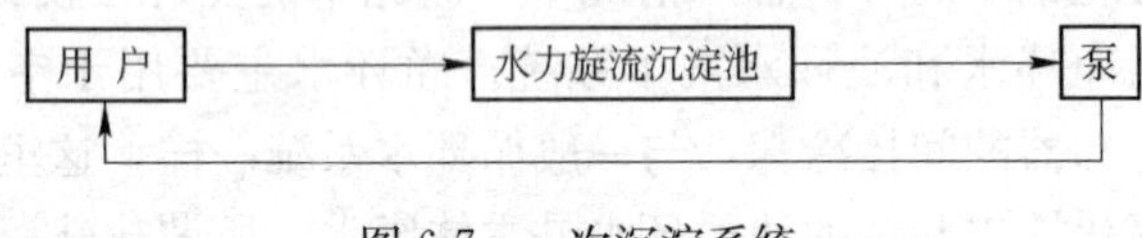

图 6-7　一次沉淀系统

B　二次沉淀工艺流程

如图 6-8 所示。系统中根据生产对水温的要求，可设冷却塔，保证用水的水温。

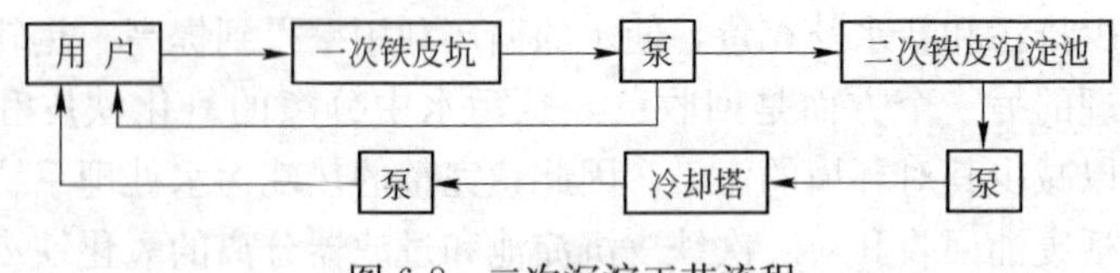

图 6-8　二次沉淀工艺流程

C　沉淀—混凝沉淀—冷却工艺流程

如图 6-9 所示。这是完整的工艺流程，用加药混凝沉淀，进一步净化，使循环水悬浮物含量小于 50mg/L。

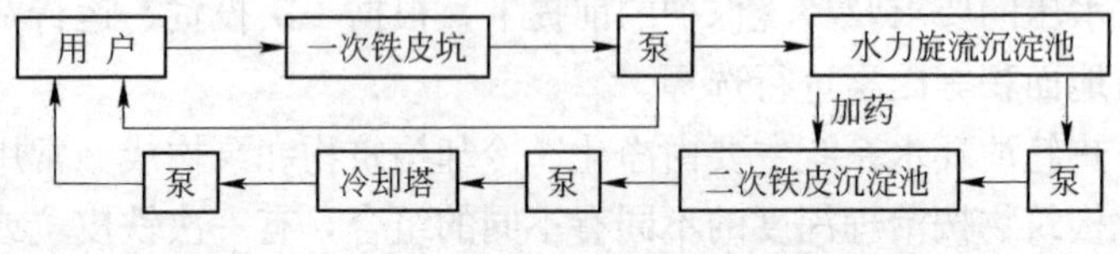

图 6-9　沉淀—混凝沉淀—冷却工艺流程图

D　沉淀—过滤—冷却工艺流程

如图 6-10 所示，为了提高循环水质，热轧废水经沉淀处理后，往往再用单层和双层滤料的压力过滤设备进行最终净化，过滤设备的滤层由三层组成，底层用砾石，层高 0.45m；中间层用石英砂，层高 0.6m；表层用无烟煤或焦炭渣。压滤器过滤速度 32～40m/h，进水压力 0.25～0.35MPa，过滤周期 12h，压缩空气反冲洗时间 8min，反冲洗强度 $15m^3/(m^2 \cdot h)$，反冲洗压力 70kPa；用水反冲洗 14min，反冲洗强度 $40m^3/(m^2 \cdot h)$，反冲洗压力 50kPa。出水水质要求是悬浮物小于 10mg/L，油小于 5mg/L。

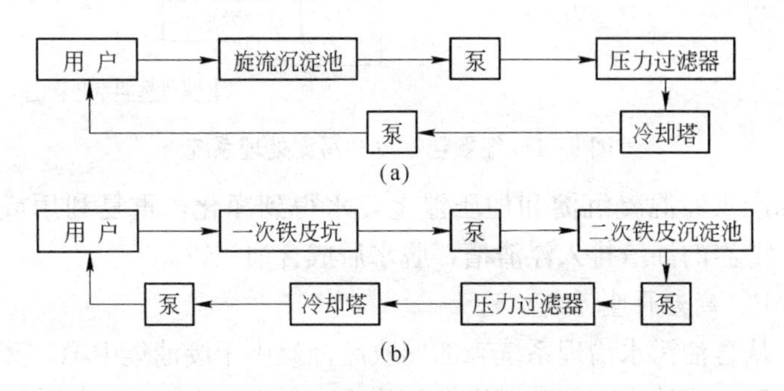

图 6-10 沉淀—过滤—冷却工艺流程

6.7.1.2 细粒铁皮和污泥处理

选用适当的浊环水处理系统，采用自然沉淀、混凝沉淀以及过滤等处理方式，可以满足轧钢工艺对浊环水的水质要求，但如何将分离的氧化铁皮从系统中排除并加以回收的问题，不仅涉及资源的利用，也是减少热轧厂对环境污染的重要内容。

沉淀于一次铁皮坑和旋流沉淀池的氧化铁皮，由于颗粒较大，一般用抓斗取出后，通过自然脱水就可考虑进一步利用。被二次铁皮沉淀池和过滤器分离的细颗粒氧化铁皮，从浊环水转入沉淀池稀泥和过滤器反冲洗水中，采取絮凝浓缩后，经真空过滤机脱水，使其最终与水分离。滤饼脱油后回用，具体流程见图6-11。

该流程用于某初轧厂。特点是三种污水均在浓缩池内进行混凝沉淀，并采用折带式真空脱水机。

6.7.1.3 含油废水废渣处理

A 含油废水处理系统

含油废水用管道或槽车排入含油废水调节槽，静止分离出油和污泥。浮油排入浮油槽，待废油再生利用。去除浮油和污泥的

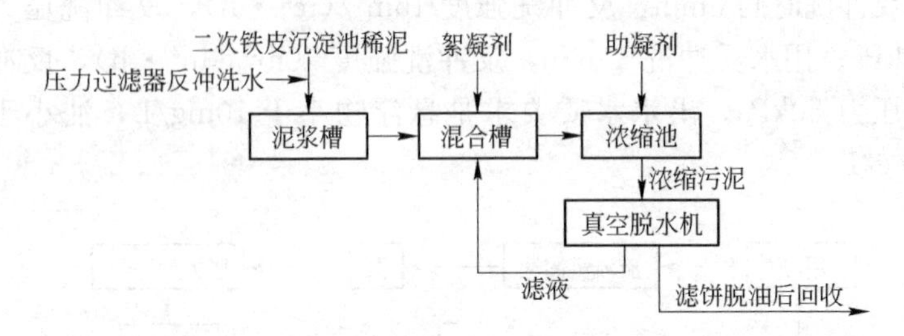

图 6-11 细颗粒铁皮和污泥处理系统

含油废水经混凝沉淀和加压浮上，水得到净化，重复利用或外排。上浮的油渣排入浮渣槽，脱水后成含油泥饼。

B 废油再生系统

从含油污水治理系统来的回收废油集中于废油集中槽，蒸汽加热后，浮油进入调节槽继续加热后，送入一次加热槽加热，静置后分离出浮油、油泥和含油废水，浮油进入二次加热槽，再次加热并静置分离。得到的浮油加入助滤剂压滤后进入分离油槽，送再生油利用系统。废油再生方法为加热分离法。

分离出来油泥、沉渣等的污水送至含油污水处理系统，沉渣等送至含油泥渣焚烧系统。

C 含油泥渣焚烧系统

轧钢厂的各种含油泥渣经清除杂质后进入回转窑，用再生油或焦炉煤气助燃燃烧，燃烧气体在二次燃烧炉内继续燃烧后，废弃经过冷却、除尘放空，灰渣经冷却后进入灰渣斗送烧结厂或原料场回收利用。工艺流程见图 6-12。

6.7.1.4 热轧废水处理工程实例

A 首钢第一线材厂轧钢废水处理工程

采用将含有大量氧化铁的轧钢废水进行离心分离，再经平流沉淀池及压力过滤联合处理的方法对废水进行除油，澄清后循环使用。

如图 6-13 所示，从轧钢生产过程中产生的含铁皮废水，经铁皮水沟集中后按一定坡度进入旋流井中，水流沿着旋流井的切

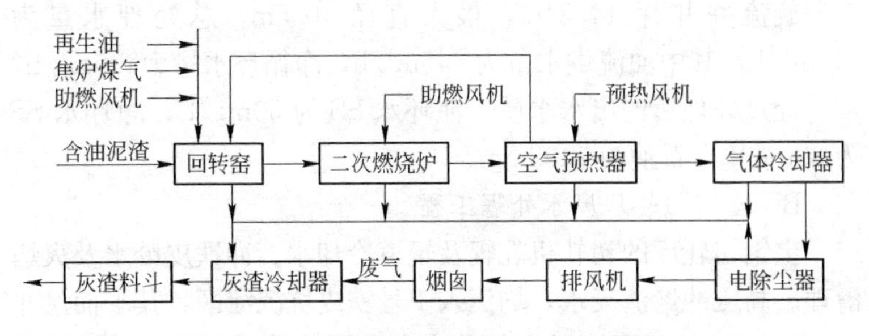

图 6-12 泥渣焚烧系统工艺流程图

线方向旋转，使水中的较大颗粒铁皮随着水的旋转而进行离心分离，并在重力作用下，铁皮沉淀至井底，然后用抓斗抓出。旋流井内安装有液面控制开关，液面到上限时废水泵自动启动，将废水送入水渠。废水经长距离的水渠进入平流式沉淀池，水渠中在一定的距离内设有小沉淀池，使废水中的油粒、铁皮相继在沉淀池中进行沉淀，这时废水中含铁皮约在 50mg/L 左右。平流式沉淀池内设有堰墙，高于堰墙的水进入水泵吸水槽中，部分经水泵送入开坯毛轧车间，对轧辊、轴瓦进行冷却及冲刷铁皮，构成浊环系统；部分水经水泵送入压力过滤器进行快速过滤，再进入冷却塔冷却，然后供车间精轧冷却、轧辊及轴承冷却，构成净环系统。

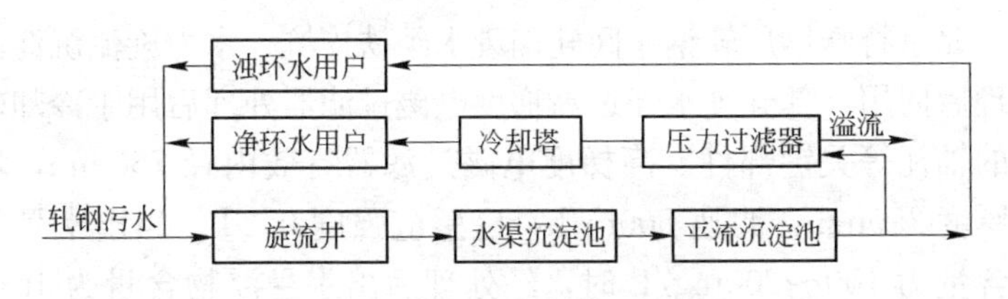

图 6-13 轧钢污水处理工艺流程

旋流井内还设有除油系统，当旋流井内水面上的油层达到一定厚度时（70～90mm 左右），则适当控制提升泵组流量，将水位增高到除油水位，以使水面上的浮油经溢流槽进入集油井，经排油泵到隔油池处理。

旋流井井深 14.34m，最大直径 10.5m，总处理水量为 645m^3/h，其中浊流供水量为 445m^3/h，净循环水量为200m^3/h。

经过处理后的出水水质，浊环水 SS 为 50mg/L，净环水 SS 为 33mg/L，石油为 1.38mg/L。

B 宝钢初轧厂废水处理工程

宝钢初轧厂的初轧机轧辊及辊道冷却水、冲铁皮废水及火焰清理后高压冲熔渣废水，均流入 1 号铁皮坑沉淀区，其平面尺寸为 21m×5m。经沉淀后少部分废水返回冲铁皮工序，其悬浮物含量 300mg/L，水温 50℃，余水进入沉淀池。

钢坯连轧机轧辊冷却废水及冲铁皮废水进入 3 号铁皮坑沉淀区，其平面尺寸为 15m×6m。出水中悬浮物含量 300mg/L，除了少量返回冲铁皮工序外，余水进入沉淀池。沉淀池长 36m，宽 9m，总深 5m，有效水深 2.5m，停留时间 50min，出口悬浮物含量 60mg/L。出水除了小部分返回火焰清理器冲熔渣外，大部分进入快速过滤器。

快速过滤器直径 4m，高 4.2m，滤速 32～38m/h，采用无烟煤及石英砂双层滤料。出水中悬浮物含量为 20mg/L，油 5mg/L，经冷却塔冷却后水温降至 35℃以下，返回初轧机轧辊及辊道、钢坯连轧机轧辊作冷却用。

C 北京特殊钢厂轧钢废水处理工程

北京特殊钢厂轧钢车间轧钢废水经铁皮坑、水力旋流沉淀池处理后回用，部分废水经过高梯度电磁过滤器处理后用于冷却轧机的轴瓦等关键部件。高梯度电磁过滤器有效内径 750mm，填料厚度 250mm，滤速 500m/h，磁感应强度 0.3T。当出水悬浮物含量为 100～200mg/L 时，经处理后出水悬浮物含量为 10～20mg/L，含油 10mg/L 以下，过滤周期为 30min。

6.7.2 冷轧废水处理

冷轧废水来源于全连轧机的轧辊冷却水、乳化液及清洗剂的更换，平整机的冷却及横切机、纵切机、重卷机等的冲洗水；冷轧钢材必须清除原料的表面氧化铁皮，采用酸洗清除氧化铁皮，随之产生废酸液和酸洗漂洗水；还有一种废水就是冷却轧辊的含乳化液废水；除此以外，轧镀锌带钢产生含铬废水。因此，冷轧废水性质、水量与产品品种和工艺条件关系密切，主要包括三种废水：含油及乳化液废水、酸碱废水、含铬废水等。废水中主要含有悬浮物 600～2000mg/L，矿物油 10000mg/L，乳化液 100000mg/L，COD 为 20000～50000mg/L 等。每吨冷轧钢材产生的含乳化液废水量约为 0.053m^3/t。

处理冷轧废水必须注意以下特点。

(1) 必须掌握废水的种类、水量、成分和排放制度，特别是废水的化学成分。

(2) 不同种类、浓度的废水，根据情况要用专门的管道送入相应的处理构筑物，含重金属的废水在处理前不允许与其他废水混合，这有利于降低处理难度，减少运行费用并提高处理效率。

(3) 对间断排出的废水可通过调节池来实现连续操作，以减少处理构筑物的能力。

(4) 冷轧废水处理包括油及乳化液分离、氧化、还原、中和、混凝、沉淀、污泥浓缩、脱水等单元操作。冷轧废水处理主要是化学处理。废水本身的悬浮物含量并不高，远远低于热轧废水。废水本身的悬浮物仅占冷轧污泥总量的 5%～10%，冷轧污泥的绝大部分是处理过程中生成的沉淀物，其中含铁污泥约占污泥总量的 75%左右。

(5) 应充分考虑对冷轧废水中各种有效成分的利用。例如，利用酸洗废液和酸洗漂洗水中的 Fe 和酸进行含铬废水的还原处理；利用酸洗废液和酸洗漂洗水中的酸和盐类对乳化液进行破乳；对废铬酸及废油进行回收处理；充分利用酸性废水和碱性废水本身的中和能力等。

6.7.2.1 含油及乳化液废水的处理

冷轧含油、乳化液废水主要来自轧机机组、磨辊间和带钢脱脂机组以及各机组的油库排水等，废水排放量大，成分波动也较大。含油及乳化液废水化学稳定性好，处理难度较大。

轧钢含油及乳化液废水中，有少量的浮油、浮渣和油泥，利用贮油槽除调节水量、保持废水成分均匀、减少处理构筑物的容量外，还有利于以上成分的静置分离。所以槽内应有刮油及刮泥设施，同时还应设加热设备。

A 含油及乳化液废水的一般处理方法

对于含油及乳化液工业废水的处理方法和技术，其处理手段大体以物理方法分离，以化学方法去除，以生物方法降解。20世纪70年代，各国广泛采用气浮法去除水中的悬浮态乳化油，同时结合生物法降解COD。日本学者研究出用电絮凝剂处理含油废水，用超声波分离乳化液，用亲油材料吸附油。近几年发展用膜法处理含油废水，滤膜被制成板式、管式、卷式和空心纤维式。美国还研究出动力膜，将渗透膜做在多孔材料上，应用于水处理中。含油废水处理难度大，往往需要多种方法组合使用，如重力分离、离心分离、溶剂抽提、气浮法、化学法、生物法、膜法、吸附法等。对于含油废水常常采用的工艺为用隔油去除悬浮态油，用气浮法去除乳化态油，用生化法去除溶解态油和绝大部分有机物。

乳化液的处理方法有化学法、物理法、加热法和机械法，以化学法和膜分离法常见。化学法治理时，一般对废水加热，用破乳剂破乳后，使油、水分离。冷轧含乳状油废水的治理重点是破乳，破乳关键在于选好破乳剂。破乳的方法有加热、盐析法、凝聚法、混合法、酸化法、化学絮凝法及超滤等。

目前，在轧钢含油废水及乳化液处理中，较常采用的方法是化学法和超滤法。

B 化学法

冷轧厂的含油废水含有乳化剂、脱脂剂及固体粉末等，化学稳定性好，难以通过静置或自然沉降法分离，乳化液是在油或脂类物质中加入表面活性剂，然后加入水。油和脂在表面活性剂的作用下以极其微小的颗粒在水中分散，由于其特殊的结构和极小的分散度，在水分子热运动的影响下，油滴在水中是非常稳定的，如同溶解在水中一样。这种乳化液通常称为水包油型乳化液，其乳化液中含有脱脂剂、悬浮物等，因此形成的乳化液稳定性更好。乳化液一般需采用化学药剂进行破乳，使含油废水中的乳化液脱稳，然后投入絮凝剂进行絮凝，使脱稳的油滴通过架桥吸附作用凝聚成较大的颗粒，再通过气浮的方法予以分离。一般根据废水中的含油浓度决定采用一级或两级气浮。通过气浮分离的废水一般含油量仍较大，难以满足排放要求。通常还需要进行过滤处理，过滤可采用砂滤加活性炭过滤或者采用核桃壳进行过滤。一般的含油废水中含有较高的COD，对于排放要求较高的地区，一般还需要对这一部分废水进行COD降解处理，可采用生化法或H_2O_2进行处理。其典型的工艺流程如图6-14～图6-16所示。

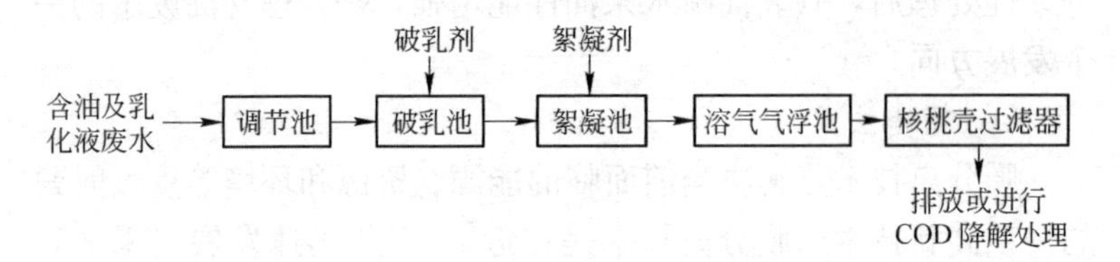

图6-14 化学法处理含油废水工艺流程之一

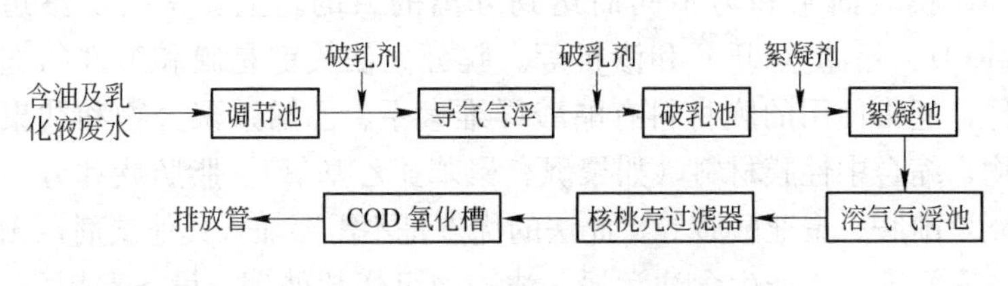

图6-15 化学法处理含油废水工艺流程之二

处理乳化油时必须先破乳。化学破乳法技术成熟，工艺简单，是进行含油废水处理的传统方法，包括盐析法、酸化法、凝聚法。酸化-沉降法破乳去油应用较多，但效果不理想，但采用盐析-酸化-沉降法则可获得令人满意的结果。该方法的发展主要

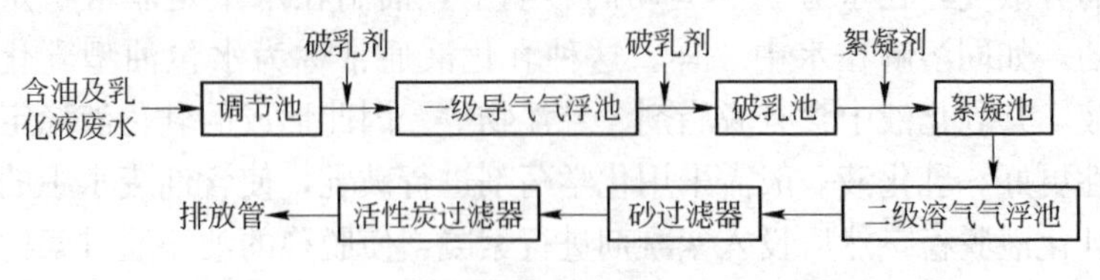

图 6-16 化学法处理含油废水工艺流程之三

集中在药剂的开发与应用，常用的是铝盐及铁盐系列，有机絮凝剂如聚丙烯酰胺等也作为助剂被广泛使用。目前，高分子有机絮凝剂、特别是强阳离子型盐类广受重视，因此乳化废水多为 O/W 型乳化液，带有负电荷，通过电荷中和可有效地除油。此外，天然有机高分子絮凝剂，如淀粉、木质素、纤维素等的衍生物相对分子质量大且无毒害，有很好的应用前景。此外，我国黏土资源丰富，因其具有一定的吸附破乳性能，特别是经表面活性物质等改性处理后，其表面疏水亲油性能增强，是处理含油废水的一个发展方向。

C 超滤法

膜分离技术是解决当前面临的能源、资源和环境等重大问题的一项高新技术。膜分离技术是在近 20 多年迅速发展起来，其机理是用一张（或一对）多孔滤膜利用液－液分散体系中两相与固体膜表面亲和力不同而达到分离的目的。主要是指反渗透(RO)、超滤（UF）和渗析等。膜分离法关键是膜和组件的选择，通常使用的膜材料有醋酸纤维素系、乙烯系聚合物和共聚物、缩合中性膜材料（如聚砜、聚苯亚乙基氧）、脂肪族和芳香族聚酚胺、聚亚酸胺等。此法的优点是不需要加入其他试剂，无二次污染，不产生含油污泥，浓缩液可烧却处理，设备费用低，且选择合适的工作膜处理后的出水一般均可达到直接排放标准或直接作为工业用水使用。但需对污水进行严格的预处理，同时膜的清洗也比较麻烦。

在膜法处理含油废水中研究较多的是超滤法。该法的基本原理是当含有多种溶质的溶液切向流经一个多孔膜时，按溶液中颗粒物粒径的大小可分为两种情况：粒径大的完全被截留，粒径小的不被截留。在膜的两侧须施加一个静水压，压力根据膜的强度而定。这样经过超滤，滤出液是纯溶剂或含有少量小颗粒溶质的溶液。

超滤是应用于含油废水除油的一项新技术。与传统方法相比，其优点是物质在分离过程中无相变、耗能少、设备简单、操作容易、分离效果好，不会产生大量的油污泥（经过浓缩的母液可以定期除去浮油），在处理水体中的乳化油方面有独到之处。缺点是膜容易污染，难清洗及水通量小。超滤工艺应用于乳化液污水处理，已取得了一定的进展，逐渐从实验室走向实际应用阶段。超滤处理乳化液污水的主要工艺有：平板式超滤工艺、中空纤维膜超滤工艺、管式膜超滤工艺和卷式膜超滤工艺，其中内压管式膜超滤工艺在实际生产应用较多。

从钢铁厂排出的乳化液及含油污水不仅含有油而且含有大量的铁屑、灰尘等固体颗粒杂质，其排放往往极不均匀。为了使这些大颗粒杂质不至于堵塞、损坏超滤膜，并使污水量均匀，需要在乳化液污水进入超滤系统前对其进行预处理和水量调节。

有时为了使被超滤浓缩的乳化含油污水的含油浓度进一步提高以便于回收利用，往往还需要对超滤处理后的乳化液进行浓缩。因此，比较完整的超滤法处理乳化液污水系统一般由预处理部分、超滤部分和后处理部分（废油浓缩部分）三个部分组成。

a　预处理部分

预处理部分具有两个功能：预处理和调节水量，通常采用平流式沉淀池。平流沉淀池设有蒸汽加热装置，目的是使污水中的一部分油经加热分离而上浮，并使污水保持一定的温度，使其在超滤装置中易于分离，分离上来的浮油则由刮油渣机刮至池子一端然后去除，沉淀池沉淀下来的杂质则由刮油刮渣机刮至一端的渣坑收集，再用泥浆泵送至污泥脱水装置进行处理。由于平流式沉淀池同时具有调节功能，池子的水位经常变化，所以刮油刮渣机的刮油板装置应该具有随水位的变化而改变刮油位置的功能。

b 超滤部分

超滤装置的基本工艺流程有连续过滤式、间歇过滤式和重过滤式三种。重过滤式适用于各种水量和条件的污水处理。重过滤式在处理过程中料液不断补充，而间歇过滤式则没有。

超滤系统的以上三种方式在实际应用中一般是根据实际的设计条件而灵活采用的。

在乳化液污水处理系统中，为了在处理过程中使废乳化液得到最大限度的浓缩，一般采用二级超滤。第一级超滤采用重过滤式，这是因为在处理过程中污水可以从调节池不断地得到补充。第二级超滤采用间歇式过滤方式，这是因为第二级超滤处理的污水是由第一级周期性地排放过来的。

c 后处理部分

经第二级超滤浓缩的废油，含油浓度一般为 50%左右，需要进一步浓缩，常采用的方法有加热法、离心法、电解法等。

超滤装置运行一段时间后，膜的表面由于浓差极化现象随着乳化液的浓度提高而不断增加，在每个运行周期结束时（从开始运行，到渗透液通量小于设定值），均需对超滤设备进行清洗，这是因为运行周期结束时，膜的表面会形成一层凝胶层，这个凝胶层是由油脂、金属和灰尘的微粒组成的。这个凝胶层会使超滤膜的渗透率大大下降，必须在下一周期运行前将其清洗掉。否则，超滤系统无法正常运行。超滤设备的清洗方法一般有分解清洗法、溶解清洗法和机械清洗法三种。

分解清洗法目的是除去沉积在膜表面的油脂，一般使用稀溶液或专用的洗涤剂对超滤膜表面的油脂进行分解。常用的稀碱液或专用的洗涤剂一般为超滤生产厂家为超滤器特殊生产的专用洗涤剂。溶解清洗法的目的是去除沉积在超滤膜表面的金属氧化物和氢氧化物以及金属的微粒。溶解清洗法通常使用酸类来溶解这些物质，常用的酸类为柠檬酸或硝酸，硝酸的溶解能力要强于柠檬酸，因此效果好。但是，最终采用柠檬酸还是硝酸取决于选用的超滤膜的耐腐蚀能力和超滤系统的管道和泵组的耐腐蚀能力。

机械清洗法和溶解清洗法是超滤膜清洗的基本方法，但当超滤膜表面形成的凝胶层较厚时，单用分解清洗法和溶解清洗法来清洗，药剂消耗就会很大。为此，国外近年采用了一种机械清洗的方法，即用机械的方法刮去超滤膜表面较厚的凝胶层，然后采用分解清洗法和溶解清洗法来清洗剩下的较薄的凝胶层。这样药剂耗量就会大大下降。通常采用海绵球进行清洗。

6.7.2.2 含铬废水的处理

冷轧厂含铬废水来自热镀锌机组、电镀锌机组、电镀锡、电工钢等机组，污水中的铬主要以 Cr^{6+} 的形式存在，具有很强的毒性，需要经过严格的处理合格后，才能排放。一般采用化学还原沉淀法进行处理。其典型处理流程见图 6-17。

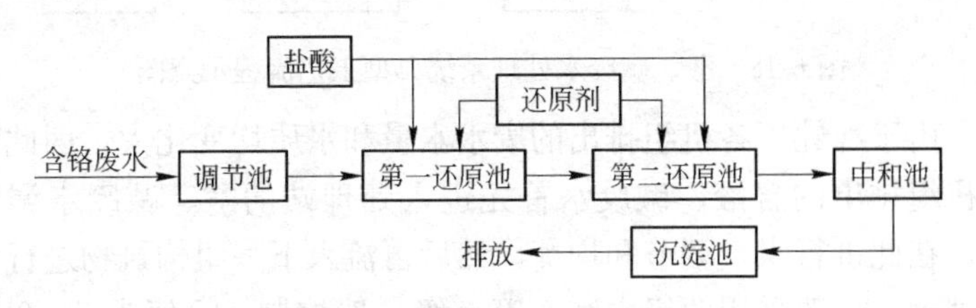

图 6-17 含铬废水处理工艺流程简图

从各机组排放的含铬废水，进入处理站的含铬废水调节池进行调节，一般浓铬废水和稀铬废水要分开贮存。浓铬废水需均匀地加入稀铬废水池中，使其与铬废水混合，以确保废水处理运行的稳定。然后由调节池污水泵泵入下一组还原池进行处理，在还原池中投加酸使 pH 值控制在 3 左右，并投加还原剂，使废水中的 Cr^{6+} 充分还原成毒性较低的 Cr^{3+}，通常采用 $NaHSO_3$ 和 Fe^{2+} 作为还原剂，采用 $NaHSO_3$ 作为还原剂时其化学反应式如下：

$$Na_2Cr_2O_7+3NaHSO_3+5HCl=\!=\!=5NaCl+Cr_2(SO_4)_3+4H_2O$$

采用 Fe^{2+} 作为还原剂时其化学反应式如下：

$$H_2CrO_4+3FeCl_2+6HCl=\!=\!=CrCl_3+3FeCl_3+4H_2O$$

一般采用两级还原，经还原的废水，由于 pH 值较低还需加碱进行中和，一般投加石灰或 NaOH 进行中和，使 Cr^{3+} 形成 Cr

$(OH)_3$沉淀，对于以 Fe^{2+} 作为还原剂的系统，还需对中和后的废水进行曝气处理，使 $Fe(OH)_2$ 氧化成易于沉淀的 $Fe(OH)_3$。然后废水经投加化学絮凝剂流入沉淀池进行沉淀，沉淀的污泥用泵抽入污泥处理系统进行处理。污泥通常进行浓缩，然后泵入脱水机进行脱水。

6.7.2.3 含酸或碱废水的中和处理

含酸、碱废水一般采用中和沉淀法进行处理。其典型的工艺流程如图 6-18 所示。

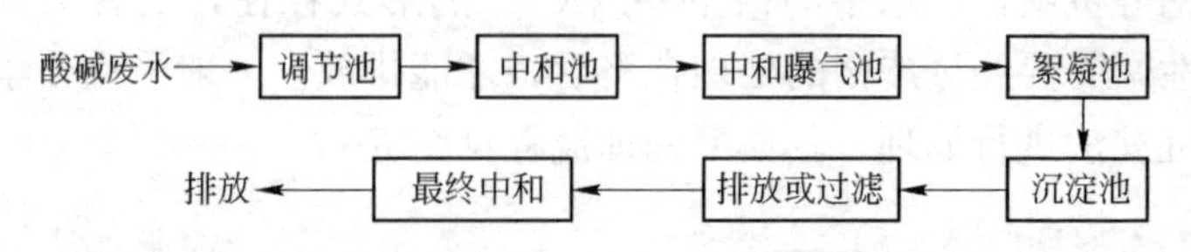

图 6-18 酸、碱废水处理系统典型工艺流程示意图

由于冷轧厂各机组排出的废水水量和水质均变化大，因此从各机组排出的含酸、碱废水首先进入处理站的酸、碱废水调节池，在此进行水量调节和均衡，然后再流入下一组构筑物进行中和处理，一般采用两级中和，第一级一般控制 pH 值为 7～9 左右，第二级一般控制 pH 值为 8.5～9.5。中和通常采用投药中和法和过滤中和法，常用的中和剂为石灰、石灰石、白云石、盐酸等。

投药中和的处理设备主要由药剂配制设备和处理构筑物两部分组成。由于轧钢废水中存在大量的二价铁离子，中和产生的 $Fe(OH)_2$，溶解度较高，沉淀不彻底，采用曝气方式使二价铁变成三价铁沉淀，出水效果好，而且沉泥也较易脱水，如图6-19的流程所示。过滤中和主要针对酸洗废水，就是使酸性废水通过碱性固体滤料层进行中和。滤料层一般采用石灰石和白云石，过滤中和只适用于水量较小的轧钢厂。

为了提高废水的沉淀效果，经曝气处理的废水流入沉淀池进行沉淀处理以去除氢氧化物和其他悬浮物。沉淀池通常可采用辐流式沉淀池、澄清池、斜板斜管沉淀池等形式。对于排放标准较

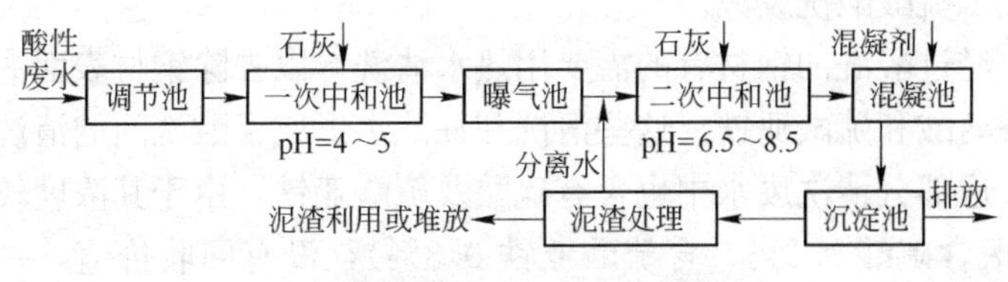

图 6-19 二次中和工艺流程示意图

高的地区，沉淀池出水还需要经过滤器处理，沉淀池沉淀的污泥需进行浓缩、脱水处理。对于冷轧污泥，由于污泥主要以氢氧化物为主，含水率较高，一般采用真空吸滤和板框压滤机进行脱水。

6.8 酸洗废水、废液的处理

钢铁企业酸洗钢材产生大量废水、废液，如轧钢酸洗车间在酸洗钢材过程中，酸洗液的浓度逐渐下降，以致不能再用而需要排出废酸更换新酸，这种不能继续使用的酸液叫做酸洗废液。用硫酸酸洗产生硫酸废液，含有游离硫酸和硫酸亚铁；用盐酸酸洗产生含盐酸的氯化亚铁的废液；在酸洗不锈钢时，用硝酸—氢氟酸混合酸液，废液除含游离酸外，还含有铁、镍、钴、铬等金属盐类。这些废水、废液呈强酸性，具有极强的腐蚀破坏力，不加处理任意排放，将会引起管道、构筑物等的损坏，影响生产或造成烧伤人身、毒死牲畜等事故。如渗入地下或流入江河，都将对地下水及地表水源造成严重污染，同时这些废液均含有有用物质应予以回收利用。

6.8.1 硫酸酸洗废液的处理回收方法

6.8.1.1 硫酸废液的形成及性质

在酸洗过程中，由于酸洗废液中的硫酸与铁及铁的氧化物作用，生成硫酸亚铁，致使硫酸的浓度不断降低，相应的硫酸亚铁的浓度不断提高。随着酸洗钢材量的不断增加，硫酸亚铁含量愈来愈多，而硫酸的浓度愈来愈低。因此，必须更新酸洗液，这就形成了硫酸酸洗废液。

经过酸洗的钢材有的需要用热水清洗，以去除钢材表面沾染的游离酸和硫酸亚铁。这些清洗和冲洗水形成了酸洗间的清洗废水。这部分清洗废水中也含有硫酸及硫酸亚铁，由于其浓度较低（一般含硫酸 0.2%、含硫酸亚铁 0.3%），没有回收价值，一般经中和处理后外排，或再过滤后回用。

由于酸洗方式、操作制度、钢材品种、规格的不同，排出的废液中所含硫酸及硫酸亚铁的数量也不同，但有以下共同特点。

A 废液的主要组成

废液由三种主要成分组成：H_2O（约 70%）、$FeSO_4$（约 17%）、H_2SO_4（约 10%），这是指生产厂有回收利用设备时的废液，没有回收利用设备时为尽量利用游离酸，其组成变化较大。一般其中含 H_2O（约 72%～73%），$FeSO_4$（约 22%～23%），H_2SO_4（约 5%），同时都含有微量的油污及杂质。

B 废液的温度

废液的排出温度与酸洗方式和酸洗制度以及钢材品种规格有着密切关系，一般为 60～80℃，最大到 90℃。

C 废液的密度

废液的密度，随废液中硫酸及硫酸亚铁含量不同而变化，可根据废液中的硫酸含量和硫酸亚铁含量查图得到。一般设计计算中，为了计算方便，废液密度均采用 1.26t/m³。

D 废液的质量热容

废液的质量热容，可根据废液中硫酸亚铁的质量浓度，按下表 6-6 选用。该表适用温度在 25～45℃范围内。

表 6-6 废液的质量热容

废液 $FeSO_4$ 含量（质量分数）/%	5	10	15	20	25	30	35
质量热容/kJ·(kg·℃)$^{-1}$	3.823	3.634	3.475	3.333	3.203	3.065	2.952

为简化计算，废液质量热容均采用 3.224kJ·(kg·℃)$^{-1}$。

6.8.1.2 硫酸废液的回收处理方法

国内外回收酸洗废水中硫酸的方法很多，主要有以下三种措施。

一种是通过提高酸浓度及降低温度的方法使硫酸亚铁自污水中结晶析出，回收的硫酸再用于酸洗。主要有真空浓缩冷冻结晶法、加酸冷冻结晶法和浸没燃烧法等。

另一种是加某一种物质于废酸液中，在一定条件下使之与未消耗的硫酸等作用生成其他有用的物质，如加入铁屑使之全部生成硫酸亚铁的铁屑法、加氨以制成硫酸铵化肥的氨中和法、加氧和催化剂生成聚合硫酸铁的聚合硫酸铁法等。

还有一种是将废液中硫酸亚铁重新变为硫酸和氧化铁（或纯铁），以回收全部硫酸。如盐酸置换热解法、电渗析法等。

目前国内外钢铁企业生产中处理硫酸酸洗废液比较成熟方法较多，下面介绍比较常用的几种方法。

A 真空浓缩冷冻结晶法（减压蒸发冷冻结晶法）

由于硫酸亚铁在硫酸溶液中的溶解度随硫酸浓度的升高而下降，因此要使过饱和的硫酸亚铁结晶析出，就需要提高硫酸的浓度。本法就是在真空状态下通过加热和蒸发除去废酸中的部分水分，来提高硫酸和硫酸亚铁的浓度，然后再经冷冻降温到0～10℃，使硫酸亚铁结晶，再经固液分离，便得到再生酸和$FeSO_4 \cdot 7H_2O$副产品，前者可返回酸洗工艺使用，后者可外售作为净水混凝剂和化工原料。

真空浓缩冷冻结晶工艺流程见图6-20。

B 加酸冷冻结晶法（无蒸发冷冻结晶法）

加酸冷冻结晶法与真空浓缩冷冻结晶法基本相同，唯一区别是：后者通过真空蒸发来提高废酸浓度，而前者则采用加浓硫酸来提高酸浓度。

此法比真空浓缩冷冻结晶法工艺简单，投资较少，不需要加热。

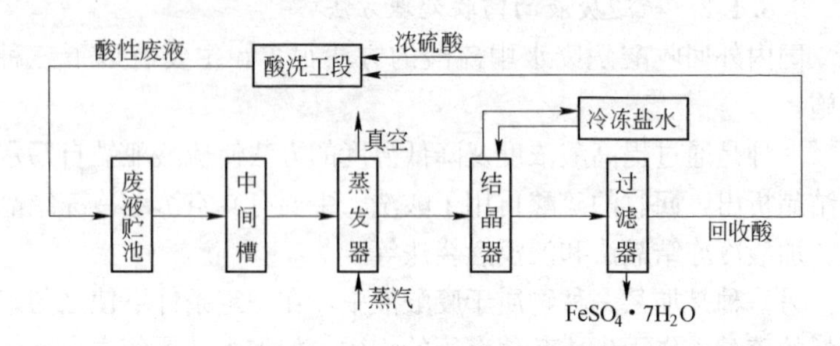

图 6-20　真空浓缩冷冻结晶法回收硫酸流程

C　加铁屑生产硫酸亚铁法

将铁屑加入废酸中，铁屑与其中的游离酸反应生成硫酸亚铁。

本法工艺流程简单，投资较少，废酸量较少的场合使用较多；缺点是工作环境较差，最后残液仍为酸性（pH 值为 1.5～2.0），并含有一定量的 $FeSO_4$，仍需中和处理后才能排放。此外，因反应中放出氢气，故采用此法时需注意防火，并应将反应气体排出室外。

D　自然结晶—扩散渗析法

利用自然结晶回收硫酸亚铁，用扩散渗析回收硫酸。渗析器由阴离子交换膜和硬聚乙烯隔板组成，其扩散液补加新酸后即可回用于钢材酸洗。

E　聚合硫酸铁

聚合硫酸铁法是使硫酸酸洗废液经过催化氧化聚合反应，从而得到一种高分子絮凝剂——聚合硫酸铁，这种絮凝剂有良好的混凝沉淀性能，其澄清效果比硫酸亚铁、三氯化铁、碱式氯化铝要好，所以此法较快被企业接受，予以推广应用。

6.8.2　盐酸酸洗废液的回收

在钢材酸洗方面，盐酸酸洗技术在世界范围内已得到了广泛应用，我国从 20 世纪 70 年代开始已逐步由盐酸酸洗代替了硫酸酸洗工艺。至今已在武钢、宝钢、攀钢、鞍钢、上海益昌等引进和建设了一批现代化的冷轧酸洗机组，同时也引进了比较先进的盐酸再生技术。

世界上较为广泛应用的盐酸再生方法为流化床法和喷雾燃烧法。1975 年武钢从联邦德国引进了流化床法盐酸再生装置，1985 年宝钢从奥地利引进了喷雾燃烧法盐酸再生装置。之后宝钢、鞍钢、攀钢、上海益昌等钢铁厂先后建成了多套喷雾燃烧法盐酸再生装置。

通常，在 10 万 t/a 以下的生产规模中，酸洗废液采用中和处理方法，这种方法虽然解决了环境污染问题，但没有回收利用废酸中的 HCl 和铁。在 15 万 t/a 以上的生产规模中，酸洗废液采用再生方法，进一步回收利用。目前世界上主要的盐酸再生方法有流化床法、喷雾燃烧法、开米内托法和 PEC 法，使用较广的是流化床法和喷雾燃烧法。

6.8.2.1 流化床法再生

流化床是在反应炉内将氧化铁粉形成固定床和流化床，是由反应炉的结构形式决定的。

盐酸再生的原理是将废盐酸在高温状态下与水、氧产生化学反应，生成 Fe_2O_3 和 HCl，其化学反应式如下：

$$4FeCl_2+H_2O+O_2 = 2Fe_2O_3+8HCl$$

$$2FeCl_3+3H_2O = Fe_2O_3+6HCl$$

流化床盐酸再生法工艺流程见图 6-21。盐酸酸洗钢材所产生的废液，一般含游离盐酸 30～40g/L，氯化亚铁为 100～140g/L，可用下述方法处理利用。

从酸洗线排出的废酸先进入再生站的废酸贮罐，再用泵提升进入预浓缩池，与反应炉产生的高温气体混合、蒸发。经过浓缩的废酸用泵提升喷入反应炉流化床内，在反应炉高温状态下，$FeCl_2$ 和 H_2O、O_2 产生化学反应，生成 Fe_2O_3 和 HCl 气体（高温气体）。HCl 气体上升到反应炉顶部先经过旋风分离器，除去气体中携带的部分 Fe_2O_3 粉末，再进入预浓缩池进行冷却。经过冷

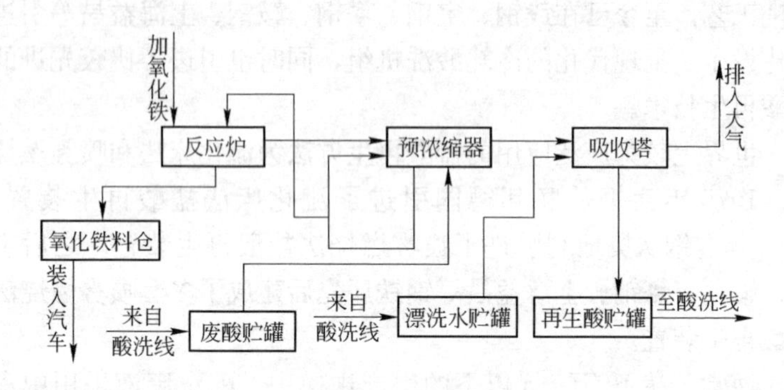

图 6-21 流化床法盐酸再生工艺流程图

却的气体进入吸收塔，喷入新水或漂洗水形成再生酸重新回到再生酸贮罐，补加少量新酸使 HCl 含量达到 18%时用泵送到酸洗线使用。经过吸收塔的废气再进入收水器，除去废气中的水分后通过烟囱排入大气。流化床反应炉中产生的氧化铁使流化床层面不断增高，当达到一定温度时就开始排料，排出的氧化铁进入料仓，用车送入烧结厂回用。

6.8.2.2 喷雾燃烧再生法

喷雾燃烧再生法原理同流化床法，其工艺流程如图 6-22 所示。从冷轧酸线排出的废酸，先进入再生站的废酸贮罐，用酸泵提升废酸过滤器，除去废酸中的杂质，再进入预浓缩池，与反应炉产生的高温气体混合、蒸发。经过浓缩的废酸用泵提升喷入反应炉，在反应炉高温状态下，$FeCl_2$ 和 H_2O、O_2 产生化学反应，生成 Fe_2O_3 和 HCl 气体（高温气体）。HCl 气体离开反应炉，先经过旋风分离器除去气体中携带的部分 Fe_2O_3 粉末，再进入预浓缩池进行冷却。经过冷却的气体进入吸收塔，喷入漂洗水形成再生酸重新回到再生酸贮罐，补加少量新酸使 HCl 含量达到 18%时用泵送到酸洗线使用。经过吸收塔的废气再进入洗涤塔喷入水进一步除去废气的 HCl，经洗涤塔后通过烟囱排入大气。反应炉产生的 Fe_2O_3 粉落入反应炉底部，通过 Fe_2O_3 粉输送管进入铁粉料仓，废气经布袋除尘器净化后排入大气，Fe_2O_3 粉经包装机袋装后出售，作为磁性材料的原料。

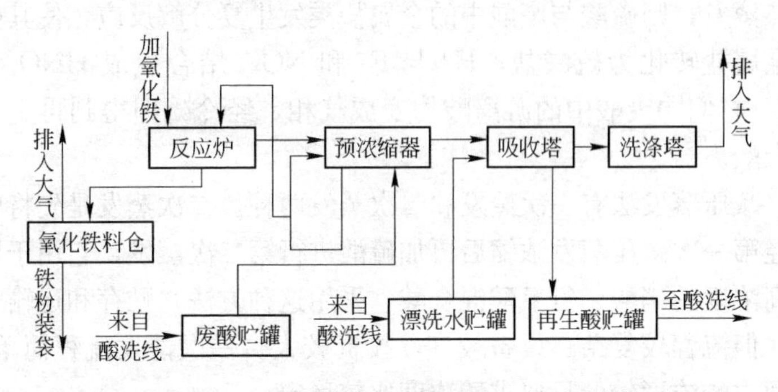

图 6-22 喷雾燃烧法盐酸再生工艺流程图

6.8.2.3 真空蒸发法

除以上方法外，还开发了一种真空蒸发法。真空蒸发法工作原理是利用真空蒸发装置，在低温下使游离盐酸变为气相，而后采用冷凝回收得到酸，氯化亚铁则结晶析出，其工艺流程见图6-23。在蒸发器中加入硫酸与 $FeCl_2$ 起置换反应，取得更好的回收效果。

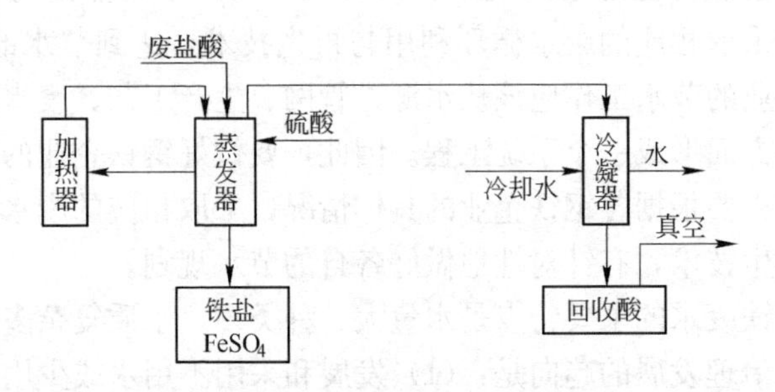

图 6-23 真空蒸发法回收盐酸工艺流程

6.8.3 硝酸—氢氟酸的回收

酸洗不锈钢材是用硝酸—氢氟酸的混合酸，采用减压蒸发法回收这种混酸液。

减压蒸发法回收硝酸—氢氟酸的工作原理是利用硫酸的沸点

远大于硝酸和氢氟酸的特点，向废酸中投加硫酸并在负压条件下加热蒸发，则硫酸与废酸中的金属盐类发生复分解反应，使其中的金属盐转化为硫酸盐；H^+ 与 F^- 和 NO_3^- 结合生成 HNO_3 和 HF，它们同废酸中的游离酸均变成气相，经冷凝即得到再生的混合酸。

减压蒸发法有一次蒸发和二次蒸发两种。二次蒸发是先将废酸经第一次减压蒸发浓缩后再加硫酸进行第二次蒸发，它用于回收高浓度的硝酸、氢氟酸混合酸。采用这种方法，贮存和运输方便，但流程较复杂、设备较多、投资较大。一次蒸发流程简单，但回收酸浓度较低且要求酸浓度比较稳定。

减压蒸发法的蒸发温度为 60～65℃，真空度为 88～93kPa，硝酸一氢氟酸的回收率约 90%。

6.9　钢铁行业废水循环利用与再生技术

水资源是关系到国家经济可持续发展的战略资源。当前，水资源的严重短缺和水环境的恶化已成为制约我国经济发展的重要因素。钢铁行业是用水大户和污染大户，为了企业的可持续发展，应采取相应的废水循环利用与再生技术，达到节水的目的。钢铁企业的节水工作应该从水源、管网、生产工艺、废水处理回用等多方面形成一个系统工程。因此，要做好钢铁企业的节水工作，首先要根据各钢铁企业的具体情况，采取相应的废水循环利用与再生技术，有针对性地做好各自的节水规划。

钢铁废水的主要特点是水量大、种类多、水质复杂多变。钢铁废水治理发展的趋向是：（1）发展和采用不用水或少用水及无污染或少污染的新工艺、新技术，如用干法熄焦，炼焦煤预热，直接从焦炉煤气脱硫脱氰等；（2）发展综合利用技术，如从废水废气中回收有用物质和热能，减少物料燃料流失；（3）根据不同水质要求，综合平衡，串流使用，同时改进水质稳定措施，不断提高水的循环利用率；（4）发展适合钢铁废水特点的新的处理工艺和技术，如用磁法处理钢铁废水，具有效率高、占地少、操作管理方便等优点。

6.9.1 钢铁企业的废水循环利用概述

在水资源形势严峻的今天，钢铁企业的废水循环利用为钢铁工业发展带来新的前景和空间。水在钢铁企业内部实现循环利用，可大大节省水资源，而且可以为企业降低成本，减少外排污水，降低环境的污染。钢铁工业的废水处理技术早已经不是主要问题，成熟的工业废水处理技术接近国际水平且已达几十种，如用膜处理含盐废水技术、轧钢废水处理乳化油技术、水稳定技术，沉淀法中降低管道结垢和腐蚀的技术，还有生物技术，如我国南方一些钢铁企业在污水池中种植水葫芦用的就是生物法处理焦化废水。其实，对钢铁工业来说，废水的零排放完全可以实现，已有不少钢铁厂已经成功地实现了零排放。废水的处理也可以达到百分之百的程度。

废水处理必须把废水的循环利用相结合。污水处理也不是单一地把某种技术用于某一循环系统，而是几个污水处理技术在某一循环系统进行优化组合，实现对于某一种污水处理量适中、成本最低、处理后的污水又能适宜用于某一领域的用水，实现水循环的高使用率。

最经济最有效的原则应该是对不同水质的污水采用不同的处理方法供给不同的用户，实现水资源的最大限度的合理使用。如一些达到排放标准的废水可以用于农业灌溉和城市绿化用水，实现的是大的水循环使用。

废水是不同设备用水后所产生出来的，水中含有的尘、油、悬浮物、有机物等物质，含量不同，处理的工艺也不同。不能简单地使用1到2种方法将所有的污水进入到1到2个管网处理，这样做成本会很高，既难以实现污水的资源化，也是不经济的。建立多个污水处理设施、管网，一次性投资可能会大些，但是节水效果好，可进一步提高水的重复利用率和水的浓缩倍数。所以利用系统工程，进行科学管理是工业废水处理的关键。

针对目前钢铁行业废水处理中存在的问题，目前主要还是技术使用的成本问题和动力问题。钢铁业工业废水的循环利用和污水处理：一要提高企业的认识，大力宣传珍惜水资源和可持续发展的观念。二是要利用经济杠杆相应提高水价，水价过低是目前钢铁企业缺乏废水处理动力的主要原因。三是制订相关的政策法规。四是把环境评价纳入地方政府政绩的考核指标，促使地方政府切实负起责任。钢铁工业废水的回用和污水资源化，将为钢铁工业布局的现代性调整提供有力支撑。

近几年来，我国将通过法律和经济手段来严格限制高能耗、高耗水、高污染和浪费严重的产业盲目发展，限制和淘汰落后的工艺、技术和设备，完善主要用能设备能效标准和重点用水行业取水定额标准。目前，我国钢铁企业的发展规划中，已经提出取水量必须低于每吨钢 6m^3 的标准。钢铁行业废水回用前景看好。

钢铁企业要做到合理用水和节约用水，必须大力发展循环供水系统，采用不耗水或少耗水工艺，改进水处理设施及其工艺，并重新考虑对供水系统的评价。

(1) 节流。根据我国钢铁企业的特点，许多老企业都是直流系统，虽然企业对用水系统进行了一些改造，但还是有许多清浊不分，或是串接、直流等共同存在。如果这些用水系统均采用清浊分流，并实现完全循环，就能大大减少新水耗量，可以达到增产不增水的目的。如鞍钢 1997 年产钢 828 万 t，吨钢新水耗量 23.22m^3，1999 年产钢 850.56 万 t，吨钢新水耗量 21.37m^3，钢产量增加 22.56 万 t，年新水耗量减少约 1050 万 m^3。

根据冶金规划院编制的邯钢、韶钢、南京钢厂、长治钢厂、湘潭钢厂、涟源钢厂、新疆八一钢厂、莱芜钢厂、水城钢厂等 13 家企业的节能规划和宝钢集团能源介质平衡规划，一个企业的节能、节水工作，需要根据主体生产工艺结构进行综合平衡，从中找出最优的能源平衡方案和供水方案，而采取节流措施是实现上述方案目标的重要途径。

(2) 开发、采用先进的节水型生产工艺及先进的水处理技术。为了做到最大限度地节约用水，减少污染，在各钢铁企业进行产品结构调整和车间设备大修改造的同时，应淘汰落后的用水设备和高耗水设备，选择节水型生产工艺或不耗水工艺，从生产的源头抓节水，可以收到事半功倍的效果。如高炉煤气洗涤采用干法后可不用水；高炉冷却采用软水闭路循环，可使这一系统循环率由96%提高到99%，连铸结晶器冷却、电炉冷却等也可以采用这一方法；又如高炉处理炉渣一般采用水冲渣生产工艺，每吨渣需用水10t，而采用图拉法炉渣粒化装置，则每吨渣只需水1t，节水效果非常明显。

随着我国政府对节约用水的重视，水处理技术发展很快，如马钢设计院研制的专利产品化学除油器，用来处理轧钢、连铸浊环水与现在一般用的一次沉淀、二次沉淀、过滤、冷却的流程相比，既能节省投资，又减少污泥的二次污染。由于现在许多轧钢车间的浊环水仅用一个沉淀池简单沉淀一下，回水的水质很差，不得不加大补水量，采用化学除油器更具有实际意义。

(3) 积极认真地做好水质稳定工作。循环水水质的稳定直接影响到循环系统的正常运行，同时影响到用户的正常生产。因此，保证循环水水质的稳定是保证循环系统及设施正常运行的关键，也是保证用水设施正常生产的必要条件。由于各地区、各企业用水水源的水质不同，同时用户使用的原料、工艺不同，使得用过的水水质有一定的差别。因此，应对不同水源的水质进行研究、试验，对症下药，选择适合的水质稳定剂。

(4) 加大污水资源化力度。钢铁企业总排水处理与利用是大幅度节约用水、提高企业废水重复利用率和减少水污染排放的有效途径，是钢铁企业特别是大中型老钢铁企业污水治理的发展方向。将污水资源化，建设全厂性污水处理厂，使钢铁企业的排水经处理达到回用水水质的要求，补充到生产用水系统中去，从而减少新水补充量。

(5) 开发并推广使用高效水处理技术及设备。加快新的高效水处理技术的开发和研究，并大力推广使用新技术及设备。如闭式冷却塔（密闭式蒸发冷却塔）是一种极具前景的具有水冷式冷却器和冷却塔组合性能的热交换器，目前国内生产和使用单位均较少，应加大这方面的研发力度，并推广使用该产品。发展国内的反渗透设备技术处理废水、减少二次污染，同时应着手研制纳滤膜水处理技术。

（6）广泛应用水质稳定剂及投药自动化技术。在钢铁企业水处理中投加不同类型的水质稳定剂是一个主要的发展趋势。随着用水循环率的不断提高，浓缩倍数也在升高，为维持系统的正常运行，防止设备结垢、腐蚀成了钢铁行业水处理的首要任务。实践表明，在水处理时采用投加水质稳定药剂的办法，可以取得令人满意的技术经济效果。

6.9.2 钢铁行业循环利用与废水再生技术

6.9.2.1 循环用水、串级供水、按质用水和一水多用等重复用水技术

循环用水和串级供水技术都属于水的重复利用技术。循环用水是把废水转化为资源，实现再利用；串级供水是废水不回到原来的生产过程使用，而是转送到可以接受的生产过程或系统中使用，按质用水和一水多用是指按照不同的用水要求合理配置系统，使水在不同工序多次使用。对于钢铁企业，在用水系统设计上如能统筹安排、合理组织，结合各系统用水的特点，把不同循环水系统的“排污”水合理串级循环使用，最终实现无排水密闭运行，可使企业所需用水量降到最小限度。如宝钢采用净环水排污水作为煤气清洗用水系统补充水，排水最后作为冲渣水的串级使用起到了很好的节水效果。这种串级供水、按质用水、一水多用和循环用水的措施从根本上减少新水用量及工业废水外排量，是节约水资源、保护水环境的范例，值得借鉴推广。

6.9.2.2 钢铁生产废水回用技术

在钢铁企业废水一般可用到冲渣、烟尘洗涤以及某些物料的冲洗和厂区的杂用水等，结合膜处理技术可将废水处理回用到冷

却水系统。污水回用既可解决用水短缺，又有效利用了水资源，在钢铁企业大力推进污水回用于工业生产，是一条低成本、见效快的节水途径。

钢铁工业废水主要含有油、金属渣等污染物，经过物理一化学法处理后，可以在工艺中作为冷却工件的介质循环使用。一般情况下，清水和污水分别形成清循环和浊循环系统。浊循环系统的污水经过隔油、除油、混凝、分离后，加入阻垢剂、缓蚀剂和杀菌剂等药剂循环使用；清循环系统的水也需要加入水质稳定剂后循环使用。

6.9.2.3 膜法处理工业废水技术

膜法处理工业废水是指采用超滤、纳滤和反渗透技术脱除废水中的杂质，使废水达到回用或排放要求。目前膜分离技术在循环水处理中应用也比较广泛，特别是反渗透技术，它可以脱除水中99%的盐分，经过反渗透处理的水基本不会造成管道和设备的结垢和腐蚀，而且反渗透可以截留几乎所有的微生物，免除了后续的杀菌流程，但膜技术处理工业循环水的运行成本和投资较大。近几年来，随着国家环境保护“十五”计划对冶金行业排水治污的严格要求，膜分离技术在钢铁企业也开始应用，如蓝星水处理公司于2002年建成的国内最大的采用反渗透工艺处理钢铁生产废水回用工程，处理水量3000t/h。

6.9.2.4 选矿废水的再利用技术

在选矿工业中循环水利用的两个主要目的是：(1) 节省用水，减少新鲜水的用量；(2) 减小排出物的体积，降低污染程度。

典型的选矿厂的水循环利用的流程如图6-24所示。

从选矿厂回收的水返回后，有时与适量的新鲜水混合，这称作厂内再用（环水）；将积集在尾矿坝中的部分水返回，这称作厂外再用（常称回水）。环水和回水都影响到给水的组成，它们的化学组成又控制着所需新鲜水的质量。不管是环水还是回水，作为补给水都必须经过处理后才能符合选矿工艺用水要求。

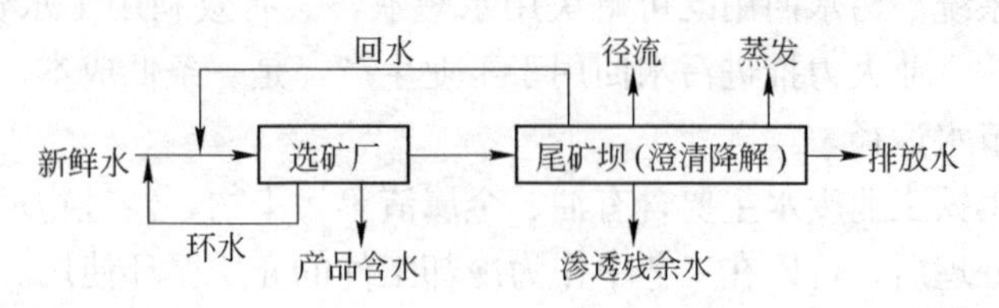

图 6-24 典型的选矿厂的水循环利用的流程图

6.9.2.5 高效环保型水处理药剂

提高钢铁工业用水循环率的关键问题是防止循环冷却水系统运行过程中出现结垢、腐蚀等降低循环率的问题。国内外通用办法是向冷却水中投加水质稳定药剂如阻垢剂、缓蚀剂等，达到灭菌、阻垢、缓蚀等效果。

通过投加合适的水质稳定剂，改善水处理效果，如美国阿姆柯公司中城钢铁厂的转炉除尘水，投加絮凝剂改善沉淀效果，使悬浮物含量由 75mg/L 降至 30mg/L；在沉淀池出水中投加一定量的阻垢剂后，解决了结垢问题，实现了水的闭路循环，从而使污水排放为零，大大节约了水资源，也延长了文氏管和管道的使用寿命。目前，国内生产的水质稳定药剂有多种类型，国外生产的水质稳定剂种类繁多，在选用时，应注意要经过实验确定优选药剂及最佳投药量。

投药自动化是钢铁企业水处理中亟待解决的问题。目前采用人工或定期加药，造成系统内药剂浓度变化很大，不能保证系统在最佳的药剂浓度条件下运行。因此，这一技术要求能及时监测系统中药剂浓度，结垢、腐蚀状况，以便在水质或其他参数改变时能及时调整或增减药剂浓度，保证循环冷却系统有效、经济、准确和合理运行。

6.9.2.6 某轧钢厂轧钢废水循环利用实例

A 概况

合肥某钢铁公司一厂区轧钢厂轧钢废水，通过浮油回收一电磁凝聚一斜板沉淀的工艺对该废水进行处理并对系统进行改造，使轧钢废水可闭路循环。节约了水资源，减少了对环境的污染。

该轧钢厂废水总量为1600m^3/h，水循环利用率仅为20%左右且循环水质差。大量含有氧化铁皮、废油等污染物的废水排入附近的河流，据测定，排出水悬浮物含量高时为200mg/L以上，油含量高时为15mg/L以上，给受纳水体造成了污染。

B 循环技术

轧钢废水中主要污染物为氧化铁皮和油，治理改造后要求处理后的循环水质为：悬浮物含量不大于50mg/L，油含量不大于5mg/L。在总结轧钢废水处理技术的基础上，结合轧钢作业生产区的特点，采用浮油回收—电磁凝聚—斜板沉淀的方法对一厂区轧钢废水进行集中处理，闭路循环使用。为了汇总所有的轧钢废水，采用了轧钢废水同生活污水、雨水分流的单独轧钢废水排水总沟。各厂轧钢废水首先由轧钢废水总沟汇入隔油池（利用现有土水池改建而成），经除油设施除油，再由升压泵组提升送至电磁凝聚器磁化处理然后自流入斜板沉淀器，废水经沉淀处理后，进入现有5000m^{3}蓄水池，再经现有二级加压泵站送至各轧钢厂循环使用，补充水来自南淝河，现有一级水源泵站。

斜板沉淀器沉淀的氧化铁皮由沉淀器底部的螺旋输泥机输出，经泥浆气力提升器送至氧化铁皮脱水槽脱水，脱水后的氧化铁皮用电动抓斗装车送烧结厂回收利用。

经除油设施回收的废油也可重新利用。

轧钢废水含油主要是轧制设备润滑时的跑、冒、滴、漏造成的，针对废水含油主要是浮油的特点，采用平流隔油池，轧钢废水先流经隔油池，大量的浮油被隔油池的挡板阻隔并浮集在水的表面，再通过SY-120型浮油回收机进行回收。该浮油回收机与传统的浮桶式除油机等相比较，具有除油效果好、安装、操作简便等优点，它的工作原理是依靠一条亲油疏水的环形集油拖，通过机械驱动以一定的速度在隔油池水面上连续不断地回转，把浮油从含油污水中黏附上来，经挤压辊把油挤落到油箱中，进行油的回收。除油设施安装使用后，经实测，进水水质含油量为16～4.5mg/L，经除油设施除油后，出水水质含油量为4.8～

2.3mg/L，除油效果明显，出水含油浓度符合循环水质要求。

a 电磁凝聚器

经一次铁皮沉淀池沉淀处理后的轧钢氧化铁皮废水，其中氧化铁皮主要为微细颗粒组成，小于60μm的微粒占80%左右，如采用平流式沉淀池进行自然沉淀处理，当水力负荷为0.7 $m^3/(m^2 \cdot h)$时，沉淀效率仅为50%左右，对废水取样进行静态沉淀试验，沉淀15min后，沉淀效率仅为56%。鉴于氧化铁皮具有良好的铁磁性，采用磁凝聚技术，可使废水中微细氧化铁皮流经磁场时产生磁感应，离开磁场后具有剩磁，带磁的微粒在沉淀过程中互相吸引，聚结成较大的链条状聚合体，加速沉降，提高沉淀效率，并能改善氧化铁皮脱水性能，提高脱水速度。同时，经磁场处理过的水有抑制水垢形成的作用。

选用MWG型渠式电磁凝聚器，该电磁凝聚器安全可靠，不需设专人管理，且运行费用低。该设施投入运行数年，大修时未发现循环水系统中有明显结垢现象，取得了好的效果。

b 斜板沉淀器

采用新型CFC-20型异向流斜板沉淀器（共14台），以取代平流式沉淀池进行轧钢氧化铁皮废水处理。该斜板沉淀器不仅水力负荷高，占地面积省，处理水质好，还由于沉淀器底部配有适合沉淀泥浆特性的螺旋输泥机，排出泥浆含水率低达50%左右，且排、停自由掌握，沉淀器和输泥管路，不会有堵塞事故发生，为氧化铁皮的脱水输送创造了有利条件。

CFC-20型斜板沉淀器主要技术参数为：水表面积20m^2；高度7.4m；处理水量100～140m^3/h；出水悬浮物含量小于等于50mg/L；沉降时间8～10min；排出泥浆含水率在50%左右。

C 循环效果

轧钢废水闭路循环治理工程于1996年投入运行，经合肥市环境监测站和合钢公司环境监测站对治理效果进行监测，结果表明，各项治理指标均达到循环水质要求。治理系统投入运行后，经济效益十分显著。每年可回收氧化铁皮1400t，废油90t，价值约36万元。与治理工程投入使用前相比，每年可减少外排废水 $11.02\times10^6 m^3$，可节约排水费约80多万元。

6.9.2.7 反渗透处理技术在太钢生产废水回用中的应用实例

A 概述

钢铁企业生产废水成分复杂，水质不稳定，利用膜处理技术回收废水难度较大。太钢企业生产废水经过曝气、加药混凝、沉淀、多介质过滤、微滤、保安过滤后，达到反渗透膜进水要求，经一级、二级反渗透处理后，达到除盐水水质标准，节约了水资源。

太钢在进行50万t不锈钢系统工程扩建时，按照生产工艺系统的要求，需要新增 $4000m^3/h$ 的新水量，但是太钢地处水资源严重匮乏的山西省，引黄入晋后对地下水将限采封井，在这种形势下，太钢提出分质供水、增钢不增水和降低吨钢耗新水量的目标。面对这种局面，太钢公司决定对现有污水处理系统经过简单处理后达到浊环水标准的水进行进一步除盐处理，使之达到除盐水和净环水标准，满足不锈钢系统改造所需。除盐净化工艺当今较先进的技术就是反渗透膜法水处理技术。在国内反渗透主要应用在以地下水和地表自来水为水源的脱盐处理，海水、苦咸水淡化处理和食品，医药等领域，在钢铁企业处理回收工业废水方面还没有先例。主要原因是反渗透装置要求进水必须达到一定的水质标准，而钢铁企业生产废水成分复杂，变化频繁，不稳定，严重影响反渗透装置的稳定运行。自投产以来整个工程工艺合理，设备、设施运行稳定。预处理出水指标达到设计要求，反渗透装置运行稳定，出水水质达到用户要求。

B 处理工艺及工艺说明

a 处理水量及水质

太钢在生产过程中产生的冶炼废水和轧钢废水经简单加药、沉淀、过滤后达到浊环水标准，排入蓄水池，水中主要含悬浮物、油、铁。冶炼和轧钢废水水量为12万 m^3/d，除满足浊环用水外其余排放，现计划将其中的7.2万 m^3/d 回用，其余用于浊环水，减少排放量。蓄水池水质如下：pH 值为 6～9；SS 小于 50mg/L；浊度小于 50NTU；COD 小于 60mg/L；TDS 为 1500～3500mg/L；铁为 2～10mg/L；总硬度为 600～1200mg/L；油小于 25mg/L；水温为 10～30℃。

b　工艺流程

每小时 3000m^3 浊环水经曝气、混凝反应、斜管沉淀后，1100m^3 经快速过滤器过滤后送到勾兑水池，1900m^3 经臭氧消毒、多介质过滤、微滤、保安过滤后由高压泵送入一级反渗透装置，达到除盐水标准，其中 700m^3 进入勾兑水池作为净环水使用，350m^3 作为除盐水供太钢不锈冷轧系统使用，350m^3 经二级反渗透和混床处理后供发电厂中温中压锅炉使用。工艺流程图见图 6-25。整个工程分两大部分：预处理部分和除盐站部分，其中预处理是在改扩建原有设施、设备的基础上建设而成，除盐站全部为新建。

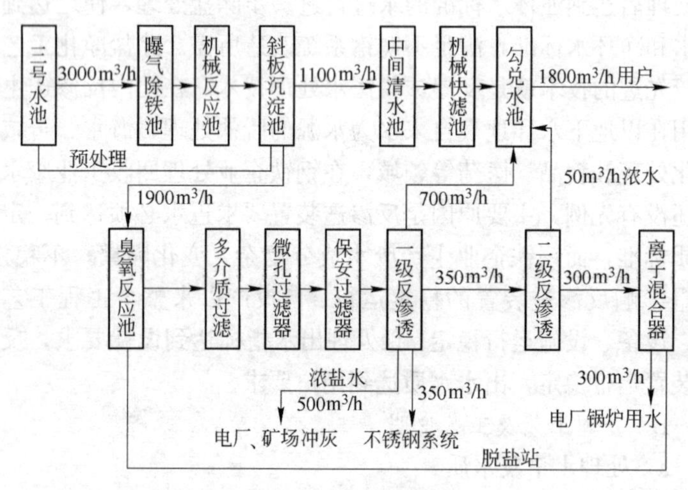

图 6-25　工艺流程图

c　系统运行情况

（1）预处理。反渗透膜对进水要求比较高，但生产废水作为反渗透膜的水源，存在水质成分复杂、变化大等特点，预处理后水质的好坏直接影响到膜的使用寿命、使用性能，所以进膜前的预处理成为本工程的关键。经运行，预处理部分的关键是加药、混凝和排泥。

1）加药。在预处理部分投加液碱调节 pH 值、次氯酸钠杀菌消毒、絮凝剂聚合氯化铝、助凝剂聚丙烯酰胺。由于水中含铁量大，如果 pH 值在 7 以下，水中铁以二价的形式存在，难以被去除，故必须投加碱，把 pH 值调到 7 以上，通过曝气，利用空气中的氧将二价铁氧化成三价铁，和 OH^- 结合形成 $Fe(OH)_3$ 沉淀而去除。另外，在酸性条件下，絮凝剂的絮凝效果差，所以在进曝气池之前投加液碱调整 pH 值到 7 以上，碱的投加量根据原水 pH 值确定。

2）搅拌混凝。为了使药剂与水混合均匀，设了机械反应池，在反应池上有四格三组共 12 台搅拌机。运行过程中发现，机械反应池内絮凝效果很好，有时也出现斜管沉淀池沉清效果不理想的现象，原因是来水浊度变大，三价铁离子增多混凝反应快，在反应池就形成了大颗粒矾花，在进入沉淀池的过程中，由于水流跌荡，使大颗粒矾花破碎，很难二次絮凝，沉降性能变差。

3）排泥。大部分悬浮物和杂质在沉淀池内被去除，沉降在沉淀池底部，如果沉下的泥不能及时排走，就会出现翻泥，出水水质变差。运行中发现，斜板沉淀池在运行初期对悬浮物的去除效果非常明显，池中形成大片矾花，在沉淀池中的沉降效果极高，沉淀池出水清澈见底，斜管清晰可见，随着时间的延长，斜管出水中有大颗粒矾花出现，而且越来越多。其主要原因是沉淀池底部的泥浆未及时排走所致，通过运行调整，沉淀池底部的泥泵运行 6h、停运 2h 是最经济合理的。

（2）除盐站运行情况。除盐站部分主要控制两步：多介质过滤器的出水和保安过滤器进水，设计要求多介质过滤器的出水 $SDI<5$，保安过滤器进水余氯小于 0.1mg/L，铁小于 0.1mg/L。

1）控制多介质过滤器出水。从运行情况来看，影响过滤器出水水质的重要因素为：预处理出水、多介质过滤器反洗质量、多介质过滤器前的加药量。

2）控制保安过滤器进水。保安过滤器是进反渗透前的最后一道工序，为保证膜的正常运行，要求保安过滤器的出水达到进反渗透的水质指标。反渗透膜对余氯等氧化性物质比较敏感，氧化性物质对膜造成永久性伤害，所以必须控制氧化性物质，控制办法是根据检测的余氯和ORP（氧化电位值）的变化情况，在进保安过滤器之前投加还原剂亚硫酸氢钠，控制余氯量小于0.1mg/L。同时根据计算要求投加阻垢剂，防止在膜表面结垢。

3）反渗透装置运行情况。反渗透装置设计回收率75%以上，除盐率97%以上，在实际运行中，为保护膜组件，延长膜组件使用寿命，通过调整进口压力和浓盐水排水阀调整回收率和除盐率，回收率控制在60%左右。

参考文献

1 王筠曹主编. 钢铁工业给水排水设计手册. 北京：冶金工业出版社，2002

2 国家环保总局. 2005年中国环境质量公报

3 国家环保总局编. 工业污染治理技术丛书：废水卷，钢铁工业废水治理. 北京：中国环境科学出版社，1992

4 左玉辉著. 环境管理学. 北京：高等教育出版社，2000

5 GB 8978—1996 中华人民共和国国家标准污水综合排放标准

6 GB 13456—92 钢铁工业水污染物排放标准

7 GB 3838—2002 地表水环境质量标准

8 奚旦立编. 环境监测. 第2版. 北京：高等教育出版社，1999

9 国家环保总局水和废水监测分析方法编委会编. 水和废水监测分析方法. 第四版. 北京：中国环境科学出版社，2002

10 张自杰主编. 排水工程(下册). 第四版. 北京：中国建筑工业出版社，2000

11 严煦世主编. 给水工程. 第四版. 北京：中国建筑工业出版社，2000

12 上海市政工程设计研究院主编. 给水排水设计手册(第二版)第三册：城镇给水. 北京：中国建筑工业出版社，2002

13 北京市市政工程设计研究总院主编. 给水排水设计手册(第二版)第六册：工业排水. 北京：中国建筑工业出版社，2002

14 华东建筑设计研究院有限公司主编. 给水排水设计手册(第二版)第四册：工业给水. 北京：中国建筑工业出版社，2002

15 北京市市政工程设计研究总院主编. 给水排水设计手册(第二版)第五册：城镇排水. 北京：中国建筑工业出版社，2002

16 许保玖著. 给水处理理论. 北京：中国建筑工业出版社，2000

17 张景来，王剑波，常冠钦等编. 冶金工业污水处理技术及工程实例. 北京：化学工业出版社，2003

18 国家统计局. 国家2005年统计年鉴：钢铁卷

19 国家环境保护局科技标准司编. 工业污染物产生和排放系数手册. 北京：中国环境科学出版社，2003

20 韦冠俊，蒋仲安，全龙哲编. 矿山环境工程. 北京：冶金工业出版社，2001

21 牛冬杰，赵由才主编. 工业固体废物处理与资源化. 北京：冶金工业出版社，2007

22 刘培桐主编. 环境学概论. 第二版. 北京：高等教育出版社，1995

23 蒋展鹏主编. 环境工程学. 北京：高等教育出版社，1999

24 孟详和主编. 重金属废水处理. 北京：化学工业出版社，2000

冶金工业出版社部分图书推荐

书　名	定价(元)
环境污染控制工程	49.00
钢铁冶金的环保与节能	39.00
水污染控制工程(第2版)	32.80
创建资源节约型环境友好型钢铁企业	60.00
解读质量管理	35.00
水资源系统运行与优化调度	10.00
固体矿产资源技术政策研究	40.00
金属矿山尾矿综合利用与资源化	16.00
可持续发展的环境压力指标及其应用	18.00
矿山事故分析及系统安全管理	28.00
重大事故应急救援系统及预案导论	38.00
煤矿安全技术与管理	29.00
工业企业防震减灾工作指南	55.00
工程地震勘探	22.00
工业防毒技术	38.00
爆破安全技术知识问答	29.00
创新理论与实现技术 ——企业技术进步与组织创新的利器	20.00
中国工业发展解难	19.00
钢铁生产调度智能优化与应用	20.00
现代海洋经济理论	28.00
危险评价方法及其应用	47.00
铁合金生产实用技术手册	149.00
材料加工新技术与新工艺	26.00
钢铁生产工艺装备新技术	39.00
电炉炼钢原理及工艺	40.00
有色金属熔炼与铸锭	23.00
稀有金属冶金学	34.80
钛铁矿熔炼钛渣与生铁技术	138.00
现代铜湿法冶金	29.50
球墨铸铁管及管件技术手册	35.00
真空技术	50.00